U0321943

受四川省农村发展研究中心、2013年四川省
教育厅科技项目、四川农业大学社科专项共同资助

四川省图书出版重点资助项目

生态经济系列

中国能源
二氧化碳排放总量控制
和地区分配研究

何艳秋 / 著

ZHONGGUO NENGYUAN
ERYANGHUATAN
Paifang Zongliang Kongzhi he Diqu Fenpei Yanjiu

西南财经大学出版社

图书在版编目(CIP)数据

中国能源二氧化碳排放总量控制和地区分配研究/何艳秋著. —成都:西南财经大学出版社,2016. 3
ISBN 978 - 7 - 5504 - 2107 - 3

Ⅰ.①中… Ⅱ.①何… Ⅲ.①二氧化碳—总排污量控制—研究—中国 Ⅳ.①X511
中国版本图书馆 CIP 数据核字(2015)第 181586 号

中国能源二氧化碳排放总量控制和地区分配研究

何艳秋 著

策划编辑:冯 梅
责任编辑:李 才
助理编辑:涂洪波
责任校对:周晓琬
封面设计:墨创文化
责任印制:封俊川

出版发行	西南财经大学出版社(四川省成都市光华村街55号)
网 址	http://www.bookcj.com
电子邮件	bookcj@foxmail.com
邮政编码	610074
电 话	028 - 87353785 87352368
照 排	四川胜翔数码印务设计有限公司
印 刷	四川五洲彩印有限责任公司
成品尺寸	148mm×210mm
印 张	9.625
字 数	245 千字
版 次	2016 年 3 月第 1 版
印 次	2016 年 3 月第 1 次印刷
书 号	ISBN 978 - 7 - 5504 - 2107 - 3
定 价	58.00 元

前　言

　　近百年来全球气候正在经历一次以全球变暖为主要特征的显著变化，经济发展和环境保护之间的矛盾越来越突出。一系列科学研究表明，二氧化碳等温室气体排放与全球升温存在直接关系。随着气候变暖带来的危害越加明显，各个国家都在积极寻求碳减排途径，以便以最小的经济代价取得最大的碳减排效果。随着发展中国家经济的快速增长和二氧化碳排放量的增长，发达国家越来越倾向于要求发展中国家控制碳排放和承担碳减排义务。1997年《联合国气候变化框架公约》第三次缔约方大会之后，发达国家纷纷向发展中国家施加压力。他们认为，要实现把大气中的温室气体浓度控制在防止气候系统免受危险的干扰水平上的目标，中国、印度等发展中国家必须要实施大量的碳减排行动。随着我国工业化和城镇化进程的加快，化石能源消费量和二氧化碳排放量均大幅度增加，碳减排成为部分发达国家通过能源消耗限制我国经济增长的借口。他们认为中国应该承担起更多的碳减排义务，使我国面临巨大的减排压力。

　　除了应对来自于国际社会的压力外，碳减排也是与我国建立"资源节约型、环境友好型"社会目标相一致的，为此我国也在不断地努力中。2006年年底，中国科技部、中国气象局、国家发展和改革委员会、国家环保总局等六部委联合发布了我国第一部《气候变化国家评估报告》。2007 年 6 月，我国又正式发布了《中国应对气候变化国家方案》；同年 7 月，温家宝总理先后主持召开了国家应对气候变化及节能减排工作领导小组第一次会议和国务院会议，研究部署应对气候变化工作，组织落实节能减排工作；同年 12 月 26 日，国务院新闻办发表《中国的能源状况与政策》白皮书，着重提出能源多元化发展，并将可再生能源发展正式列为国家能源发展战略的重要组成部分，不再提以煤炭为主。2008 年 7 月，日本北海道 G8 峰会上我国也表示将寻求与《联合国气候变化框架公约》的其他签约方一道共同达成到 2050 年把全球温室气体排放减少 50% 的长期目标；同年的"两会"上，全国政协委员吴晓青明确将"低碳经济"提到议题上来。2009 年 9 月，胡锦涛主席在联合国气候变化峰会上承诺到 2020 年单位国内生产总值二氧化碳排放比 2005 年降低 40%～45%。2010 年政府制订的《节能减排综合性工作方案》，明确了中国实现节能减排的目标和总体要求。2012 年，中国深入实施了三大减排措施，把结构减排放在更加突出位置。2013 年，企业节能减排的主体地位得到加强。2015 年，国务院印发了《2014—2015 年节能减排低碳发展行动方案》，从大力推进产业结构调整、加快节能减排降碳工程，狠抓重点领域节能降碳、强化技术支撑、进一步加强政策扶持、积极推进市场化节能减排机制、加强监测和监督检查、落实责任目标等 8 个方面提出了 30 项措施和要求。通过努力，我国的减排成效得到了国际社会的认可。

在人类应对气候变暖的减排过程中有两个前提。一是各个国家面临多少减排量。这一点在各种国际协商会议的基础上已经取得了一定成效，应对措施也已形成一种不断发展演化并日益完善的国际制度框架，共同承担减排义务成为国际社会的一致声音。二是各个国家内部各个地区面临多少减排量，目前仍在探索阶段。尤其是我国区域差距较大，只能通过区域分解、分区控制的方法实现整体减排目标。我国也仅对碳强度减排目标分解进行了一些探索，而要真正实现减排必然要通过总量控制。本书正是基于这样一个背景，从地区最终需求的角度出发，利用投入产出和计量经济模型相结合的手段探索了能源二氧化碳总量的地区分配方法，在理论和实践上均有重大意义。从理论意义上来看，把碳排放作为支撑经济发展的一个重要要素引入，认为各个地区在居民公平消费和经济健康发展基础上的二氧化碳排放需求应该得到满足，从理论上丰富了发展经济学各个地区公平发展权利的内涵，并且这种既实现全国环境保护目标又实现经济增长需求的地区分配方案把环境经济学中经济发展与环境保护如何相协调具体化了，具有重大的理论意义；从实践意义上来看，本书的能源二氧化碳总量地区分配方法充分考虑了地区的差异化，是各个地区经过努力可以实现的控制目标，为国家进行地区减排考核提供了依据，使国内碳交易平台建立之后碳资源能够实现公平、有效的配置，具有重大的实践意义。

本书主要解决了以下五个问题：

（1）国家提出的是碳强度控制承诺，要实现真正意义上的减排，必须要从碳排放总量控制上进行。为印证本书碳排放总量控制地区分解方法的合理性，需要将国家的强度减排目标转变为总量减排目标，为后文的分析奠定基础。

（2）要实现国家碳排放总量控制目标，有必要研究过去我国能源二氧化碳变动的历史规律以及影响因素，为我国未来的减排提供历史经验或者不足。所以，本书解决的第二个问题就是分析影响全国能源二氧化碳总量的各个因素及影响程度。

（3）国家要实现碳排放总量控制目标的地区分解必须要考虑各个地区能够实现的能源二氧化碳总量目标，这就必须要考虑各个地区的差异化发展情况。所以，本书解决的第三个问题就是分析我国各个区域碳排放差异性的程度以及引起这些差异的原因是什么。

（4）由于国家的整体产业布局需要和各个地区发展的比较优势不同，地区间通过产品流动产生了碳转移，而在国家碳排放总量的地区分配中必须要把地区间的碳转移因素考虑进去。所以，本书解决的第四个问题就是分析省际间过去存在多大的碳转移，影响碳转移的主要因素是什么，以及未来的碳转移趋势如何。

（5）在解决前面几个问题的基础上，本书提出了如何进行全国能源二氧化碳排放权总量的区域分配，既保证公平性又适当考虑效率性。

本书的创新之处主要体现在三个方面：

（1）本书探索了一种从最终需求角度出发对全国能源二氧化碳总量控制目标进行地区分解的合理方式。这种分配方式充分考虑了消费需求公平性、经济发展需求公平性、地区间碳转移公平性以及能源生产力的效率性，为碳排放总量控制目标区域分解的实现提供了参考。

（2）本书将因素分配分析法和投入产出法相结合，对全国能源二氧化碳排放的影响因素进行了分解，从数量上测算了各个因素的影响程度，论证了中国控制能源二氧化碳的历史经验与薄弱环节，得出了很有意义的结论。从而揭示出：最终需求规模的扩大是导致全国能源二氧化碳排放总量增加的主要因素，其中投资规模对全国能源二氧化碳排放的影响最为突出；目前中国净出口产品还并未扩大能源二氧化碳排放，甚至还抑制了能源二氧化碳排放的增长，但是应注意到净出口产品结构变化有扩大能源二氧化碳排放的趋势；行业生产效率的提高对能源二氧化碳排放总量具有有效的抑制作用，所以技术进步和需求结构调整是今后控制能源二氧化碳排放的最重要途径。

（3）本书探索了一种依据中国地区扩展投入产出表测算省际贸易隐含能源二氧化碳转移量的方式。特别是具体测算出了各地区省际贸易和国际贸易中隐含的能源二氧化碳排放转移数量，为全国能源二氧化碳排放总量控制目标合理地进行地区分解创造了条件。

由于资料和个人研究水平的局限，本书也存在一些不足。一方面是由于缺乏近期的投入产出表数据，本书的研究只能利用2007年和2010年的投入产出数据。特别是在利用地区碳转移对各个地区分得的能源二氧化碳总量进行调整的时候，由于资料局限只能利用2002年的截面数据进行预测，这种预测的准确性还有待进一步验证。另一方面本书为了解决多重共线性问题采用了主成分面板回归，虽然得到的结论从理论上来解释比较合理，但主成分回归分析无法对原始变量的显著性进行统计检验的缺陷值得进一步研究。

经过研究，本书提出以下建议：第一，国家在进行碳排放总量控制的时候必须要根据各个地区的发展差异分配差异化的碳减排目标；第二，国家可以通过引导省际碳排放净调入的地区对向其输送产品的主要省市提供资金或技术支持的形式以实现全国减排的目标；第三，要充分发挥全要素生产率在碳减排中的作用；第四，统筹全国的产业布局，并进一步提高电力、热力的生产和供应业，石油加工炼焦及核燃料加工业，金属冶炼及压延加工业，交通运输、仓储和邮政业，煤炭开采和洗选业，非金属矿物制品业和化学工业等重点减排行业的能源利用效率；第五，进一步完善国家与碳排放相关的数据编制方法形成碳排放统计核算体系，充分发挥国家统计体系在碳排放控制中的作用；第六，应该努力调整进出口产品结构实现碳减排。

目　录

1. 绪论

1.1 问题的提出

1.1.1 全球变暖，危害凸显

随着人类的进步和经济的快速发展，特别是工业化进程的加快，二氧化碳排放已经达到了历史上的最高值和最快增速，全球气候正在经历一次以全球变暖为主要特征的显著变化。一系列科学研究证实，二氧化碳等温室气体排放是引起全球变暖的主要原因。南极 Law Dome 冰芯资料显示，从 1750 年人类工业化以来，大气中含的二氧化碳的浓度明显增加，从 280ppmv 快速上升到 370 ppmv 以上；美国国家海洋大学管理局提供的最新全球年平均温度数据显示，近百年来 7 个最温暖的年份有 6 个发生在 2001 年后，其中 2006 年是自 1861 年有器测气象记录以来第六热的年份；中国科技部、中国气象局和中科院等六部门发布的《气候变化国家评估报告》表示未来中国气候变化的速度将进一步加快，在未来的 50~80 年全国平均温度很可能会升高 2℃~3℃。

气候变暖会带来许多方面的影响：一是会引起海平面的上升。科学家预测，如果地球表面的温度按照现在的速度升高，到 2050 年全球温度将上升 2℃~4℃，南极和北极的冰川将大幅度融化，海平面高度在 1990—2100 年将上升 0.09~0.88 米，一些岛屿国家和沿海城市将会被淹没。二是会引起某些地区农作物产量的减少。由于气候变暖使降雨量大幅减少，对农作物的产量带来负面影响，将会使全球粮食价格升高，而且可能使脆弱人口遭受饥饿的风险增加。三是会加剧世界上许多水资源缺乏地区的水短缺。气候变暖使淡水质量因水温升高而降低，使世界上许多缺水地区的供水量大量减少，造成世界性的水短缺。除此之外，全球变暖还会使地球病虫害增加、极端气候频繁。近几年以来，世界上许多国家都遭受了严重的风暴、洪水和干旱的影响，造成全球大量生命和财产的损失，给人类的生产生活带来巨大的危害。

表 1.1　　20 世纪已观测到的气候变化的部分影响[①]

指标	已观测到的变化
全球平均海平面	20 世纪平均每年上升 1~2 毫米。
河流湖泊结冰期	北半球中高纬度地区大约减少了两周（很可能）。
北极海冰范围和厚度	近几十年来在夏末秋初变薄 40%（可能）；20 世纪 50 年代以来，春、夏季面积减少 10%。
非极地冰川	20 世纪广泛退却。
雪盖	20 世纪 60 年代以来面积减少 10%（很可能）。
永冻土层	在极地的部分地区，解冻、变暖、退化。

---

① 刘兰翠. 我国二氧化碳减排问题的政策建模与实证研究 [D]. 合肥：中国科学技术大学，2006.

表1.1(续)

指标	已观测到的变化
植物生长季	过去40年中,北半球尤其是高纬度地区每10年延长了1~4天。
动植物分布	植物、昆虫、鸟类和鱼类的分布向高纬度、高海拔转移。
生育开花和迁徙	北半球开花、候鸟回归、生育季节和昆虫出现时间均提前。
珊瑚礁白化	频率增加,尤其在厄尔尼诺年。
相关经济损失	考虑了通货膨胀后,过去40年全球的损失增加了14倍。

1.1.2 气候问题已经引起全世界的广泛关注

由于二氧化碳等温室气体带来的危害越来越明显,世界各国已经意识到减少温室气体排放的重要性。近年来,一系列国际性会议、双边会晤和多边合作等活动的举行也表明如何减排已经成为一个重要的国际议题。

1988年,世界气象组织和联合国环境规划署共同建立了"政府间气候变化专门委员会";同年12月,联合国大会通过了关于保护气候的第43/53号决议,提出气候变化是"人类共同关切之事项"。1992年,里约环境与发展大会通过的《联合国气候变化框架公约》规定,发达国家应率先应对气候变化的不利影响,在20世纪末将其温室气体排放降到1990年的水平。1997年,第三次缔约方会议在日本京都举行,通过了《京都议定书》,要求缔约国在2008—2012年将其温室气体的排放量在1990年的基础上减少一定的百分比。2001年在摩洛哥马拉喀什签订了《马拉喀什协定》,这次会议选举产生了清洁发展机制执行理事会和技术转让专家组。2007年《联合国气候变化框架公约》缔约方在印尼巴厘岛举行会议，制定了巴厘路线图。会议强调了国际合作，并把美国也纳入了履约方，还就发展中国家所关心的适应气候变化、技术开发和转让、资金三个问题进行了讨论。2009 年召开了哥本哈根会议，这次会议的重点议题就在于"责任共担"，许多国家都做出了减排承诺。2010 年的墨西哥坎昆会议中发达国家承诺在最近三年拿出 300 亿美元支持发展中国家的减排行动；2011 年南非德班会议取得了五大成果：一是坚持了《联合国气候变化框架公约》《京都议定书》和"巴厘路线图"授权，坚持了双轨谈判机制，坚持了"共同但有区别的责任"原则；二是就发展中国家最为关心的《京都议定书》第二承诺期问题做出了安排；三是在资金问题上取得了重大进展，启动了绿色气候基金；四是在坎昆协议的基础上进一步明确和细化了适应、技术、能力建设和透明度的机制安排；五是深入讨论了 2020 年后进一步加强《联合国气候变化框架公约》实施的安排，并明确了相关进程，向国际社会发出积极信号。2012 年多哈会议上确定了 2013—2020 年《京都议定书》第二承诺期。2013 年波兰华沙会议上各国探讨了德班行动平台、资金以及损失损害补偿机制三个问题。2014 年联合国利马气候变化大会取得了三项成果：一是重申各国须在明年早些时候制定并提交 2020 年之后的国家自主决定贡献，并对 2020 年后国家自主决定贡献所需提交的基本信息做出要求；二是在国家自主决定贡献中，适应被提到更显著的位置，国家可自愿将适应纳入自己的国家自主决定贡献中；三是联合国利马气候变化会议上签订了一份巴黎协议草案，作为 2015 年谈判起草巴黎协议文本的基础。

国际上应对全球气候变化的会议取得了一定的成效，应对措施也已形成一种不断发展演化并日益完善的国际制度框架，共同承担减排义务成了国际社会的一致声音，但是不同国家由于其发展阶段和发展需求的不一致，都会根据自身的利益诉求来选取适合自己的减排方案。所以，大多数国际性会议所达成的协议都是在多方协调和妥协的基础上形成的，多是从道义的角度进行约束，并未完全实现法律上的约束。

1.1.3 我国面临巨大的减排压力，并积极做出努力

随着发展中国家经济的快速增长和二氧化碳排放量的急剧上升，国际上要求发展中国家控制碳排放和承担减排义务的呼声越来越高。1997年《联合国气候变化框架公约》第三次缔约方大会之后，发达国家纷纷向发展中国家施压。他们认为，要实现把大气中温室气体浓度控制在防止气候系统免受危险的干扰水平上的目标，中国、印度等发展中国家必须要实施大量的减排行动。

目前，我国已成为世界上经济增长最快的国家之一。随着我国工业化和城市化进程的加快，化石能源消费量和二氧化碳排放量也大幅度增加，正好成为部分发达国家通过能源消耗限制中国经济增长的借口，认为中国应该承担起更多的减排义务，这也使我国面临着巨大的减排压力。

为了坚持减排的共同责任原则和应对国际舆论，我国在减排上也进行了不断的努力。2006年年底，中国科技部、中国气象局、国家发展和改革委员会、国家环保总局等六部委联合发布了我国第一部《气候变化国家评估报告》。2007年6月，中国正式发布了《中国应对气候变化国家方案》；同年7月，温家宝总理在两天时间里先后主持召开国家应对气候变化及节能减排工作领导小组第一次会议和国务院会议，研究部署应对气候变化工作，组织落实节能减排工作；同年12月26日，国务院新闻办发表《中国的能源状况与政策》白皮书，着重提出能源多元化发展，并将可再生能源发展正式列为国家能源发展战略的重

要组成部分,不再提以煤炭为主。2008 年 7 月,在日本北海道 G8 峰会上,我国也表示将寻求与《联合国气候变化框架公约》的其他签约方一道达成到 2050 年把全球温室气体排放减少 50% 的长期目标;在同年的"两会"上,全国政协委员吴晓青明确将"低碳经济"提到议题上来。2009 年 9 月,胡锦涛主席在联合国气候变化峰会上承诺到 2020 年单位国内生产总值二氧化碳排放比 2005 年降低 40%~45%。2010 年政府制订了《节能减排综合性工作方案》,明确了中国实现节能减排的目标和总体要求。2012 年,中国深入实施三大减排措施,把结构减排放在更加突出的位置,完善落后产能退出机制,严格建设项目总量指标前置审核,从源头上减少污染排放。继续强化工程减排和管理减排,加快污染物治理、重点治污工程、烟气脱硫脱硝、污水处理设施建设,加强机动车减排,开展农业和农村污染减排。严格监管,保证治污设施正常运行,挖掘治污潜力,提高治污效率。2013 年,企业节能减排的主体地位得到加强。2015 年,国务院印发了《2014—2015 年节能减排低碳发展行动方案》,从大力推进产业结构调整、加快节能减排降碳工程、狠抓重点领域节能降碳、强化技术支撑、进一步加强政策扶持、积极推进市场化节能减排机制、加强监测和监督检查、落实责任目标 8 个方面提出了 30 项措施和要求。通过努力,我国的减排成效得到了国际社会的认可。

1.1.4　低碳化是未来经济发展的必然趋势

在工业化初期,发达国家多是采用高能耗、高污染的方式达到经济增长的目的,这种方式也造成了全球二氧化碳等温室气体在地球大气中的累积。近年来,大量发展中国家崛起,经济快速增长,由于化石能源的快速消耗和全球大气污染的加剧,过去那种高能耗、高污染的经济增长方式已不再适应当前经济发展模式。为了保证经济增长与环境的协调发展，保护好我们的唯一一个地球，全世界正在努力探索新的经济增长方式，即"低碳化发展"。

英国是最早提出"低碳"概念并积极倡导低碳经济的国家。欧盟把低碳化作为未来经济的发展方向，并提出了2012年的3个20%的目标：第一个是温室气体排放量比1990年减少20%，第二个是一次能源消耗量比1990年减少20%，第三个是再生能源比重比1990年提高20%。这三个20%体现了欧盟国家减排的决心。日本承诺到2050年减排60%~80%，并把发展太阳能列入日本经济刺激计划，努力把日本打造成世界上第一个低碳社会。我国"十二五"规划中明确了能源的多元清洁发展，积极发展太阳能、生物质能、地热能等其他新能源。巴西等发展中国家也制订了有关发展可再生能源的法律和计划。可见，世界经济走向低碳化已是大势所趋。

1.2　选题的意义

1.2.1　理论意义

在发展经济学中，发展中国家和欠发达地区如何实现工业化、摆脱贫困、走向富裕是一核心问题，本质是各个国家和地区都有公平发展的权利；而在环境经济学中，如何协调经济发展和环境保护是一个令人关注的焦点。在发展经济学中，纳克斯、罗森斯坦-罗丹和刘易斯等人强调了工业化在经济发展过程中的重要作用，认为工业化进程是国家和地区发展的必经阶段。从发达国家的发展过程来看，工业化伴随着化石能源的大量消耗，造成了大量的累积二氧化碳排放。目前各个发展中国家要向发达阶段迈进不能走发达国家粗放式使用能源的路子，必须高效地利用能源、保护环境、进行二氧化碳总量控制。

本书在我国二氧化碳总量控制的前提下，探索了进行总量地区分配的方法，充分考虑了各个地区经济发展水平的差异，从公平性的角度保障了欠发达地区追赶发达地区的权利，把碳排放作为支撑经济发展的一个重要因素引入，认为各个地区在经济健康发展基础上的二氧化碳排放需求应该得到满足，从理论上丰富了发展经济学各个地区公平发展权利的内涵。另外，本书从国家二氧化碳总量控制的角度出发，科学合理地把控制目标分配给了各个地区，既实现了全国的环境保护目标，又实现了经济增长需求，把环境经济学中经济发展与环境保护如何相协调具体化了。

1.2.2 实践意义

1.2.2.1 便于明确对各地区二氧化碳排放的考核依据

本书从影响我国二氧化碳排放的因素出发，寻找引起各地区二氧化碳排放差异的原因，从最终需求的角度出发测算了全国最终需求的能源二氧化碳排放总量，并在充分考虑地区差异的基础上把全国的碳排放总量目标进行了地区分配，在保证公平性的前提下，适当体现了效率性。可见，这种分配结果是各个地区在现有经济发展水平下通过努力可以实现二氧化碳排放水平，这种差异化的分配方式为国家进行地区二氧化碳控制的考核提供了依据。

1.2.2.2 为地区碳交易平台的建立和完善奠定了基础

我国作为发展中国家，经济发展是当前的要务，但在环境承载力有限的情况下，保护环境也迫在眉睫，所以我国提出了到 2020 年碳强度较 2005 年降低 40%~45% 的目标。这是保护经济发展时的一个软约束。目前，我国也在积极探索国内碳交易平台的建设，并策划了碳交易平台试点城市。在 2011 年年底，上海市碳排放交易试点工作正式全面启动。我国国内碳交易平台建设的提速表明二氧化碳总量控制是未来的必然发展方向，通过市场的方式配置碳排放资源也是必然选择的途径。而碳交易平台建立之初首先需要解决的问题就是初始排放权的确定。只有公平有效的初始排放权得到明确，通过市场方式配置的资源才能达到最优状态。可见，本书基于公平性原则的地区能源二氧化碳分配量为我国国内碳交易平台的建立奠定了基础。

1.2.2.3 为征收碳税提供了参考标准

对于征收碳税我国已经做了多方面的研究。财政部财科所的报告《开征碳税问题研究》认为，中国可以考虑在未来五年内开征碳税，并提出了我国碳税制度的实施框架。中国社科院财政与税收研究室相关研究人士认为征收碳税很有必要，并且从现有的税制框架来看，这种环境税还比较缺乏，现有税制的目的是用于增加财政收入，而没有充分发挥改善资源配置的作用。清华大学全球气候变化研究所副所长刘德顺也指出，征收碳税这样的财政措施可以和其他降低能耗的措施相辅相成[1]。

可见，长期来说，开征碳税是我国未来减排的一个重要手段。一方面通过开征碳税达到减排的目有助于应对国际舆论，树立起我国负责任大国的国际形象；另一方面还可以通过加重高耗能企业和高污染企业的税赋来抑制其增长，鼓励企业节能减排，促进产业结构优化和节能减排技术的发展。另外，碳税作为一种独立的环境税，可以使环境税的税制框架更加完善。

由于碳税的影响非常大，所以针对哪些群体征收以及税率

---

[1] 上海证券报. 我国征收碳税仍处于研究层面，短期内不会开征 [EB/OL]. （2011 - 12 - 23）http://news. xinhuanet. com/fortune/2011 - 12/23/c_122470244. htm.

如何制定等都是需要关注的重点，而本书碳排放总量控制地区分配的公平性原则和效率性原则也可以成为未来碳税制定的基础，从效率性出发碳税的制定应该以发展低碳产业为主，限制高碳产业。但从公平的角度出发，某些高碳产业也是低碳产业发展的基础，所以并不能一味地限制所有的高碳产业，应区别对待。

1.3　碳排放相关理论和研究综述

1.3.1　碳排放的相关概念

1.3.1.1　低碳经济

"低碳经济"的概念首先由英国 2003 年在《我们未来的能源——创建低碳经济》的白皮书中提出。2006 年，世界银行首席经济学家尼古拉斯·斯特恩牵头做出的《斯特恩报告》呼吁全球减排，并使经济向低碳化转型，其认为全球只需要每年牺牲 1%的经济增长就可以避免将来 5%~20%的经济损失。庄贵阳（2007）[1] 认为，低碳经济是一场能源革命，是通过技术创新得以实现的；夏堃堡 （2008）[2] 认为，低碳经济包括两方面：一方面是低碳生产；另一方面是低碳消费，并认为低碳经济是一种可持续的经济增长方式。袁男优 （2010）[3] 认为，低碳经济是一个交织了经济、社会和环境的综合问题，既是一种发展理念

①　庄贵阳. 气候变化挑战与中国经济低碳发展 [J]. 国际经济评论，2007 （5）：50-52.

②　夏堃堡. 发展低碳经济，实现城市可持续发展 [J]. 环境保护，2008 （3）：33-35.

③　袁男优. 低碳经济的概念内涵 [J]. 环境保护，2010 （2）：43-46.

也是一种发展模式，既是一个科学问题也是一个政治问题；陈柳钦（2010）[①] 认为，低碳经济的实质是能源利用效率的提高以及清洁能源的开发，包括了产业结构的优化升级和生存发展方式的根本转变；王博（2010）认为低碳经济必须要建立在低碳文化的基础上；姚逊（2011）[②] 认为低碳经济是一种与以往经济发展模式完全不同的经济形态，是一种绿色经济；曹莹（2012）[③] 认为低碳经济是一种低能耗、低污染、低排放的经济发展模式。

从表面意思来看，低碳经济是指在经济发展与社会进步的过程中碳排放总量逐步减少或者排放的增速逐步减缓。从深层次的意思来看，如果把碳排放作为一种重要的生产资源，对这种资源高消耗和低效率利用的经济增长方式是带来环境污染的重要诱因，低碳经济表示我们应该重新审视传统的经济增长方式。在环境承载力允许的碳排放总量情况下，高效率地利用这种排放资源，以更低的碳排放投入带来更高的经济增长，实现经济与环境协调发展的可持续社会进步。因为经济增长的推动力是多方面的，所以对低碳经济的理解也可以是多方面的，包括低碳化的消费、低碳化的投资和低碳化的出口，这实际上是要求以低碳化的产业结构带动经济增长。低碳化产业结构的形成必须由低碳能源系统和低碳技术做支撑，所以低碳经济的核心是高效率的能源利用技术、清洁能源研究开发技术和减排技术。从政治的角度来说，经济低碳化的程度既是一个国家综合

[①] 陈柳钦. 低碳经济新次序：中国的选择 [J]. 节能与环保，2010（2）：5-7.

[②] 姚逊. 新时期低碳经济的内涵与发展趋势分析 [J]. 山西财经大学学报：哲学社会科学版，2011（4）：140-144.

[③] 曹莹. 论我国发展低碳经济的策略选择 [J]. 现代商贸工业，2012（4）：40.

竞争力的重要体现，也是一个国家在国际减排行动中取得主动性话语权的重要途径。就中国的实际来说，实现低碳经济不仅是应对国际减排舆论的办法，也是建设中国特色社会主义、践行科学发展观的必由之路。

1.3.1.2 温室气体和碳排放

温室气体是指大气中能够吸收地面反射的太阳辐射，并重新发射辐射的一些气体。《2006年国家温室气体排放清单指南》中的温室气体包括二氧化碳、甲烷、氧化亚氮、氢氟烃、全氟碳、六氟化硫、三氟化氮、卤化醚等。这些气体都有吸收红外线的能力，会产生"温室效应"，带来诸如海平面上升、极端气候天气等灾难性的后果。

水蒸气、二氧化碳、氧化亚氮、甲烷和臭氧等都是地球大气中主要的温室气体。其中，水蒸气所产生的温室效应占到整体温室效应的60%~70%，其次是二氧化碳（约占26%），最后是臭氧。但是由于水蒸气和臭氧的时空分布变化较大，减排措施的制定一般不把它们考虑在内，这样二氧化碳就成为占比最大、影响最显著的温室气体了，所以减排主要针对二氧化碳。为了便于民众的理解，往往也把二氧化碳的排放简称碳排放。

表1.2　　　　　　　温室气体全球变暖潜势值

	IPCC第二次评估报告值	IPCC第四次评估报告值
二氧化碳（CO_2）	1	1
甲烷（CH_4）	21	25
氧化亚氮（N_2O）	310	298

表1.2(续)

		IPCC 第二次评估报告值	IPCC 第四次评估报告值
氢氟碳化物（HFC$_S$）	HFC-23	11 700	14 800
	HFC-32	650	675
	HFC-125	2 800	3 500
	HFC-134a	1 300	1 430
	HFC-143a	3 800	4 470
	HFC-152a	140	124
	HFC-227ea	2 900	3 220
	HFC-236fa	6 300	9 810
	HFC-245fa	—	1 030
全氟化碳（PFC$_S$）	CF$_4$	6 500	7 390
	C$_2$F$_6$	9 200	9 200
六氟化硫（SF$_6$）		23 900	22 800

注：资料来自《省级温室气体清单编制指南》。

1.3.1.3 碳源和碳汇

《联合国气候变化框架公约》（UNFCCC）将碳源定义为向大气中释放二氧化碳的过程、活动或机制，将碳汇定义为从大气中清除二氧化碳的过程、活动或机制。这表明碳源和碳汇是两个相对的概念。

能源部门通过化石燃料的燃烧产生了大量的二氧化碳排放，在一次能源资源的勘探利用过程中，在一次性能源资源在炼油厂和发电厂转化为更有用能源的过程中，在燃料的输送和分配过程中，以及对燃料固定和移动的应用都要产生碳排放，占到总碳排放的90%以上，所以能源部门是最大的碳源制造部门。

除此以外，工业生产中化石燃料作为原料和还原剂使用的过程，农业、林业和其他土地利用中生物量、死亡有机物质、矿质土壤碳库变化，发生火烧，对土壤施用石灰和尿素的过程，以及废弃物等方面也都会带来碳排放。所以，国民经济中的农业、工业和服务业等各个部门都包含有碳源。而森林是最大的碳汇，每年世界上的森林都吸收了大量的二氧化碳，为减缓全球变暖起了非常重要的作用。

1.3.1.4 碳足迹

碳足迹的英文为 Carbon Footprint，是指企业机构、活动、产品或个人通过交通运输、食品生产和消费以及各类生产过程等引起的温室气体排放的集合。也就是说，碳足迹的主体既可以是人，也可以是企业机构，还可以是某类产品。从人的角度来说，碳足迹反映了其行为意识对自然界的影响。低碳经济也倡导居民转变生活方式、放弃各种高碳生活，比如出行更多地乘坐公交车或骑自行车、少用私家车、平时的生活中注意节约能源等。从企业的角度来说，其碳足迹反映了生产对自然界的影响。低碳经济也要求企业采用先进的生产技术，淘汰落后设备，提高能源利用效率，实现生产的低碳化。对于产品来说，可以通过引导人们改变消费结构，实现低碳化消费，从而达到产业结构的低碳化。

从碳足迹的测算范围来看，可以分为两类：一类是生产碳足迹，另一类是消费碳足迹。从生产碳足迹的角度来看，某地区的排碳量应该是其生产的所有产品碳净排放量的总和，不考虑产品是不是本地区消费，仅限制在某一个地区进行考虑。使用此方法可以测算某地区单位产品的排碳量，进而可以通过与其他地区对比了解此地的生产技术水平、环境保护情况以及各种产品的污染情况。从消费碳足迹的角度来看，某地区的排碳量应该是其消费的所有产品碳净排放量的总和，把与某地区相关的其他地区都考虑了进来，可以分析某地区单位产品消费的排碳量，进而对消费结构进行思考；同时，用消费碳足迹的思想来衡量一个国家的碳减排责任会更加合理。

1.3.2 碳排放的测算

与碳排放测算相关的研究可以分成三类：按测算范围分类，可以分为碳排放总量测算和局部碳排放测算；按减排的思路分类，可以分为自上而下法、自下而上法和混合法；按具体测量方法分类，可以分为多种模型。

1.3.2.1 按测算范围分类

（1）碳排放总量测算

主要是以政府间看似变化专门委员会（IPCC）的国家温室气体排放清单为代表的全面测算碳排放。在 2006 年国家温室气体排放中，IPCC 对碳排放的全面测算包括能源、工业过程和产品使用、农业、林业和其他土地利用、废弃物四个方面，涉及三个方法层。本思路是把有关人类活动发生程度的信息与量化单位活动的排放量或清除量的系数结合起来。人类活动发生程度的信息称为活动数据，用 AD 表示；系数称作排放因子，用 EF 表示。因此，测算的基本方程是：

$$COE = AD \times EF$$

其中，COE 为碳排放总量，AD 是活动数据，EF 是排放因子。

以能源部门为例，其活动数据为化石能源燃烧量，排放因子为单位化石能源燃烧排放的二氧化碳量。在能源部门中，二氧化碳成为主要排放气体，占到能源部门总碳排放量的 95%。对于 CO_2，排放因子主要取决于燃料的碳含量，燃烧条件（燃烧效率、在矿渣和炉灰等物中的碳残留）相对不重要。因此，能源部门二氧化碳排放可以基于燃烧的燃料总量和燃料中的平均碳含量进行相当精确的估算。

此测算方法一般用来对一个国家的全面碳排放进行测算，并且是扣除了碳汇影响的净碳排放，目的就是使各个国家的碳排放能够按照统一的方法来进行衡量，以向《联合国气候变化框架公约》报告，也便于联合国对各个国家的减排量和减排效果进行实时的监控和比较。此种方法虽然简单，但是精确度的保证需要大量的详实数据，对于有不同研究目的的学者来说在考虑成本的条件下会对一个国家的局部碳排放进行测量。

（2）局部碳排放测算

对一个国家局部的碳排放测算包括了三种类型：

第一种是关于居民消费领域排放量的测算。自从投入产出法被 Reunders A H M E, Vringer K, Blok K（2003）[①], Park H C, Heo E（2007）等人[②]用来研究居民能源消费需求后，此方法被我国大量学者用于测算居民消费领域的碳排放，代表人物有吴开亚等人（2013）[③], 姚亮、刘晶茹、王如松（2011）[④], 朱

① Reunders A H M E, Vringer K, Blok K. The direct and indirect energy requirement of households in the European Union ［J］. Energy Policy, 2003, 31（2）: 139-153.

② Park H C, Heo E. The direct and indirect household energy requirements in the Republic of Korea from 1980-2000, An input-output analysis ［J］. Energy Policy, 2007, 35（5）: 2839-2851.

③ 吴开亚, 王文秀, 张浩, 等. 上海市居民消费的间接碳排放及影响因素分析 ［J］. 华东经济管理, 2013, 27（1）: 1-7.

④ 姚亮, 刘晶茹, 王如松. 中国城乡居民消费隐含的碳排放对比分析 ［J］. 中国人口·资源与环境, 2011, 21（4）: 25-29.

勤、彭希哲、吴开亚（2012）①，安玉发（2014）②，范玲、汪东（2014）③ 等。他们不仅测算了居民消费领域能源消耗的直接排放，而且测算了通过中间投入品间接使用能源的间接排放，充分发挥了投入产出法考虑产品整个投入产出链的优势。另外，较为常用的测算方法是生命周期法，代表人物有刘兰翠（2006）④，Brent Kin，Roni Neff（2009）⑤，智静（2009）⑥，Pathak H，Jain N，Bhatia A，Patel J，Aggarwal P K（2010）⑦，吴燕（2012）⑧ 等。此方法侧重产品角度，从产品生产、运输、使用和报废各个环节出发，全面测算其碳排放，但此方法对数据监测的要求相对较高。

第二种是区域碳转移量的测算。它包括国际转移和省际转移两个纬度，测算方法也主要是投入产出模型和生命周期模型。在研究中，学者们又将投入产出模型细分为单区域投入产出模

①　朱勤，彭希哲，吴开亚. 基于投入产出模型的居民消费品载能碳排放测算与分析 [J]. 自然资源学报，2012，27（12）：2018-2029.

②　安玉发，彭科，包娟. 居民食品消费碳排放测算及其因素分解研究 [J]. 农业技术经济，2014（3）：74-82.

③　范玲，汪东. 我国居民间接能源消费碳排放的测算及分解分析 [J]. 生态经济，2014，31（7）：28-32.

④　刘兰翠. 我国二氧化碳减排问题的政策建模与实证研究 [D]. 合肥：中国科学技术大学，2006.

⑤　Brent Kin and Roni Neff. Measurement and communication of greenhouse gas emissions from U. S. food consumption via carbon calculators [J]. Ecological Economics，2009（69）：186-196.

⑥　智静，高吉喜. 中国城乡居民食品消费碳排放对比分析 [J]. 地理科学进展，2009，28（3）：429-434.

⑦　Pathak H，Jain N，Bhatia A，Patel J，Aggarwal P K. Carbon footprints of Indian food items [J]. Agriculture，Ecosystems and Environment，2010，139（2）：66-73.

⑧　吴燕，王效科，逯非. 北京市居民事物消费碳足迹 [J]. 生态学报，2012（5）：1570-1577.

型和多区域投入产出模型。单区域投入产出模型假设进口产品碳排放系数与国内同产品相同。而多区域投入产出模型采用了进口产品在进口国的实际碳排放系数，使测算结果更符合实际情况。其代表人物有 Manfred Lenzen（1998）[①]，Giovani Machado，Roberto Schaeffer，Ernst Worrell，（2001）[②]，Manfred Lenzen，Lise L Pade，Jesper Munksgaard（2004）[③]，Nadim Ahmad，Andrew W Wyckoff（2004）[④]，Glen P Peters，Edgar G Hertwich（2006）[⑤]，张晓平（2009）[⑥]，张为付、杜运苏（2011）[⑦]，闫云凤（2014）[⑧] 等。学者们不仅测算了进出口产品本身的直接排放，还测算了进出口产品由于中间投入而产生的间接排放，使碳转移的测量结果更为全面。由于资料的局限性，

① Manfred Lenzen. Primary energy and greenhouse gases embodied in Australian final consumption：an Input output analysis［J］. Energy Policy，1998，26（6）：495-506.

② Giovani Machado，Roberto Schaeffer，Ernst Worrell. Energy and carbon embodied in the international trade of Brazil：an input-output approach［J］. Ecological Economics，2001，39（3）：409-424.

③ Manfred Lenzen，Lise L Pade，Jesper Munksgaard. CO_2 multipliers in multi-region input-output models［J］. Economic Systems Research，2004，16（4）：391-412.

④ Nadim Ahmad，Andrew W Wyckoff. Carbon dioxide emissions embodied in international trade of goods［EB/OL］.［2009-04-15］http：//www. oecd. org/sti/working-papers.

⑤ Glen P Peters，Edgar G Hertwich. Pollution embodied in trade：the Norwegian case［J］. Global Environmental Change，2006，16（4）：379-387.

⑥ 张晓平. 中国对外贸易产生的 CO_2 排放区位转移效应分析［J］. 地理学报，2009，64（2）：234-242.

⑦ 张为付，杜运苏. 中国对外贸易中隐含碳排放失衡度研究［J］. 中国工业经济，2011（4）：138-147.

⑧ 闫云凤，赵忠秀. 消费碳排放与碳溢出效应：G7、BRIC 和其他国家的比较［J］. 国际贸易问题，2014（1）：99-107.

我国开展省际间碳转移测算的学者较少，仅有姚亮等人（2010）①、石敏俊等人（2012）②、潘元鸽等人（2013）③，研究结果区分出我国的碳排放净出口地和净进口地，净出口地为支持其他地区的发展而承担了高于其消费水平的碳排放，而净进口地消费的碳排放却高于其生产量，为国家考虑地区发展在全国经济中地位的不同而制定差异化的地区减排目标奠定了基础。而基于生命周期法测算碳转移更侧重出口产品，刘强等人（2008）④ 就利用此方法测算了中国出口贸易中的46种重点产品的载碳量。

第三种是对行业碳排放的测算，视角较为微观。其代表人物有陈红敏（2009）⑤，蒋金荷（2011）⑥，谢守红、王利霞、邵珠龙（2013）⑦，王兰会、符颖佳、许双（2014）⑧，曲建升人等（2014）⑨，研究方法主要有排放因子法、投入产出法和系统动

① 姚亮，刘晶茹. 中国八大区域间碳排放转移研究 [J]. 中国人口·资源与环境，2010（12）：16-19.

② 石敏俊，王妍，张卓颖，等. 中国各省区碳足迹与碳排放空间转移 [J]. 地理学报，2012，67（10）：1327-1338.

③ 潘元鸽，潘文卿，吴添. 中国地区间贸易隐含 CO_2 [J]. 统计研究，2013（9）：21-28.

④ 刘强，庄幸，姜克隽，等. 中国出口贸易中的载能量及碳排放量分析 [J]. 中国工业经济，2008（8）：46-55.

⑤ 陈红敏. 包含工业生产过程碳排放的产业部门隐含碳研究 [J]. 中国人口·资源与环境，2009，19（3）：25-30.

⑥ 蒋金荷. 中国碳排放量测算及影响因素分析 [J]. 资源科学，2011，33（4）：597-604.

⑦ 谢守红，王利霞，邵珠龙. 中国碳排放强度的行业差异与动因分析 [J]. 环境科学研究，2013（11）：1252-1258.

⑧ 王兰会，符颖佳，许双. 中国林产品行业隐含碳的计量研究 [J]. 中国人口·资源与环境，2014（S₂）：28-31.

⑨ 曲建升，王莉，邱巨龙. 中国居民住房建筑固定碳排放的区域分析 [J]. 兰州大学学报：自然科学版，2014，50（2）：200-207.

力法等。其中最常用的是基于活动水平和排放因子的排放因子法。这种方法也是 IPCC 提出的参考方法，实证中能不能收集到准确的活动水平数据和适应本行业的排放因子，会直接影响测算结果的准确性。从学者们的研究来看，只有我国测算出了平均排放因子的行业测算结果才相对准确，大部分还是依据 IPCC 的参考因子。利用投入产出法主要侧重测算行业的隐含碳排放。系统动力法从因果关系入手，通过原因的输入、结果的输出，从系统的角度来全面测算行业碳排放。

1.3.2.2　按减排的思路分类

（1）自上而下法

自上而下法是从宏观经济的各个要素出发对碳排放进行测算，是对整个经济描述的集合模型，包括整个宏观经济的各要素。在对碳源排碳量的估算中，主要使用投入产出 IO 模型和经济计量模型。

（2）自下向上法

与自上向下法相对，自下向上法是一种以详细技术信息为基础的模型，通过对能源优化、技术性能、减排成本等建模后，估算在不同能源使用结构与技术应用的条件下温室气体的排放量。杨宏伟在研究减排技术的环境效益中使用的 AMI-LOCAL/China 模型等属于这一类。早期的这类模型主要研究如何以最低的成本满足能源需求，近来的发展则允许需求对能源价格做出反应。

1.3.2.3　混合模型

混合模型是由自上向下和自下向上两类模型组合而成的混合模型。不论是自上向下模型还是自下向上模型，都是由模型的结构、经济理论基础、关键假设等方面的区别造成了模拟结果的差异。Wilosn 等人系统地比较了两者之间的差别后，进行了深入讨论。一些经济学家认为应当综合应用这两种方法，因为它们在多数情况下是互补而不是替代关系（Bohring, 1998）。混合模型既可以分析如碳税之类的自上向下的政策也可以分析如电厂技术规范、减排成本等自下向上的政策。GLOBAL（Manne, 1992），NEMS（Kdyes, 1999）模型都是混合模型的代表。

1.3.2.4 按具体测量方法分类

按具体测量方法分类，可以分为投入产出模型、经济计量模型、CGE 模型、CERI－AIM 模型、Logistic 模型、MARKAL 模型、生命周期模型、CARBON 模型和决策树模型等。

投入产出模型主要用于测算隐含碳排放，对于行业或者产品的碳排放来说，除了直接消耗能源的直接排放外，还有部分是通过中间投入间接消耗能源的间接排放。而投入产出模型通过行业的消耗系数反映出行业间的投入关系，从而达到测算隐含碳排放的目的。

经济计量模型一般都是通过经济变量之间过去的统计关系来预测经济变量发展变化的。长期能源替代规划模型（LEAP）是这一类模型的代表。这个模型通过过去的能源使用规律预测长期能源的使用状况，从而估算温室气体的排放量。经济计量模型在测算碳排放时的局限性主要表现在该模型只反映经济系统过去相应时间段的行为特征，经济主体不可以直接对政策做出有效率或准确的响应，因而不适合分析较大的政策变化。

CGE 模型源于瓦尔拉斯的一般均衡理论。在对气候变化领域的研究中，CGE 模型的优势是把影响温室气体排放的各个因素建立起数量关系，使我们可以考察来自某一因素的扰动对整个系统的影响，从而可以用来估计温室气体的排放量和分析减排政策的影响。中国社科院构建的中国经济 CGE 模型即属于这一类。与计量经济模型相比，CGE 模型有着清晰的微观经济结构和宏观与微观变量之间的连接关系，模型不再是一个"黑箱"；与混合模型相比，由于它将政策变量纳入经济系统的整体之中，不论政策的变化如何冲击均能反映到整个经济系统中，从而对政策的评估起到较好的效果。但 CGE 模型需要的数据相当复杂，并且其动态模型都是采用递推机制，这在短期预测中有合理性，而在长期预测中存在不足。

ERI-AIM 模型是集排放、气候、影响三类模型于一体的较为完整的政策评价模型。通过建立适合国情的能源系统模型体系和测算方法，对未来能源需求、二氧化碳排放趋势及其对宏观经济的影响进行预测。该模型的主要功能和目标是：评价在各种技术减排对策中引入碳税政策后的效果和影响；评估将碳税与其他对策结合起来的可能性和综合效果。该模型由三个模块组成。第一个模块是能源服务量计算模块。它可以进行社会能源需要量的计算，通过与决定经济、社会等变量的外部模块进行结合，推算能源服务需求量。第二个模块是计算能源效率变化的能源效率计算模块。它以二次能源供应为一方，以能源服务需求为一方，形成"参照能源系统"（RES），它是对能源设备的技术信息进行充分描述的部分。第三个模块是对决定能源效率的各种服务技术进行选择的模块。其根据经济核算标准来评价服务设备的好坏，为各阶段各种服务需求选择最佳设备。

Logistic 模型：在自然社会经济中，有许多生物量和经济量是时间 t 的单调增长函数 x（t），其增长速度在前期由缓慢逐渐变快，在后期又由快速增长逐渐变慢，最终趋于一个有限值 K，通常称为饱和值。显示在图形上，其散点类似一条压扁了的 S 形曲线，称为 S 增长曲线（Logistic 曲线），相应的函数称为 S 增长模型，用此模型来表示碳排放和时间之间的关系，以此进行碳排放的测算。

MARKAL 模型：该模型是一个动态线性规划模型，以参考能源系统为基础，对能源系统中各种能源开采、加工、转换和分配环节以及终端用能环节进行详细的描述，而且对每一环节不仅可以考虑现有的技术，还可以考虑未来可能出现的各种先进技术。模型的优化目标是在满足各种有用能源的需求下，规划期内能源系统贴现的总供能成本最低。模型的约束主要有能载体平衡、电力基荷方程、电力峰荷方程、低温热峰荷方程、容量转移方程、需求方程、描述转换技术与加工工艺的容量和活动量间关系的方程、可获得的资源累积量方程、排放量计算方程、用户自定义方程等。清华大学的陈文颖、吴宗鑫等根据此模型的思想建立了中国的 MARKAL 模型，分析得到了能源消费和二氧化碳排放的宏观指标。

生命周期模型：生命周期分析/评价（LCA）被称为"20 世纪 90 年代的环境管理工具"，是对产品"从摇篮到坟墓"的过程有关的环境问题进行后续评价的方法（于秀娟，2003）。LCA 要求详细研究其生命周期内的能源需求、原材料利用和活动造成的向环境排放废弃物，包括原材料资源化、开采、运输、制造/加工、分配、利用/再利用/维护以及过后的废弃物处理。主要目的是：用于对一个产品、工序或生产活动的环境后果或潜在的环境影响进行科学和系统的定量研究（马忠海，2002）[①]。按照生命周期评价的定义，理论上是每个活动过程都会产生 CO_2 气体。由于研究时采用的是从活动的资源开发开始，会涉及不同的部门和过程，需要把在这个过程中能源、原材料所历经的所有过程进行追踪，形成一条全能源链，对链中的每个环节的气体排放进行全面综合的定量和定性分析。所以，用该方法研究每个活动过程排放的温室气体时，研究对象与常规的碳源分类方式不太一样，是以活动链为分类单位的。

---

① 马忠海. 中国几种主要能源温室气体排放系数的比较评价研究 [D]. 北京：中国原子能科学研究院，2002.

CARBON 模型是中国林业科学院森林生态环境研究所的徐德应教授研制的，根据此模型他对我国森林碳平衡问题进行了计算。在 IPCC 的算法框架之下，CARBON 模型在实施过程中考虑了区域分布和森林结构变化，中国森林被分为 5 个区，每个区又被分成 5 个年龄组：幼龄林、中龄林、近龄林、成熟林和过熟林。根据现有的森林普查资料，分别确定不同年龄级的森林面积、不同龄级的立木蓄积量、年平均生长率、年采伐面积、林地向其他类型转化和其他类型向林地转化的面积、木材密度、茎秆和生物量的比例、土壤中的含碳量及其他变量、木材消耗结构等，计算出我国森林对碳的吸收和释放。

1.3.2.5　对碳排放测算方法的评述

各种方法都有各自的优缺点和适用范围。投入产出模型由于其消耗系数是固定的，难以考虑未来技术变动的影响，仅在碳排放的现状研究中较为精确，并且投入产出表要五年才能编制一次，不便于形成连续的时间序列。但投入产出分析从一般均衡理论中吸收了有关经济活动相互依存的观点，通过中间投入把各个行业部门间环环相扣的关系体现出来，从而较为精确地把握各个行业整个生产环节中的直接碳排放和间接碳排放总量，还可以分析行业结构变动造成的影响，所以投入产出法在行业碳排放的研究中具有不可替代的作用。经济计量模型能够把影响碳排放的各种因素综合考虑，在碳排放的预测上有较大应用，但是模型一般都是通过经济变量之间过去的统计关系来预测经济变量的发展变化，若经济系统未来有较大的变动，则模型测算就会不准确。自下而上法的主要缺陷是它通过考虑经济主体的"净成本"最小化来尽量客观地模拟现实中的决策行为，而真正的决策行为并不完全由"成本"最小化来决定，还有其他因素如便利性等。

1.3.3 碳排放的控制

1.3.3.1 碳排放控制方法

从减排的目的来看，碳排放的控制可以分为两类：一类是绝对量控制；另一类是相对量控制。下面分别介绍两种方式：

（1）绝对量控制

绝对量控制即是总量控制。总量控制既是一种环境管理的思想，也是一种环境管理的手段。总量控制可以分为目标总量控制、容量总量控制和行业总量控制三种类型。目标总量控制是指在碳排放总量目标一定的情况下，应该根据各个地区排污的水平和经济技术的可行性，以最优化的方式对各个地区允许的碳排放量和碳减排量进行分配，并使各个地区的碳排放量持续降低，以达到碳排放总量减少的目的。容量总量控制是以环境质量标准为控制的基点，从污染源的可控性、环境目标的可达性两个方面进行碳排放总量分配，即是说这种控制类型是基于对环境自身的纳污能力的准确量化。行业总量控制是以能源、资源合理利用为控制基点，依据最佳生产工艺和处理技术两方面进行碳排放总量分配。

由此可见，碳排放绝对量控制的各种方式的目的虽然都是从总量上减少碳排放，但其允许的碳排放总量和减排的过程不同。从允许的碳排放总量来说，目标总量控制方式中允许的碳排放总量是根据不同的既定目标来确定的，是一种目标允许量。容量总量控制方式中允许的碳排放总量是根据环境承载力来确定的，是一种环境可承载量；而行业总量控制方式中允许的碳排放总量是根据行业中最有效率的生产技术来确定的，是一种技术可达量。从减排的过程来说，三种总量控制依据不同的原则把碳排放总量在各个排放主体间进行最优化的分配。目标总量控制方式依据各个地区的现有排放水平和减排的实现技术进行地区碳排放配置，这实际在保证各个地区现阶段经济正常发展水平的同时，为减排技术先进、减排效率高的地区分配更多的减排量。容量总量控制方式是根据各个地区环境的承载力和排放源的可控性进行碳排放配置，使各个主体得到的碳排放量都不会超过环境容量。行业总量控制方式是依据最有效的生产技术进行碳排放分配，保证碳排放资源流向同一行业中生产效率最高的企业。

绝对量控制的各种方法都有其适用的范围和使用的制约条件。目标总量控制的方式更容易把握碳排放总量；容量总量控制的方式在环境承载力已知的情况下不但能够保护环境，还能使碳排放资源充分利用起来以促进经济社会的发展，但环境碳排放容量的界定往往受到现有技术水平的制约而很难达到精确量化。行业总量控制的方式能够促使企业改进生产技术、提高能源利用效率、减少碳排放，但是由于先进的生产技术往往保密，所以难以真正确定行业中最有效率的生产。所以，相对而言，目标总量的控制方式更容易操作，美国实施的节余政策、补偿政策、泡泡政策和欧盟排污权交易计划以及我国"十五"环保计划和"十一五"环保计划都采用了目标总量控制的方法。

现阶段较为成功的绝对量控制方案为《京都议定书》。《京都议定书》中要求全球主要工业国家的二氧化碳排放量在2008—2012年应比1990年的排放量平均降低5.2%。并且此书中还提出了达到此目标的三种机制：碳排放贸易机制、清洁发展机制和联合履约机制。碳排放贸易机制允许发达国家之间进行碳交易，难以完成消减任务的国家可以从超额完成任务的国家购买碳排放的额度；清洁发展机制允许发达国家和发展中国家进行碳交易，发达国家可以通过向发展中国家提供绿色技术或设备抵消相应的温室气体排放量；联合履约机制只针对欧盟，只要求欧盟在总体上完成减排任务，而不管内部个别国家的减排进程。

（2）相对量控制

相对量控制即是把碳排放与经济社会的某些指标相挂钩的一种方法，达到既控制碳排放又实现经济社会中其他目标的目的。用得最多的就是碳强度控制方式，即控制单位 GDP 的碳排放量，这种方式把碳减排和经济增长紧密联系了起来。2003 年布什政府最早提出了碳强度控制方式，将每百万美元国内生产总值的温室气体排放量在 2002—2012 年消减 18%[①]，我国在 2009 年的哥本哈根会议上也提出到 2020 年碳强度在 2005 年的基础上降低 40%~45%的承诺。

1.3.3.2 碳排放控制方法评述

碳强度控制并不一定会使碳排放总量降低，当经济增长快于碳排放总量增长时，即使碳强度是降低的，碳排放总量仍然是上升的。也就是说，碳强度控制并不能从根本上减少碳排放，仅仅是在保证经济增长下的一种折中方案，而碳总量控制方法的出发点就是碳减排，它才能真正实现碳排放总量的减少。但是由于引起碳排放的原因是化石能源的大量使用，而化石能源作为占比最高、获取成本最低廉的能源，在世界各国的能源消费结构中都占有很高的比率。随着经济社会的进步，化石能源的使用会进一步增加，这也会造成碳排放总量的上升。由此可见，碳排放总量控制和经济快速增长的目标之间是存在一定程度的矛盾的。经济作为一个国家综合国力的重要体现，任何国家都不会愿意以牺牲经济增长速度来减少碳排放，所以碳排放总量控制的目标实施起来更艰难。而碳强度控制目标允许碳排放总量随着经济增长而上升，但是需要通过技术进步和能源使用效率的提高来使碳排放总量上升的速度逐步缓和。这种方式

---

① 于飞天. 碳排放权交易的市场研究 [D]. 南京：南京林业大学，2007.

给予了国家更多的发展空间，容易被大家接受。

1.3.4 碳排放权分配

1.3.4.1 碳交易市场建立的前提

《京都议定书》的三个实现机制中的清洁发展机制由于实施起来成本更低、效果更好得到了大量的应用。《京都议定书》的签订使国际碳交易市场蓬勃发展起来，碳排放权交易结合了经济手段的间接控制和法规手段的直接控制，高效地实现了碳减排，所以碳排放权交易市场在碳资源的有效配置中具有不可替代的作用。

通过碳交易市场对碳排放权进行分配借鉴了排污权分配的一些思想。Coase（1960）最早认为在市场交易成本几乎为零的情况下，碳排放权的初始分配并不会影响到资源最终的有效配置，所以早期多数学者在初始排污权交易理论与实践问题的讨论中几乎忽视了初始排污权的分配问题。随着初始排污权交易制度在发达国家的实施，Heller，Barde 等经济学家逐渐开始关注初始排污权的分配。在实际的市场中，完全竞争是不存在的，所以，初始排污权的不同分配方式会影响最终效率。另外，从福利经济学的角度来看，即使是完全竞争的市场，也只能够完成资源的有效配置，无法顾及公平性。因此，首先应让政府分配资源禀赋，再让市场来决定效率，以此达到效率和公平的兼顾。

由此可见，通过碳交易市场对碳排放进行总量控制有两个前提：第一个是需要确定减排量，即某区域允许的碳排放总量是多少；第二个是需要对碳排放权进行初始分配。这就可以保证通过碳交易市场进行调整后的最终碳排放权分配结果不会出现极端情况，兼顾了公平性和效率性。

1.3.4.2　碳排放权初始分配的原则

（1）公平性原则

公平性是二氧化碳分配机制首要考虑的原则之一。国际社会对碳排放衡量指标的争议也主要源于公正原则之争，这既涉及各个国家能够排放多少二氧化碳，也涉及各个国家在现有基础上应该减少多少二氧化碳排放。于是涌现出许许多多衡量公平的指标，包括国家排放总量指标、国家累积排放量指标、人均排放指标、人均累积排放量指标、碳排放强度指标、碳复合指标和行业指标等。每个指标都从不同的角度体现了公平原则，也为不同利益取向的国家所接受。公平性原则的本质应该是使分配主体有平等的权利，分配结果有助于激发各个主体防治污染的积极性。具体来看，学者、专家们从以下三个方面对公平性原则各抒己见。

第一个方面是关于碳排放权初始分配的公平性。王伟中等人（2002）[①] 认为，公平的碳排放权应该体现人类生存、发展和利用自然资源的平等权利，人均排放原则是最好的衡量指标。有些学者认为公平性必须以差别为前提，同时又不以差别本身为标准，包括"机会平等原则""污染者承担原则""义务权利对称原则"和"共同但有区别的责任原则"。陈文颖等人（2005）[②] 认为，巴西提案中的有效排放量概念为碳排放分配提供了依据，有效排放既从历史责任出发又考虑了公平性，是进行碳排放初始分配较为公平的原则。潘家华和郑艳（2009）[③]

[①]　王伟中. "京都议定书"和碳排放权分配问题 [J]. 清华大学学报，2002（6）：835-842.

[②]　陈文颖. 全球未来碳排放权"两个趋同"的分配方法 [J]. 清华大学学报：自然科学版，2005（6）：850-857.

[③]　潘家华，郑艳. 基于人际公平的碳排放概念及其理论含义 [J]. 世界经济与政治，2009（10）：6-16.

认为，国际上各个国家之间的碳排放权初始分配应该考虑两个方面：一方面是人文发展，既包括衣、食、住、行等基本生活需求，也包括教育、政治、社会等方方面面的内容。较为贫穷的国家人文发展还表现在满足基本生存需求上，而较为发达的国家已经着重从更高的需求层次出发了。而人文发展离不开物质与能源的需求，这就要求国家应该建立相应的产业发展体系，而产业的发展需要以化石能源作为支撑，导致排放二氧化碳。从这一点来说，碳排放权的分配必须要从人文发展的需要出发，即是人际公平的概念。人际公平是指人类的发展权益相同，每个人都有权利公平地享有碳排放权这一全球性的公共资源，所以应该享用相等的碳排放权。衡量人际公平的指标包括人均碳排放相等和人均累计碳排放相等。另一方面是国家的发展权益和发展空间。碳排放权分配还与各国的经济利益密切相关。它作为经济发展的一个重要投入要素，支撑着各个国家的不同产业体系。由于各个国家的发展阶段存在差异，产业结构不同，对碳排放权的需求也是不一样的。从国际公平的角度来说，应该保证各个国家有相同的发展权益，发达国家过去依赖化石能源走工业化强国的路子，现在的发展中国家也正是处于这样的阶段，虽然已经与发达国家过去的工业化进程有了明显的区别，但是工业对化石能源的使用仍然是最多的。所以，应该从不同国家的发展阶段出发分配碳排放权，衡量国际公平的指标包括国家碳排放总量和国家累积碳排放量。任国玉等人指出，人均历史累积碳排放由于其公平性，在未来的全球气候变化历史责任分担研究中应该受到进一步重视。中国社会科学院从满足人文发展需求的公平性角度提出了碳预算方案的碳排放权初始分配方案：第一步要确定全球发展的碳预算目标；第二步要以各国的基准年人口作为依据对碳预算目标进行分配；第三步根据各国的气候、地理、资源禀赋等自然因素对各国碳预算做调整；

第四步考虑碳预算的转移。宋玉柱等人（2006）[①] 从企业间分配的角度阐述了公平性原则，认为各个厂商间的碳排放权分配的公平性原则不能仅仅以各个单位容纳的劳动就业人数作为依据，还必须考虑企业的发展规模和经济利税总额。清华大学在"九五"和"十五"科技攻关报告中提出了考虑历史责任的人均累积排放相等的分配原则以及"两个趋同"的分配方法，其中趋同原则的本质就是保证各个国家的发展权力，认为短期内发展中国家由于发展的需要可以允许人均碳排放先增加，随后再降低，而发达国家则需要单调下降。在过渡期内，发展中国家的人均碳排放可能会超过一些发达国家，当经济发展到一定水平后再对其实施绝对减排，到目标年与发达国家趋同。

第二个方面是碳减排分配量的公平性。我国学者胡鞍钢（2008）[②] 从两个角度进行了分析。第一个角度是以人类发展指数（HDI）作为减排原则，把人类发展指数分成四个层次，按照这个标准把全球的各个国家分为四组：高 HDI 组（>0.8）、上中等 HDI 组（0.65~0.8）、下中等 HDI 组（0.5~0.65）、低 HDI 组（<0.5）。即"一个地球，四个世界"，这种方法用四分组原则替代了原来发达国家和发展中国家的两分组原则，更全面地考虑了人类的发展需求。HDI 的等级越低，就越应该保证其国家的人民基本生存的碳排放权得到满足。第二个角度是污染排放大国减排主体原则。从公平的角度来说，谁污染谁付费。对于污染排放大国，其碳排放量占全球碳排放量的比重越高，就越应该要求其减排更多的碳排放，分配到更少的碳排放权。

---

① 宋玉柱，高岩，宋玉成. 关联污染物的初始排污权的免费分配模型[J]. 上海第二工业大学学报，2006，23（3）：194-199.
② 胡鞍钢. 通向哥本哈根之路的全球减排路线图 [J]. 当代亚太，2008（6）：22-38.

苏利阳等人（2009）[①] 认为，从各国的主权平等性出发，碳减排应该采用主权原则，发达国家和发展中国家都将因其具有相同的主权而相应承担相同的减排义务，进而在国际减排谈判中衍生出历史责任、支付能力、人的基本需求等问题，即是我们常说的责任原则、污染者付费原则、支付能力原则、基本需求原则或平等主义原则等公平性原则。

第三个方面是蕴含在碳转移中的公平性。一方面是国际投资带来的碳转移；另一方面是国际产品流动带来的碳转移。随着世界经济一体化和生产要素的全球性流动，对外开放对环境污染影响的问题也引起了人们的关注。对于外商直接投资能否产生"污染避难所"学者们有两种观点：一种观点认为外商直接投资把高污染的产业投放到环境监管比较放松的国家，导致这些国家的环境污染越来越严重，从而避免了严格的环境监管。另一种观点认为此现象并不明显。从我国的情况来看，进入 21 世纪后，重工业快速发展，城市化、现代化进程加快，国际制造业大规模向中国转移，高耗能产业高速增长，化石能源出现了快速消耗的局面，使我国排放了大量的二氧化碳。有人曾指出，1997—2003 年中国有 7%~14% 的能源消耗在对美国的出口中，中国对美国出口的几乎都是高碳产品，美国因此避免了 3%~6% 的排放量。

（2）效率性原则

效率性原则也是碳排放分配中的重要原则之一。从效率性的含义出发，包括三个方面的内容：第一个是环境效率。由世界可持续发展委员会（WBCD）于 1992 年在里约地球峰会上提出，环境效率越高则意味着在不增加环境负荷的条件下，可以

① 苏利阳，王毅，汝醒君，等. 面向碳排放权分配的衡量指标的公正性评价 [J]. 生态环境学报，2009，18（4）：1594–1598.

保持或者继续扩大经济活动量，进而可以提高居民的生活和福利水平，实现人类社会与环境相协调的可持续发展。第二个是能源效率。能源效率是指用相同或者更少的能源获得更多的产出和更好的生活质量。能源效率包括经济能源效率和物理能源效率，经济能源效率包括单位产值能耗和能源成本效率，物理能源效率包括热效率和单位产品或服务能耗。第三个是生态效率。生态效率是指增加的价值与增加的环境影响的比值，本质是要求环境和经济共同和谐发展。

　　碳排放权作为一种重要的资源，可以借鉴效率含义的思路，学者们就碳排放权初始分配的效率性原则提出了许多观点。王伟中等人（2006）[①] 认为效率性是资源配置的最优化原则，在有限的环境排放空间的限制下，尽可能取得全球最大的经济产出。而 GDP 碳排放系数是衡量效益原则的最好指标，表示单位GDP 产出的二氧化碳排放量。赵文会等人（2007）[②] 认为，碳排放权初始分配的效率性是指区域净财富的最大化，即是生产产品产生的效益减去消耗的生产成本、污染消减成本和生产造成的污染物排放带来的损害。宋玉柱等人（2006）[③] 等从企业间分配的角度阐述了效率性原则，认为效率性要求排污权的分配在保证区域产业生态链不被破坏的前提下实现区域经济效益的最大化。王丽梅（2010）[④] 从污染处理成本的角度来看效率性分配原则，认为应该根据区域环境容量资源恢复成本来进行

---

　　① 王伟中，陈滨，鲁传一，等."京都议定书"和碳排放权分配问题 [J]. 清华大学学报，2002，17（6）：81-85.

　　② 赵文会，高岩，戴天晟. 初始排污权分配的优化模型 [J]. 系统工程，2007，25（6）：57-61.

　　③ 宋玉柱，高岩，宋玉成. 关联污染物的初始排污权的免费分配模型 [J]. 上海第二工业大学学报，2006，23（3）：194-199.

　　④ 王丽梅. 一种排污权初始分配和定价策略 [J]. 专题研究，2010，17（1）：26-27.

初始排污权的分配。

　　除此之外，也发展了一些其他的基本原则，见表1.3①。

表1.3　　　　　　　　碳排放权分配原则表

	总原则	定义	操作规则	区域分解依据
基于分配的准则	主权原则	所有区域具有平等的排放权和不受排放影响的权利。	所有区域按同等比例减排，维持现有的相对排放水平不变。	按排放相对份额分配排放量。
	平等主义	所有人具有平等的排放权和不受排放影响的权利。	减排量与总人口成反比。	按人口相对份额分配总排放量。
	支付能力	根据实际能力承担经济责任。	所有区域总减排成本占GDP的比率相等。	排放量的分配应使所有区域的总减排成本占GDP的比例相等。
基于结果的准则	水平公正	平等对待所有区域。	所有区域净福利变化占GDP的比例相等。	排放量的分配应使所有区域的净福利变化占GDP的比例相等。
	垂直公正	更多关注处于不利状况的区域。	净收益与人均GDP负相关。	累进分配排放权使净收益与人均GDP负相关。
	补偿原则	根据帕累托最优原则任何区域的改善不能造成其他区域的损失。	对净福利损失的区域进行补偿。	排放权的分配不应使任何区域遭受净福利损失。
	环境公平	生态系统的基础地位和权利优先。	减排应使碳排放总量资源价值最大化。	排放权的分配应使碳排放总量资源价值最大化。

---

　　① 杨姝影，蔡博峰，曹淑艳，等. 二氧化碳总量控制区域份额方法研究[M]. 北京：化学工业出版社，2012.

表1.3(续)

	总原则	定义	操作规则	区域分解依据
基于过程的准则	罗尔斯最大最小	处于最不利地位区域的福利最大化。	最贫困区域净收益最大化。	为最为贫困区域分配较多的份额使其净收益最大化。
	一致同意	区域分配的过程是公平的。	寻求大多数区域接受的分配方案。	排放空间的分配应满足大多数区域的要求。
	市场正义	市场竞争是公平的。	更好地利用市场。	以拍卖的方式将排放空间分配给出价最高的。

1.3.4.3　碳排放权初始分配的方法

中国科学院副院长丁仲礼院士认为在进行全球碳排放总量分配的时候必须要考虑各个国家的历史排放、人均排放和经济发展阶段的差异。清华大学在"九五"和"十五"科技攻关报告中提出了考虑历史责任的人均累积排放相等的分配原则及"两个趋同"的分配方法。印度首次提出了"压缩与趋同方案"。"压缩"是指逐步减少全球总的当期排放额,"趋同"是指每个国家当前的排放权由其当前的实际排放水平决定。高碳排放国家的人均排放水平逐渐降低,而低碳排放国家的人均排放水平逐渐升高,最终达到一致。1997年巴西提出了"历史责任方案",较好地体现了"污染者付费"原则。中国社会科学院城市发展与环境研究中心提出了"碳预算方案",强调碳排放权的初始分配应首先保障人的基本需求,抑制奢侈浪费。荷兰国家公众健康与环境研究所提出了逐渐参与法和多阶段法。逐渐参与法认为发展中国家在经济发展水平较低阶段可以不承担减排义务,当经济发展到一定水平再参与到国际减排当中来;多阶段法要求发展中国家按照基准排放情景阶段、碳排放强度下降阶段、稳定排放阶段和减排阶段4个阶段承担义务。此外,还有排放账户方案，包括国家排放账户方案和人均排放账户方案，国家排放账户方案考虑了各国的历史责任，而人均排放账户考虑了人际公平；陈文颖（1998）提出了碳权混合分配机制，兼顾人际公平和经济效益；王中伟（2002）提出了碳排放权初始分配的公平原则和效益选择；潘家华和郑艳（2009）从国际公平和人际公平两个不同的视角量化各国的温室气体减排责任，指出国际减排责任分配应该综合考虑各国的历史责任、现实发展阶段和未来发展需求；另外，还有 Triptych 方法、多部门趋同方法、二元强度目标法、SD-PAMS 法和可持续法。各种初始分配方法各有优劣，站在不同利益集团的角度为不同利益集团所使用。综观各个学者和各个国家的经验，将碳排放权初始分配方法总结如下：

（1）温室气体排放发展权法

温室气体排放发展权法也称为 GDRs，这种方法是由瑞典斯德哥尔摩研究所 bear 等人共同开发的，各个国家减排能力和减排责任是以人均 GDP 和人均累计碳排放作为衡量标准的，采用两个指标的乘积构建排放分配模型，其核心思想认为各国的减排义务和分得的碳排放权应该与每个国家的减排责任和减排能力相一致。GDRs 方法有三个基本原则：发展权、能力和责任。发展权有一个发展权值，低于这个值的国家可以先把国家的发展作为优先考虑的因素而不需要承担减排责任；能力是由各个国家的收入水平来衡量的，为计算各国的能力，对各国高于发展门槛的个人收入之和加总并加入到计算当中；责任是根据污染者付费原则而来的，假设排放与消费成正比，而消费与收入成正比，认为低于发展门槛收入的碳排放是用于满足生存需要的，这个碳排放是必须给予的，而高于发展门槛收入的碳排放则是奢侈性排放，应承担更多的减排责任。

（2）全球趋同法

全球趋同法也称为 C&C，这种方法认为发达国家的人均碳排放应该逐渐降低到世界人均碳排放水平，而发展中国家的人均碳排放应该逐渐升高到世界人均碳排放水平。在此基础上，Hohne 等人在 2006 年提出了共同但有区别的趋同法，确定了一个各个国家达到相同人均碳排放的时间点，认为发达国家人均排放量在 2050 年趋同到所有国家相等的水平，而发展中国家的趋同从人均排放达到全球平均水平的某一百分比开始降低，没有超过此比率的国家不承担减排责任。

（3）基于减排成本的分配方案

在不考虑各个地区和国家利益争端的前提下，为了使减排的成本最低，碳排放分配模型应该使各个区域或国家的边际成本与碳价值相等（如碳市场价格、排放权价格等）。也就是说，碳排放权分配或者碳减排分配已经实现了最优化，碳排放资源实现了帕累托的最优配置。在 Babiker 提出的基于减排成本的分配方案中，把碳减排成本直接与 GDP 挂钩，认为排放分配结果应该使各国 GDP 下降的百分比一致。

（4）三部门法

该方法把一国的经济分为三个比较宽泛的部门：轻工业部门、能源密集或出口导向部门以及电力生产部门。针对每个部门构建一个温室气体排放函数，从而计算该部门在承诺期内的温室气体额定排放量，把三大部门的配额相加，同时考虑经济增长、人口变化和能源使用，就能够得到一国各个部门的温室气体排放配额。

（5）国外二氧化碳总量分配方案举例

Adam rose 等人认为，美国的二氧化碳总量分配应该考虑领土原则、人均原则、经济活动能力和支付能力。其中，领土原则包括三个子原则：基于排放权的原则、基于区域地区生产总值的原则和基于能源使用效率的原则。

德国采用了 benchmark 的方法，通过设定行业基准线来进行排放配额的国内分配。工业设备排放份额以基础周期内的历史二氧化碳排放量为基础进行分配，而能源转换、转型设备排放份额也是以基础周期内的历史二氧化碳排放量为基础进行分配的，新设备获得的排放配额则是以产品排放量为基础进行分配的。

1.3.4.4　对碳排放权分配方法的评述

对于趋同法来说，不同的趋同时间和趋同人均 GDP 都会使发达国家和发展中国家所分配到的温室气体排放配额有较大的差异，每个国家都会根据自己的利益诉求来支持对自己更为有利的方式。这样就使趋同法的趋同时间和趋同人均 GDP 有很多不同的方式，难以达成一致意见。对于有区别的趋同法来说，某个暂不承担减排责任的发展中国家何时承担减排义务，即超过世界人均水平到何种程度的时候才强制性减排，将是一个悬而未决的问题。对于基于减排成本的分配方式来说，也与趋同法存在同样的问题。如果不考虑利益争端的问题，各个国家和地区都可以根据最低成本的方式来实现二氧化碳排放资源的最优化配置，但是各个地区和国家之间都会存在利益争执，国家在进行内部二氧化碳排放资源配置时也不得不采取一种妥协措施。三部门法将部门作为分析的基础，充分考虑了欧盟各成员国在人口、经济发展水平、经济结构和能源效率上的差异，以及三大部门能源消费的不同特点，分配方法在操作性上更强，但是部门的划分过于粗糙，各个部门内部能源使用的差异也比较明显，更细致的部门划分也许更加有必要。

1.4　研究的思路和技术路线图

　　本书共七章，鉴于资料的局限和能源二氧化碳在二氧化碳总量排放中的绝对地位，仅研究全国能源消耗的二氧化碳排放。本书从研究中国能源二氧化碳变动影响因素出发，探索了引起各个地区能源二氧化碳排放差异的原因，并从碳转移的角度分析了各个地区的碳减排责任，再在这些研究的基础上从最终需求的角度出发对我国能源二氧化碳总量控制目标进行了地区分配。技术路线图如下图所示：

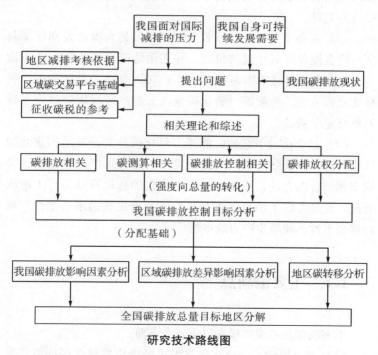

研究技术路线图

（1）利用碳排放因素分配分析法对引起全国能源二氧化碳变化的原因及贡献率进行了分解，为我国未来的减排行动提供了历史经验和不足。认为经济规模扩张是我国能源二氧化碳总量增加的主要原因，结构因素对能源二氧化碳总量的影响较小，行业完全碳排放系数降低是引起能源二氧化碳总量下降的主要原因，说明了技术进步是未来碳减排的重要途径之一。

（2）通过面板模型研究了引起地区能源二氧化碳总量差异的原因，为差异化的地区分配方案奠定了基础。认为地区生产总值、人均GDP、高碳排放行业占比、人口规模、城镇人口占比、能源生产力、煤炭消费占比和全要素生产率对各个省市能源二氧化碳总量的影响程度不同，造成各个地区能源二氧化碳排放的差异。

（3）从各个省市的省际贸易和国际贸易角度出发测算了其贸易隐含能源二氧化碳的排放，并利用地区高碳排放行业占比对省际间碳净转移的影响程度预测了2020年各个地区的碳净转移变动百分比，为能源二氧化碳地区分配的区域碳转移公平性调整奠定了基础。

（4）结合前面引起地区能源二氧化碳排放差异的因素和地区碳转移，从最终需求的角度出发，利用投入产出和计量经济模型相结合的方法，对国家能源二氧化碳总量目标进行了地区分配，充分考虑了消费需求公平性、经济发展需求公平性、碳转移公平性和能源生产力效率性。

1.5　主要创新点

本书的创新主要体现在以下三个方面：

（1）本书探索了一种从最终需求角度出发对全国能源二氧

化碳总量控制目标进行地区分解的合理方式。这种分配方式充分考虑了消费需求公平性、经济发展需求公平性、地区间碳转移公平性以及能源生产力的效率性，解决了目前碳排放目标区域分解的难题。并且本书建立的区域分配机制把投入产出法和计量经济模型进行了有机的结合，解决了利用现有数据对未来碳排放总量目标的区域分解问题。

（2）本书将因素分配分析法和投入产出法相结合，对全国能源碳排放的影响因素进行了分解，从数量上测算了各个因素的影响程度，论证了中国控制能源碳排放的历史经验与薄弱环节，得出了很有意义的结论。具体揭示出：最终需求规模的扩大是导致全国能源碳排放总量增加的主要因素，其中投资规模对全国能源碳排放的影响最为突出；目前中国净出口还并未扩大碳排放，甚至还抑制了能源碳排放的增长，但是应注意净出口结构变化有扩大碳排放的趋势；行业完全碳排放系数的变动对能源碳排放总量具有有效的抑制作用，技术进步和需求结构调整是今后控制碳排放的最重要途径。

（3）本书探索了一种依据中国地区扩展投入产出表测算地区省际贸易隐含能源碳转移量的方式。特别是具体测算出了各地区省际贸易和国际贸易中隐含的能源碳排放转移数量，为全国能源碳排放总量控制目标合理地进行地区分解创造了条件。

2. 全国能源二氧化碳排放现状和控制目标分析

　　随着我国经济总量的快速增加，二氧化碳排放量也迅速蹿升。在 2011 年德班会议上，中国代表团专家何建坤就表示：2000—2010 年中国能源消费同比增长 120%，占全球的比重由 9.1%提高到约 20%，二氧化碳占比由 12.9%提高到约 23%。我国虽然是发展中国家，但是因为是全球较大的温室气体排放国之一，面临着巨大的减排压力。而且随着中国经济越来越发达，发达国家想通过减排的手段来遏制中国经济发展的目的也越来越强烈。2014 年 10 月国际货币基金组织（IMF）的数据显示：2014 年美国经济规模是 17.4 万亿美元，中国经济规模是 17.6 万亿美元。根据购买力平价算法，2014 年中国赶超美国，成为世界头号经济体。这使以美国、日本为代表的发达国家又开始进一步鼓吹"中国威胁论"，企图通过军事、经济各方面的手段来阻止我国的快速发展。除了来自发达国家的减排压力外，我国自身"资源节约型、环境友好型"社会的建设也离不开节能减排。由于我国仍然处于工业化阶段，能源的大量消耗不可避免。而且随着城镇化进程的加快，大量农民成为城市居民，消费结构随之改变，要满足人民的能源需求也造成我国二氧化碳的大量排放。应该如何协调经济发展与环境保护之间的关系，在实现二氧化碳排放量减少的同时尽量减少我们付出的经济代价已经成了我国关注的焦点。经过多年的努力，在碳排放的控制上我国也已经做出了一定的成效。

本章考察了我国能源二氧化碳碳排放总量、强度，以及行业直接能源二氧化碳排放等，分析了我国碳排放的历史演进过程，并表明由于我国幅员辽阔，分区减排是必然要求，从而提出了我国碳排放总量控制目标，为后文的研究打下基础。

2.1　能源二氧化碳排放的测算

2.1.1　对能源二氧化碳排放进行研究的重要意义

从《2006 年国家温室气体排放清单指南》的资料来看（见表 2.1），能够产生二氧化碳的过程包括以下四个方面：①能源部门化石燃料的燃烧；②工业生产过程中化石燃料作为原料和还原剂使用；③农业、林业和其他土地利用过程中生物量、死亡有机物质、矿质土壤碳库变化，发生火烧，对土壤施用石灰

表 2.1　　　　　　　　　　碳排放的部门分类

内容	分类	排放的主要温室气体
能源活动	化石燃料（原煤、焦炭、原油、汽油、煤油、柴油、燃料油、天然气）	二氧化碳等
	生物质燃料（秸秆、薪柴、木炭、粪便）	
	电能、热能	
	煤矿开采过程逃逸	
	石油和天然气开采过程逃逸	
	……	

表2.1(续)

内容	分类	排放的主要温室气体
工业生产过程	采掘工业（水泥生产、石灰生产、玻璃生产）	二氧化碳、甲烷、二氧化氮、氢氟碳化物和全氟化碳等
	金属工业（钢铁生产、铝生产、镁生产、铅生产、锌生产）	
	化学工业（电石生产、己二酸生产、硝酸生产、一氯二氟甲烷、氢氟烃生产）	
	电子工业（半导体生产、平板显示器生产）	
	……	
农业、林业和其他土地利用过程	水稻种植	甲烷、氧化亚氮、二氧化碳等
	反刍动物饲养（肠道发酵和粪便管理）	
	农地利用及转化	
	林地利用及转化	
	草地利用及转化	
	湿地地及转化	
	聚居地及转化	
	……	
废弃物处理	固体废弃物处理	二氧化碳、甲烷和氧化亚氮
	废水处理	
	……	

和尿素；④废弃物处理。从各个部门所排放的主要温室气体来看，能源部门化石燃料燃烧主要带来的是二氧化碳，工业生产过程所带来的温室气体包括二氧化碳、甲烷、二氧化氮、氢氟

碳化物和全氟化碳等，农业、林业和其他土地利用过程主要产生的是甲烷、氧化亚氮、二氧化碳等，废弃物处理产生的主要是二氧化碳、甲烷和氧化亚氮等。

其中，能源部门通常是温室气体排放清单中最重要的部门。从发达国家来看，其排放的温室气体占总量的75%，排放的二氧化碳占碳排放总量的90%以上，

二氧化碳数量一般占能源部门排放量的95%。发展中国家化石能源的使用量更高，特别是我国，煤炭资源丰富。截至2014年年底，我国煤炭消费总量仍占到能源消费总量的66%，水能、核能、风能加在一起还没占到10%，所以，化石能源带来的碳排放在我国碳排放中仍占据重要位置。而能源部门所排放的二氧化碳又在能源部门排放的所有温室气体中占比较高，因此，研究能源消耗的二氧化碳排放具有重要意义。对能源二氧化碳排放加以控制就能在一定程度上实现碳排放总量的控制，所以本书虽然仅研究了能源二氧化碳排放，但通过研究影响因素，并建立一套科学、合理的地区能源二氧化碳分配方法，实际上也为碳减排提供了指导。除此之外，本书的实证分析以我国的年鉴资料为基础，由于全部门的全面数据资料还不完备，而能源消耗的数据相对来说比较成熟和齐全，计算出来的结果也更加精确，从定量的角度来分析影响能源二氧化碳的因素也会更加准确，提出的减排措施也会更加有效。所以，在本书的下面章节中除非专门注明，所说的"碳排放"均是指的能源二氧化碳排放。

2.1.2 能源二氧化碳排放的测算

2.1.2.1 国家能源二氧化碳总量的测算

在《2006年国家温室气体清单指南》中，化石能源燃烧碳排放的测算公式是：

$$COE = \sum Q_i \times f_i \qquad\qquad (2.1)$$

其中，COE 为能源部门的碳排放总量，Q 为第 i 种能源的消耗量（也称活动数据），f_i 为第 i 种能源的碳排放因子。

我国对能源消耗量的数据统计相对成熟，活动数据资料比较好获取，排放因子表示单位燃料消耗所排放的二氧化碳。排放因子取决于两个因素：化石燃料的碳含量和化石燃料的燃烧条件。从碳含量的角度说，各种化石燃料都是既定的，而燃烧条件会随着生产技术、所用设备而不同。所以，对于各个国家、各个地区、各个行业，乃至各个部门和各种生产工艺来说，都是会发生变化的。要计算我国的能源碳排放应该考虑我国化石能源的燃烧条件，燃烧得是否充分。IPCC 对于碳排放因子的选择设定了三个方法层级：

第一个层级是使用《2006 年国家温室气体清单指南》中的平均排放因子。但是由于各个国家的排放因子因不同的特定燃料、燃烧技术乃至各个工厂而可能有所不同，所以这个方法层是在没有进一步资料的情况下对碳排放的粗略测量，没有考虑各个国家碳排放因子的差异性，而采用了一种平均的衡量标准。

第二个层级是排放因子使用特定国家的值。这种方法就比第一个层级更准确地测算特定国家的碳排放，对于特定国家碳排放的测算来说也会更准确。

第三个层级是在适当情况下使用详细排放模式或测量，以及单个工厂级数据。这个方法层级虽然能够最准确地测量碳排放，但是需要的数据更加详细，涉及不同的生产设备和工艺，对于一个国家碳排放测算的资料获取来说就会比较困难。

从 IPCC 所设定的三种排放因子的选择依据来看，第一种情况成本低，但是测算结果会和实际情况存在比较大的差异；第三种情况测算结果的精确度最高，但是获取资料的成本投入也会比较高；本书选择的是第二个层级的排放因子选择。

我国第 i 种化石能源燃烧的特有排放因子的计算公式如下：

$$f_i = \frac{c_i \times o \times (44/12) \times 1\,000}{10^9 / j_i} \tag{2.2}$$

其中，c_i 表示第 i 种能源的缺省碳含量[1]，o 表示能源的氧化因子，表明单位化石能源燃烧排放多少二氧化碳取决于这种化石能源燃烧的效率。由于我们使用化石能源的最终目的就是要使其燃烧过程优化，使得单位燃料消耗产生最大能源量，进而提供最大数量的 CO_2。我们希望化石能源有效燃烧确保燃料中最大数量的碳被氧化，因此，化石能源燃烧的 CO_2 排放因子对于燃烧过程本身比较不敏感，其排放的二氧化碳数量主要取决于燃料的碳含量。所以，本书假设所有的化石能源氧化因子都为 1，即完全燃烧，$c_i \times o \times (44/12) \times 1\,000$[2] 为按 IPCC2006 标准公式计算的二氧化碳排放因子，j_i 为我国第 i 种能源的平均低位发热量[3]，$10^9 / j_i$[4] 为发热一万亿焦耳[5]的第 i 种能源的质量，f_i 为中国第 i 种能源特有的二氧化碳排放因子。

求出我国第 i 种化石能源的碳排放因子后，可以进一步使用下面公式计算我国的能源二氧化碳排放总量：

$$COE = \sum_{i=1}^{n} q_i \times d_i \times f_i \tag{2.3}$$

---

① 各种能源的缺省碳含量来自《2006 年国家温室气体排放清单指南》。缺省碳含量是单位能源的碳含量，因为化石能源之所以能排放二氧化碳就是因为其含有碳元素。

② 单位化石能源完全燃烧产生的二氧化碳由其中的碳元素与氧元素完全结合产生，单位碳元素的质量为 12，单位氧元素的质量为 16，结合成的二氧化碳的质量为 44。

③ 各种能源的低位发热量来自于《中国能源统计年鉴》。低位发热量是指燃料完全燃烧时，其燃烧产物中的水蒸气以气态形式存在时的发热量。

④ 单位能源二氧化碳排放量是按照其发热量来计算的，需要把从 IPCC 中得到的排放因子通过相同发热量的质量转化成符合我国的排放因子。

⑤ 一万亿焦耳 = 10^{12}J。

其中，COE 为中国能源二氧化碳排放总量，q_i 为第 i 种能源的消费量[1]，d_i 为第 i 种能源的折标煤系数[2]。因为各种能源的计量单位有所区别，比如煤炭和石油就是以多少万吨来计量的，天然气却是以多少亿立方米来进行计量的，而二氧化碳排放因子的标准单位是每吨标准煤的能源消耗带来的二氧化碳排放量，所以，需要首先将各种不同计量单位的化石能源全部统一为吨标准煤。f_i 为第 i 种能源的二氧化碳排放因子。

以化石能源二氧化碳排放总量作为基础可以计算我国碳强度和人均碳排放量。其计算公式如下：

$$E_i = \frac{COE_i}{GDP_i} \tag{2.4}$$

$$E_i = \frac{COE_i}{R_i} \tag{2.5}$$

式（2.4）表示我国第 i 年的碳强度等于单位 GDP 所带来的碳排放量，式（2.5）表示我国第 i 年的人均碳排放等于第 i 年的碳排放总量除以第 i 年的年平均人口数。

2.1.2.2　行业完全能源二氧化碳的测算

行业碳排放既包括消耗能源的直接排放，又包括消耗中间投入品的间接排放，所以行业碳排放量的测算要从行业整个投入产出链进行全面考虑。投入产出分析法从一般均衡理论中吸收了有关经济活动相互依存的观点，通过中间投入把各个行业、部门间环环相扣的关系体现出来，还能发现任何局部变化对经济系统各个部分的影响，既便于对行业的间接碳排放进行测量，从而较为精确地把握各个行业的完全碳排放量，还可以分析行

---

① q_i 来自《中国能源统计年鉴 2011》中的全国能源平衡表中各种能源的消费总量。

② d_i 来自《中国能源统计年鉴 2011》中的附录 4。

业结构变动造成的影响。因此，虽然投入产出表五年编制一次，行业完全碳排放的测量结果时间跨度较大，且投入产出表假定产品类型与行业部门类型一一对应与实际有一定差异，但是投入产出分析法对于行业碳排放问题的研究仍具有不可替代的优势。另外，由于国际贸易的存在，"碳泄漏"使某些国家可以通过进口能源密集型产品或者碳排放密集型产品以人为达到减排的目的，而另一些国家却成为碳排放的牺牲品，于是"消费碳足迹"的测算思想更便于明确国家的碳减排责任。因此，本书遵循"消费碳足迹"的测算思想，利用投入产出法从消费碳足迹的角度提出测算行业能源使用的完全碳排放量的方法。

第一步，计算各行业的碳强度 E（指行业直接消耗能源量除以总产出得到的行业单位产值排碳量）。

$$E_j = \frac{\sum_i^n a_i \theta_i}{Z_j} \tag{2.6}$$

其中，E_j 表示 j 行业的碳强度，a_i 表示 j 行业对第 i 种能源的消耗量，θ_i 表示第 i 种能源的碳排放因子，Z_j 表示 j 行业的总产出。

第二步，从生产碳足迹的角度计算各行业能源消耗的总碳排放 Q。行业能源消费的总碳排放量由两部分组成：本行业消耗能源的直接排放（下式的前半部分）和本行业消耗中间投入品的间接排放（下式的后半部分）。

$$Q_j = \sum_i^n a_i q_i + \sum_k^m E_j f_{ik} E_k \tag{2.7}$$

其中，Q_j 表示 j 行业按生产碳足迹计算的总碳排放量，$\sum_i^n a_i \theta_i$ 表示第 i 行业消耗能源的直接排碳量，f_{jk} 表示第 j 行业对第 k 行业的完全消耗系数，E_k 表示第 k 行业的碳强度。

第三步，计算各行业的进口载碳量 IP 和出口载碳量 XP。

$$IP_j = \frac{ip_j Q_j}{Z_j} \tag{2.8}$$

其中，ip_j 表示第 j 行业的进口量，$\frac{Q_j}{Z_j}$ 表示第 j 行业的完全碳强度（指行业直接消耗和间接消耗能源的总碳排放量除以行业总产出得到的行业单位产值碳排放量）。

$$XP_j = \frac{xp_j Q_j}{Z_j} \tag{2.9}$$

其中，xp_j 表示第 j 行业的出口量。

第四步，从消费碳足迹的角度测算各行业能源消费的完全碳排放 Y。

$$Y_j = Q_j + IP_j - XP_j \tag{2.10}$$

此公式表明第 j 行业能源消费的完全碳排放量为生产碳足迹的总碳排放量加上进口载碳量再减去出口载碳量。

2.1.2.3 行业能源二氧化碳强度的测算

行业消耗能源产生的碳排放不仅包括直接消耗能源产生的直接碳排放，还包括中间投入品消耗能源产生的间接碳排放，两者结合起来即可称为行业的完全碳排放。行业的完全碳排放可以反映我国各个行业的真正环境成本。所以，行业碳强度也分为直接碳强度和完全碳强度。

行业直接能源二氧化碳排放总量的计算公式如下：

$$coe_{直接k} = \sum_{i=1}^{n} q_{ki} \times d_i \times f_i \tag{2.11}$$

其中，$coe_{直接k}$ 为行业 k 的能源二氧化碳排放量，q_{ki} 为行业 k 第 i 种能源消费量，d_i 为第 i 种能源的折标煤系数，f_i 为第 i 种能源的二氧化碳排放因子。在此基础上，可以测算行业的直接碳强度：

$$e_{直接k} = \frac{coe_k}{Q_k} \tag{2.12}$$

其中，e_k 表示行业 k 的直接碳强度，Q_k 表示行业 k 的总产出。

行业间接能源二氧化碳排放总量的计算公式如下：

$$coe_{间接k} = \sum_j c_k a_{kj} e_{直接j} \qquad (2.13)$$

其中，a_{kj} 表示行业 k 对行业 j 的完全消耗系数。式（2.13）表示的内涵是行业 k 的间接能源二氧化碳排放总量等于投入 k 行业的所有中间产品的能源碳排放之和。在此基础上可以测算行业的完全碳强度：

$$e_{完全k} = \frac{coe_{直接k} + coe_{间接k}}{Q_k} \qquad (2.14)$$

2.1.2.4 行业边际完全能源二氧化碳的测算

通过投入产出法还可以研究第 N 个行业总产出的变化对其他 $N-1$ 个行业碳排放的影响，从而判断哪些行业对碳排放总量影响大。现将某行业单位产值变动对总碳排放量的影响定义为行业的边际完全碳排放。具体算法如下：

第一步，测算第 N 个行业总产出变动引起其他 $N-1$ 个行业总产出的变动量 $\Delta x_{(n-1)}$。

第 N 个部门总产出对其他 $N-1$ 个部门总产出的影响用矩阵表示为：

$$x_{(n-1)} = A_{(n-1)} x_{(n-1)} + \begin{bmatrix} a_{1n} \\ a_{2n} \\ \cdots \\ a_{n-1,n} \end{bmatrix} x_n + y_{(n-1)} \qquad (2.15)$$

其中，$x_{(n-1)}$ 表示其他 $N-1$ 个行业的总产出，$A_{(n-1)}$ 表示其他 $N-1$ 个行业的直接消耗系数矩阵，$y_{(n-1)}$ 表示其他 $N-1$ 个部门产品的最终使用，a_{in} 表示第 N 部门要直接消耗的 I 部门产品数量。

假设第 N 个部门总产出有一个增量 Δx_n，式（2.15）可变为：

$$\Delta x_{(n-1)} = \left[I - A_{(n-1)} \right]^{-1} \begin{bmatrix} a_{1n} \\ a_{2n} \\ \cdots \\ a_{n-1,n} \end{bmatrix} \Delta x_n \tag{2.16}$$

其中，$\Delta x_{(n-1)}$ 表示 $N-1$ 部门总产出的变动量。

把式（2.16）变换成利用 N 阶完全需求系数矩阵求得的形式：

$$\Delta x_{(n-1)} = \begin{bmatrix} \bar{b}_{1n} / \bar{b}_{nn} \\ \bar{b}_{2n} / \bar{b}_{nn} \\ \cdots \\ \bar{b}_{n-1,n} / \bar{b}_{nn} \end{bmatrix} / \Delta x_n \tag{2.17}$$

其中，$\bar{b}_{in}$ 表示第 N 部门对第 I 部门产品的完全需求系数。

第二步，利用公式 $\Delta E_j = \dfrac{\Delta X_j Q_j}{Z_j}$ 测算各个行业的碳排放变动量，ΔE_j 为 j 行业的碳排放变动量，ΔX_j 为 j 行业的产出变动量，$\dfrac{Q_j}{Z_j}$ 为 j 行业的完全碳强度。

第三步，利用公式 $\Delta E = \sum\limits_{j=1}^{n} \Delta E_j$ 得到行业的边际完全碳排放量。

2.2 中国能源二氧化碳排放的历史状况与现状

2.2.1 国家能源二氧化碳排放现状

根据上文所述的能源二氧化碳排放总量测算公式，可以得到全国能源二氧化碳排放总量、能源二氧化碳强度和人均能源二氧化碳排放量，见表2.2。

表2.2　　　　　全国能源二氧化碳排放现状表

时间	碳排放总量 （万吨）	碳强度 （吨/万元）	人均碳排放 （吨/人）
1980	171 212.44	37.67	1.73
1985	206 015.49	22.85	1.95
1990	265 755.31	14.24	2.32
1995	352 455.30	5.80	2.91
2000	389 157.01	3.92	3.07
2001	396 404.35	3.62	3.11
2002	418 898.37	3.48	3.26
2003	482 949.54	3.56	3.74
2004	556 822.19	3.48	4.28
2005	625 087.06	3.38	4.78
2006	704 112.55	3.26	5.36
2007	745 985.45	2.81	5.65
2008	770 826.52	2.45	5.80
2009	809 912.65	2.38	6.07
2010	873 810.69	2.18	6.52
2011	932 530.48	1.97	6.92
2012	985 316.38	1.89	7.28
2013	1 138 102.27	1.82	7.63

注：碳排放总量计算的基础数据为我国各种能源的年消耗量，数据来自历年的《中国能源统计年鉴》；碳强度计算的基础数据为我国历年的国内总产值，数据来自历年的《中国统计年鉴》；人均碳排放计算的基础数据为我国历年的年平均人口数，通过首末折半法计算而得；各年年末人口数数据来自历年的《中国统计年鉴》。

从表 2.2 可以看出，中国的碳排放总量呈现逐步上升趋势。大致可以划分为两个阶段：2006 年及以前各年的碳排放总量几乎都是以两位数字在增长，增长较快；从 2007 年开始碳排放增速有所放缓。截至 2013 年我国的能源碳排放总量已经达到 103.8 亿吨左右，这年全世界的碳排放总量才为 360 亿吨，中国就占到其中的 29%。对比世界上的其他国家（见表 2.3），我国的碳排放总量不仅超过美国、日本等发达国家，也超越了与我们同样是发展中大国的印度。可见，我国的碳排放总量确实很高。

表 2.3　　　　　　2013 年各国碳排放比重表①

国家	占世界碳排放总量的比重（％）
中国	29
美国	15
欧盟	10
日本	3.7
印度	7.1

从表 2.2 中的碳强度来看，我国碳强度呈现先快速降低、再缓慢降低的特征。1980 年中国碳强度高达 37.67 吨/万元，1995 年降低为 5.8 吨/万元，此后进入缓慢降低区间。由于碳强度衡量了一个国家对碳排放这种投入要素利用效率的高低，随着我国技术的进步，碳排放要素的使用效率也会越来越高，单位产出需要的碳排放会越来越少，但是技术进步的难度却加大了，在想进一步提高碳排放要素的利用效率也会越来越难。对

①　观察者. 中国碳排放总量超过欧美总和　人均碳排放首超欧盟 [EB/OL].（2014 - 09 - 22）http：//www. guancha. cn/strategy/2014 _ 09 _ 22 _ 269609. shtml.

比主要发达国家，2008 年我国碳排放强度为美国的 5.2 倍、日本的 11.3 倍、澳大利亚的 3.2 倍①，虽然在近年我国碳强度有所降低，但仍然是发达国家的倍数，碳减排的技术水平仍旧较低，这也使我国的减排备受发达国家关注。

从表 2.2 中的人均碳排放来看，我国人均碳排放量呈现出逐渐增长的趋势：从 1980 年的 1.73 吨/人增加到 2013 年的 7.63 吨/人，增加了 3 倍。人均碳排放量在一定程度上可以衡量一个国家的经济发展水平和人民的生活水平。随着我国经济的不断发展，支撑产业也在发生着变化，由过去的农业大国转变为工业大国，将来朝着服务业大国迈进，人民的收入水平和生活质量也在不断提高，消费结构随之而变，支撑消费结构的碳排放水平也会逐渐增加。对比主要发达国家，2013 年欧盟的人均碳排放量为 6.8 吨/人，美国却高达 16.5 吨/人②，而世界上人均碳排放量为 5 吨/人，说明我国人均碳排放量已经超过了世界平均水平。

综上所述，我国作为人口大国，在经济快速增长的时期，由于能源消耗总量的上升，不可避免地会造成碳排放总量的增加。由于生产技术水平相对有限，碳强度仍是发达国家的倍数，而且随着人们消费结构的转变和我国产业结构的转变，人均碳排放呈现出不断上升的趋势，并首次超过了欧盟国家，这都说明节能减排仍然是未来很长一段时间内我国关注的重点。

2.2.2　行业能源二氧化碳排放现状

行业能源二氧化碳排放是构成全国能源二氧化碳排放的关

---

① 数据来自《中国低碳经济发展报告 2011》中的附录 4。

② 新民网. 中国人均碳排放首次超过欧洲［EB/OL］.（2014-09-24）http://news.xinmin.cn/domestic/2014/09/24/25478450.html.

键单元，而与能源消费密切相关的产业结构调整升级也是减少能源消费二氧化碳排放的重要举措。由于各行业碳排放的差异很大，为了分析哪些行业是碳排放高的行业，有必要分析各行业的碳排放现状。根据上述计算公式可以计算出行业能源二氧化碳排放总量和行业的碳强度。结果如表 2.4 所示。

表 2.4　　　全国各行业直接碳排放总量情况表　单位：万吨

行业	2010 年	2007 年	增速（%）
农、林、牧、渔业	9 008.82	13 470.02	−33.12
煤炭开采和洗选业	34 817.92	24 873.63	39.98
石油和天然气开采业	6 811.96	7 144.49	−4.65
金属矿采选业	1 349.95	940.23	43.58
非金属矿和其他矿采选	1 387.36	1 195.93	16.01
食品制造及烟草加工业	6 564.99	5 148.58	27.51
纺织业	4 300.25	4 029.06	6.73
纺织服装和皮革	864.64	816.88	5.85
木材和家具制造	934.42	726.70	28.58
造纸印刷和文教体育用品	6 892.32	5 540.15	24.41
石油加工、炼焦及核燃料加工业	218 399.53	172 969.49	26.26
化学工业	48 196.86	42 059.51	14.59
非金属矿物制品业	38 927.03	30 067.57	29.47
金属冶炼及压延加工业	140 170.31	116 620.00	20.19
金属制品业	1 222.10	1 104.82	10.62
通用专用设备制造业	4 939.98	3 853.89	28.18
交通运输设备制造业	2 635.08	2 041.37	29.08

表2.4(续)

行业	2010 年	2007 年	增速（%）
电气机械及器材制造业	1 006.35	659.87	52.51
通信设备、计算机及其他电子设备制造业	786.77	634.33	24.03
仪器仪表及文化、办公用机械制造业	160.04	106.86	49.77
其他制造业	895.15	766.94	16.72
电力、热力的生产和供应业	223 780.74	197 993.34	13.02
燃气生产和供应业	2 085.21	2 362.76	−11.75
水的生产和供应业	141.44	72.85	94.15
建筑业	4 803.60	3 888.75	23.53
交通运输、仓储和邮政业	69 619.76	57 587.49	20.89
批发、零售业和住宿、餐饮业	4 878.74	6 097.62	−19.99
其他行业（除上述行业外的其他所有服务业之和）	14 666.74	9 874.40	48.53

注：由于计算行业碳排放总量时要用到行业总产出，行业总产出的数据取自2007 年和2010 年我国的投入产出表。

从表2.4可以看出，各行业直接碳排放量差异较大。碳排放量1亿吨以上的有：煤炭开采和洗选业，石油加工、炼焦及核燃料加工业，化学工业，非金属矿物制品业，金属冶炼及压延加工业，电力、热力的生产和供应业，交通运输、仓储和邮政业。工业行业占高碳排放行业的比重为85.7%，并且工业高碳排放行业都是资源型、基础型的工业行业，所以工业行业的节能减排仍是我国节能减排的重点领域。而作为服务业的交通运输、仓储和邮政业，由于涉及交通运输设备的运用，也需要消耗大量的化石能源。另外，除农林牧渔业、石油和天然气开采业、燃气生产和供应业与批发、零售业和住宿、餐饮业外，其余所有行业的直接碳排放总量都有所上升，其中，碳排放基数比较大的煤炭开采和洗选业、石油加工、炼焦及核燃料加工业、金属冶炼及压延加工业和交通运输、仓储和邮政业都以20%以上的速度增长。

表2.5　　　全国各行业碳直接强度情况表　　单位：吨/万元

行业	2007年	2010年	增速（%）
农、林、牧、渔业	0.275 5	0.130 0	−52.81
煤炭开采和洗选业	2.578 9	1.726 6	−33.05
石油和天然气开采业	0.749 3	0.583 6	−22.11
金属矿采选业	0.152 9	0.118 3	−22.63
非金属矿和其他矿采选	0.310 5	0.257 4	−17.10
食品制造及烟草加工业	0.123 2	0.097 4	−20.94
纺织业	0.159 9	0.131 9	−17.51
纺织服装和皮革	0.045 2	0.035 8	−20.80
木材和家具制造	0.066 1	0.062 1	−6.05
造纸印刷和文教体育用品	0.371 0	0.331 5	−10.65
石油加工、炼焦及核燃料加工业	8.207 5	7.244 1	−11.74
化学工业	0.678 4	0.516 9	−23.81
非金属矿物制品业	1.318 5	0.871 6	−51.27
金属冶炼及压延加工业	1.908 8	1.707 7	−10.54
金属制品业	0.062 4	0.049 9	−20.03
通用专用设备制造业	0.097 6	0.074 5	−23.67
交通运输设备制造业	0.061 9	0.044 9	−27.46
电气机械及器材制造业	0.024 3	0.021 9	−9.88
通信设备、计算机及其他电子设备制造业	0.015 4	0.013 9	−9.74

表2.5(续)

行业	2007 年	2010 年	增速（%）
仪器仪表及文化、办公用机械制造业	0.021 9	0.022 4	2.28
其他制造业	0.072 7	0.065 6	−9.77
电力、热力的生产和供应业	6.288 3	5.115 2	−18.66
燃气生产和供应业	2.131 9	0.930 4	−56.36
水的生产和供应业	0.061 8	0.081 2	31.39
建筑业	0.062 0	0.046 9	−24.35
交通运输、仓储和邮政业	1.775 7	1.413 1	−20.42
批发、零售业和住宿、餐饮业	0.139 7	0.075 4	−46.03
其他行业	0.084 9	0.076 3	−10.13

注：由于计算行业碳强度时要用到行业总产出，行业总产出的数据取自2007 年和 2010 年我国的投入产出表。

从表 2.5 可以看出，行业直接碳强度的差异也较大，在 1 吨/万元以上的行业有：煤炭开采和洗选业，石油加工、炼焦及核燃料加工业，非金属矿物制品业，金属冶炼及压延加工业，电力、热力的生产和供应业，燃气生产和供应业，交通运输、仓储和邮政业。并且所有行业的直接碳强度都随着时间下降。其中，碳强度较高且下降幅度较大的行业有煤炭开采和洗选业，非金属矿物制品业，电力、热力的生产和供应业，燃气生产和供应业，交通运输、仓储和邮政业，而碳强度较高的石油加工、炼焦及核燃料加工业和金属冶炼及压延加工业碳强度的降低幅度仅有 10%左右。

综上所述，行业直接碳排放总量和直接碳强度的排序并不完全相同。其中：化学工业虽然碳排放总量较大，但碳强度较低；燃气生产和供应业虽然碳排放总量较低，但是碳强度排名靠前。

从图 2.1 可以看出，各个行业的完全碳强度都高于直接碳强度。其中，差异较为显著的行业有黑色金属冶炼业，有色金属冶炼业发，化学原料及化学制品制造业，金属制品业，水的生产和供应业，农、林、牧、渔业，交通运输、仓储和邮政业，批发、零售业和住宿、餐饮业。

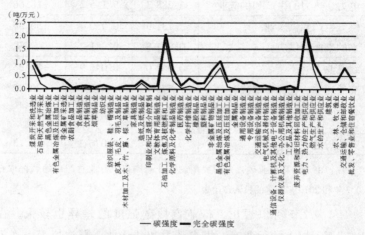

图 2.1　行业的直接碳强度和完全碳强度图

注：根据《中国统计年鉴》、"中国投入产出表"中的有关资料计算得到。

2.2.3　行业完全能源二氧化碳排放现状

从表 2.6 可以看出，完全碳排放量较大的行业主要集中在采掘业、金属冶炼业、石化业、电热能源业等中上游工业行业，这些行业是我国工业化进程中需求量较大的行业。如何在不影响我国能源及基础原材料需求的情况下减少这些行业的碳排放将是值得研究的问题。

采掘业中的煤炭开采和洗选业的完全碳排放量大主要是由我国直接生产造成的，而石油和天然气开采业以及黑色金属矿采选业的完全碳排放量大主要是由我国大量进口造成的，石油加工炼焦及核燃料加工业，有色金属冶炼及压延加工业，电力、热力的生产和供应业的完全碳排放量大主要是由直接碳排放量大引起的，而化学原料及化学制品制造业的完全碳排量大是因为其直接碳排放量和间接碳排放量都很大。

表 2.6　　　　　**行业的完全碳排放情况表**　　　单位：万吨

碳排放总量较大的行业	完全碳排放量	碳排放总量为负的所有行业	完全碳排放量
电力、热力的生产和供应业	66 357.8	皮革、毛皮、羽毛（绒）及其制品业	−17.0
石油加工、炼焦及核燃料加工业	40 089.8	橡胶制品业	−58.1
黑色金属冶炼及压延加工业	30 768.7	通信设备、计算机及其他电子设备制造业	−109.6
化学原料及化学制品制造业	14 376.9	纺织服装、鞋、帽制造业	−128.1
非金属矿物制品业	8 841.0	文教体育用品制造业	−173.2
煤炭开采和洗选业	8 294.3	家具制造业	−176.1
石油和天然气开采业	4 471.6	电气机械及器材制造业	−256.7
有色金属冶炼及压延加工业	2 206.7	金属冶炼业	−823.6
造纸及纸制品业	1 839.7	批发、零售业和住宿、餐饮业	−1 416.1
黑色金属矿采选业	1 631.9	交通运输、仓储和邮政业	−2 355.3

注：根据《中国统计年鉴》、"中国投入产出表"中的有关资料计算得到。

在碳排放量为负的行业中，批发、零售业和住宿、餐饮业，交通运输、仓储和邮政业的碳排放量的绝对值居前两位。由于第三产业生产与消费同时发生的特性，其进出口量是通过境外人员在东道国的需求中体现的。可见，这两个行业的发展产生了大量的碳转移。另外，在碳排放总量为负的行业中集聚了纺织、电子、机械设备、家具等制造业，更说明了我国作为"世界工厂"的角色，在把大量产品输出国外的同时承担了其他国家本应承担的碳排放责任。

3.2.4 行业边际完全能源二氧化碳排放现状

从图 2.2 可以看出，石油加工、炼焦及核燃料加工业的边际完全碳排放量最大（为 3.3 吨/万元），而废弃资源和废旧材料回收加工业的边际完全碳排放量最小（为 0.17 吨/万元）。另外，建筑业、农林牧渔业、水的生产和供应业的边际完全碳排的放量也较大，分别为 1.99 吨/万元、1.87 吨/万元和 1.79 吨/万元。

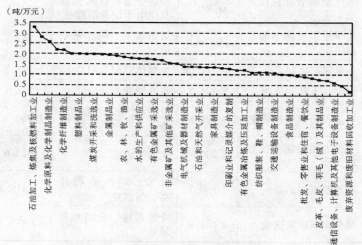

图 2.2　行业的边际完全碳排放量图

注：根据《中国统计年鉴》、"中国投入产出表"中的有关资料计算得到。

从表 2.7 可以看出，电、热、燃气与水的生产和供应业的边

际完全碳排放量最大，为 2.27 吨/万元；其次是石化业，为 2.05
吨/万元，其中，医药制造业和石油天然气开采业的边际完全碳排
放量最小，分别为 1.11 吨/万元和 1.39 吨/万元；再次是采掘业，
为 1.75 吨/万元；金属冶炼加工业的边际完全碳排放量居第四位，
为 1.61 吨/万元，其中，有色金属冶炼加工业的边际完全碳排放
量为 1.22 吨/万元，比黑色金属冶炼加工业低 0.78 吨/万元；装
备制造业的边际完全碳排放量居第五位，为 1.33 吨/万元，其中，
通信设备、计算机及其他电子设备制造业的边际完全碳排放量最
小，仅为 0.6 吨/万元；第三产业中交通运输、仓储和邮政业的边
际完全碳排放量是批发、零售业和住宿、餐饮业的两倍左右，居
第六位，为 1.78 吨/万元；纺织服装业和食品饮料制造业的边际
完全碳排放量较小，分别为 0.9 吨/万元和 0.8 吨/万元。

表 2.7　　　　　行业对碳排放影响程度表　　单位：吨/万元

行业	行业的边际完全碳排放量
电、热、燃气与水的生产和供应业	2.27
石化业	2.05
建筑业	1.99
农、林、牧、渔业	1.87
采掘业	1.75
金属冶炼业	1.61
装备制造业	1.34
第三产业	1.33
纺织服装制造业	0.90
食品饮料制造业	0.50

注：根据《中国统计年鉴》、"中国投入产出表"中的有关资料计算得到。

2.2.5 对我国行业的重新分类

行业划分既要考虑行业对总体经济的影响，又要考虑行业对环境的影响，所以从以下三个指标入手：一是行业的影响力系数；二是行业的完全碳排放量；三是行业的边际完全碳排放量。

行业在经济中的重要程度主要通过行业的影响力系数来体现。某个行业的影响力系数越大，则说明这个行业对社会生产的影响越大，此行业在经济中越重要。行业影响力系数的计算公式如下：

$$r_j = \frac{\sum_{i=1}^{n} \bar{b}_{ij}}{\frac{1}{n} \sum_{j=1}^{n} \sum_{i=1}^{n_{ij}} \bar{b}_{ij}} \tag{2.18}$$

其中，r_j 表示行业 j 的影响力系数，$\sum_{i=1}^{n} \bar{b}_{ij}$ 表示完全需求系数矩阵中第 j 列的和，$\frac{1}{n} \sum_{j=1}^{n} \sum_{i=1}^{n_{ij}} \bar{b}_{ij}$ 表示完全需求系数矩阵中各列和的平均值。

行业分类的过程如下：

第一步，把完全碳排放为负值的 10 个行业和完全碳排放为正值的 32 个行业分成两组。

第二步，分别就三个指标中每一个指标对两组中的行业分别进行聚类分析，可以得到按三个指标区分的高、中、低三个等级各自有哪些行业。

第三步，可以得到三个指标都为高等级的行业（影响力大且污染也大的行业），三个指标中一个指标为高等级的行业、其余两个指标为低等级的行业（影响力大但污染较小的行业），三个指标中一个指标为低等级的行业、其余两个指标为高等级的行业（影响力小但污染较大的行业）这三种典型的行业类别。结果如表2.8所示。

表2.8　　　　　　行业分类情况表

行业	影响力系数	行业完全碳排放（万吨）	行业的完全边际碳排放（吨/万元）
完全碳排放量为正的行业			
影响大且碳排放量也较大（1）			
电力、热力的生产和供应业	1.111 6	66 357.868 3	2.797 1
石油加工、炼焦及核燃料加工业	1.057 6	40 089.867 5	3.288 2
黑色金属冶炼及压延加工业	1.223 2	30 768.739 2	2.003 6
化学原料及化学制品制造业	1.241 9	14 376.957 0	2.573 8
非金属矿物制品业	1.113 7	8 841.008 7	1.918 0
煤炭开采和洗选业	0.917 7	8 294.305 4	1.988 5
影响大但碳排放量较小（2）			
木材加工及木、竹、藤、棕、草制品业	1.118 4	113.075 4	0.952 2
工艺品及其他制造业	1.174 6	81.810 2	1.326 1
仪器仪表及文化、办公用机械制造业	1.360 7	78.812 5	1.230 4
水的生产和供应业	0.890 6	20.529 3	1.789 4
印刷业和记录媒介复制业	1.125 6	14.865 2	1.298 3
塑料制品业	1.339 5	13.977 7	2.020 7
影响大且碳排放量一般（3）			
有色金属冶炼及压延加工业	1.228 3	2 206.748 3	1.225 6
造纸及纸制品业	1.131 4	1 839.722 3	1.121 6

表2.8(续)

行业	影响力系数	行业完全碳排放（万吨）	行业的完全边际碳排放（吨/万元）
黑色金属矿采选业	1.078 8	1 631.926 7	2.024 6
燃气生产和供应业	1.043 7	817.700 3	2.211 7
建筑业	1.203 1	799.377 2	1.987 1
通用设备制造业	1.261 5	774.428 1	1.373 4
农副食品加工业	1.024 2	705.378 8	0.719 7
专用设备制造业	1.262 8	670.366 6	1.710 7
有色金属矿采选业	1.018 2	572.755 8	1.745 2
交通运输设备制造业	1.351 7	569.601 2	1.070 1
化学纤维制造业	1.293 1	496.255 0	2.187 9
食品制造业	1.096 9	457.022 2	0.988 3
非金属矿及其他矿采选业	1.000 6	411.273 3	1.582 7
饮料制造业	1.026 0	366.854 4	0.998 8
纺织业	1.236 9	293.535 0	0.830 1
医药制造业	1.055 0	279.552 0	1.111 2
影响一般但碳排放量较大（4）			
石油和天然气开采业	0.796 5	4 471.652 9	1.386 7
影响小且碳排放量也小（5）			
烟草制品业	0.684 6	56.374 3	0.472 4
废品废料	0.479 0	42.501 5	0.173 4
农、林、牧、渔业	0.715 8	518.302 2	1.872 5
完全碳排放量为负的行业			

行业	影响力系数	行业完全碳排放（万吨）	行业的完全边际碳排放（吨／万元）
影响大且碳排放量也较大（1）			
金属制品业	1.274 2	−823.688 3	1.964 8
影响大但碳排放量较小（2）			
通信设备、计算机及其他电子设备制造业	1.448 5	−109.604 5	0.601 7
电气机械及器材制造业	1.359 0	−256.749 1	1.397 2
皮革、毛皮、羽毛（绒）及其制品业	1.226 4	−17.045 1	0.762 5
橡胶制品业	1.240 5	−58.187 8	1.815 6
纺织服装、鞋、帽制造业	1.246 3	−128.120 7	1.117 4
文教体育用品制造业	1.286 7	−173.204 0	1.537 8
家具制造业	1.162 7	−176.127 6	1.369 2
影响小但碳排较大（3）			
批发、零售业和住宿、餐饮业	0.797 5	−1 416.175 0	0.888 9
交通运输、仓储和邮政业	0.899 8	−2 355.342 9	1.778 5

注：根据《中国统计年鉴》、"中国投入产出表"中的有关资料计算得到。

从表 2.8 可以看出，完全碳排放量为正的 32 个行业中，影响大且碳排放量也大的行业主要是煤炭开采和电力、热力的生产和供应业等能源行业，石油化工、黑色金属冶炼等中上游工业行业，以及非金属矿物制品业；影响大但碳排放量较小的行业中有水的生产和供应业，设备制造业中的仪器仪表及文化、办公用机械制造业，以及石化业中的塑料制品业等；建筑业、饮料制造业和纺织业影响力大但碳排放量一般；而石油和天然气开采业的影响力一般，但碳排放量较大。

完全碳排放量为负的 10 个行业中，影响大且碳排放量也较大的行业为金属制品业；影响大但碳排放量较小的行业中七大设备制造业占两个，包括通信设备、计算机及其他电子设备制造业和电气机械及器材制造业，纺织业中的皮革、毛皮、羽毛（绒）及其制品业和纺织服装、鞋、帽制造业，以及石化业中的橡胶制品业；影响小但碳排放量较大的行业中第三产业占两个，包括交通运输、仓储和邮政业，批发、零售业和住宿、餐饮业。

2.3 中国碳排放控制目标

2.3.1 碳强度控制目标与碳排放总量控制目标的联系和区别

碳排放强度承诺实质上是二氧化碳排放总量控制的一种"软性约束"。强度控制与总量控制的主要差别在于，强度控制在控制期间二氧化碳排放总量还可以继续上升，是相对于正常情景的相对减排，控制的关键是对排放增量和增速的限制，并最终实现总量减排。将碳强度控制目标与碳排放总量控制目标联系在一起的是国内生产总值（GDP）。当碳强度以比 GDP 增长小的幅度降低时，二氧化碳排放总量仍然会上升。只有当碳强度以比 GDP 增长更大的幅度下降时，才会真正从总量上减少碳排放量。碳强度控制目标是向总量控制目标的过渡阶段，而碳总量控制将是未来发展的必然趋势。2014 年年底，中美双方共同发表了《中美气候变化联合声明》[1]，宣布了各自 2020 年后

---

[1] 新浪新闻中心. 全球两个最大碳排放国谈成了 5 年未谈成的事中国承诺 2030 年左右二氧化碳排放达到峰值 [OB/EL]. （2014-11-13）http：//news. sina. com. cn/o/2014-11-13/050031135513. shtml.

的行动目标，美国计划于 2025 年实现碳排放量较 2005 年减少 26%~28%，这是发达国家提出的总量减排目标。对于我国来说，由于经济发展的需要，以及工业化、城镇化进程的需要，减排目标在现阶段只能从控制化石能源消费占比和碳强度出发。

2.3.2　碳排放强度控制目标

2009 年 12 月 7～18 日《联合国气候变化框架公约》第 15 次缔约方会议在丹麦首都哥本哈根召开，集中讨论了碳减排上的"责任共担"问题，发达国家和发展中国家各持己见。发达国家认为，发展中国家应该为气候变化承担更多的责任。而我国政府认为：从道义上讲，中国作为最大的发展中国家和人口大国之一，经济快速增长，工业化进程加快带来的能源二氧化碳增加难以避免。但是，作为"世界加工厂"的中国却替发达国家的消费承担了过多的碳排放量。撇开发达国家的恶意言论，我国作为《联合国气候变化框架公约》和《京都议定书》的缔约方，一直在认真履行相关义务。温家宝总理在这次大会上还发表了题为《凝聚共识、加强合作、推进应对气候变化历史进程》的重要讲话。他在讲话中明确地告诉世界各国，中国在发展的进程中高度重视气候变化问题，并做出了积极的努力。一方面表现为中国是最早制订实施《应对气候变化国家方案》的发展中国家；另一方面中国是近年来节能减排力度最大的国家。此外，中国还是新能源和可再生能源增长速度最快的国家。

我国在这次大会上明确提出了减排目标，到 2020 年碳强度比 2005 年降低 40%~45%。清华大学低碳能源实验室主任何建坤认为："我国政府制定碳强度目标是应对气候变化负责任的积极态度，属于自愿行动的承诺，符合中国目前的国情和发展阶段的特点。中国之所以提出相对减排指标，是因为中国目前已进入重工业化阶段，能源强度仍然呈上升趋势，二氧化碳排放量增长短期内无法避免。"这一目标在保障我国经济健康增长的同时，希望通过调整经济结构和技术进步等方式来提高碳生产力。

虽然碳强度目标是一个相对减排指标，但实际上对我国自然增长的碳排放总量也进行了约束和限制。在没有碳强度目标下，我国碳排放总量按自然条件增长必然会达到一个高出碳强度目标约束的总量水平。这也说明碳强度控制目标和碳总量控制目标有一定的联系。

2.3.3 碳排放总量控制目标

胡锦涛总书记在党的十八大报告中提出"确保到 2020 年实现全面建成小康社会的宏伟目标，实现国内生产总值和城乡居民人均收入比 2010 年翻一翻"的发展目标。为了使我国国内生产总值翻一翻，2010—2020 年经济年均增速应为 7.2%，2011 年实现 9.3%的增速，2012 年增长 7.8%，2013 年增长 7.7%，2014 年增长 7.4%，2015—2020 年经济年均增速只需达到 6.64%国内生产总值就可以翻一翻。

随着 2015 年我国经济发展进入新常态，经济增速放缓，经济结构调整，经济质量提高，我国经济发展将面对巨大的挑战。但是仍有大量专家认为，我国经济增速持续保持在 6%及以上的可能性比较大。中国社科院的《经济蓝皮书夏季号：中国经济增长报告（2013—2014）》[①] 认为"在未来五年，中国经济的增长率将会是 6.4%～7.8%，稳速、高效将是 GDP 减速时期的

---

① 央广网. 社科院预计：中国未来 5 年经济增长率为 6.4%～7.8% [OB/EL]. （2014 - 07 - 28） http：//finance. cnr. cn/txcj/201407/t20140728 _516049730. shtml.

新要求";国家信息中心经济预测部主任祝宝良[1]在"2015 中国智库论坛暨综合开发研究院北京年会"上提出"'十三五'期间,中国平均潜在经济增速为 6.5%"。再结合历史的经验,2005—2010 年中国 GDP 年均增速为 10.5%,2011 年后中国经济增速由两位数降为一位数,但仍能保持 7%以上的平均增速。虽然面临世界经济不景气、中国经济结构调整的巨大压力,但是随着我国经济发展内涵质量的逐步提升,在 2020 年实现 GDP 翻一番也是完全有可能的,到 2020 年我国 GDP 将为 802 404 亿元。

对于我国提出的碳强度降低目标,可以将其转化为我国总量控制目标。在碳强度的约束下,到 2020 年我国碳排放总量不能超过一个总量临界值。全国能源二氧化碳排放总量可以根据前文公式计算得到,GDP 数据通过中国统计年鉴得到,全国碳强度等于全国能源二氧化碳排放总量除以 GDP,于是可以得到 2005 年和 2013 年的 GDP 分别为 184 937 亿元和 568 845 亿元,能源二氧化碳总量分别为 625 087.06 万吨和 1 138 102.27 万吨,全国碳强度分别为 3.38 吨/万元和 2 吨/万元。根据 2020 年全国碳强度比 2005 年降低 45%的目标(虽然提出的碳强度是降低 40%~45%,但是本书选择了一个上限),可以计算出 2020 年全国的碳强度为 1.86 吨/万元;根据 2020 年全国 GDP 比 2010 年翻一番的目标可以得到 2020 年的 GDP 为 802 404 亿元,通过把 2020 年 GDP 与 2020 年全国碳强度相乘可以得到 2020 年全国能源二氧化碳排放总量为 1 491 669.03 万吨。可见,在碳强度约束下,全国碳排放总量比经济增长的幅度更小。其计算结果见表 2.9。

---

[1]　大众财经. 国信中心预测:未来 5 年中国平均潜在经济增速为 6.5% [OB/EL]. (2015 - 05 - 09) http://finance. takungpao. com/hgjj/q/2015/0509/2994922. html.

表 2.9　　　　　　　全国碳排放总量控制目标测算表

时间	GDP（亿元）	能源二氧化碳排放总量（万吨）	全国碳强度（吨/万元）
2005	184 937	625 087.06	3.38
2013	568 845	1 138 102.27	2.00
2020	802 404	1 491 669.03	1.86

　　从统计年鉴公布的中国历年的 GDP 增长和能源消耗总量的统计数据来看，2013 年能源消耗总量仅为 2005 年的 2 倍左右，而 2013 年的 GDP 却为 2005 年的 3.1 倍。由于这 8 年能源强度有较大幅度下降，2013 年较 2005 年能源强度降低了 36%，所以 2013 年的碳强度较 2005 年也有较大幅度的下降，2013 年较 2005 年碳强度在较高水平上降低了 40%。根据党的十八大提出的经济增长目标和我国承诺的碳排放目标，2020 年还要求比 2010 年再降低 5%。也就是说，2020 年全国碳强度控制 45% 的目标在五年的时间就已降低了 40%，未来六年只需要再降低 5%。之所以出现这样的态势，或许应该考虑以下几个方面的问题：

　　（1）从统计数据的可靠性看，由于地区 GDP 考核的方式使各个地区的地区生产总值有可能存在一定程度的高估，而由于"十一五"期间国家特别注重节能减排的考核，国家的节能降耗约束又有可能会使各个地区的能源消耗量存在一定程度的低估，这或许会显示出地区能源消耗总量的增幅较小，而 GDP 的增幅较大。然而，全国的 GDP 数据并不是地区数据的简单加总，而是经过经济普查修正，经全国相关数据调整过的；全国的能源消耗数据也不是地区能源数据的简单加总，而是经过全国能源总量数据平衡控制的。尽管全国统计数据由于种种因素的影响会有些偏差，但是总体上看能够反映基本的发展趋势，我们没有充分理由对全国的能源强度统计数据本身做出其他解读，这些统计年鉴中公布的统计数据是目前对全国碳排放做统计分析的合理依据。

（2）从碳强度的降低趋势来看，过去我国是在碳强度水平较高的基础上减排，通过提高能源利用效率等方式减排相对会容易些，所以截至2013年碳强度降低了40%也在情理之中。虽然数据有些偏差，也许高估了碳强度下降的百分比，但是这种趋势是合理的。但是，今后是在已较大幅度降低碳强度水平的基础上进一步减排，需要投入更多的资金和更先进的技术，将会面临更多困难。所以，虽然在未来6年我们只需要实现碳强度降低百分之几的目标，但是难度会比以前降低百分之几十的目标要大。

（3）从能源消费的趋势来看，一方面在我国大力推进减少煤炭使用、加大清洁能源使用的政策下，我国的能源消费结构有了一定程度的变化，2013年的非化石能源占到能源消费总量的比重上升到了11%左右；另一方面随着技术的进步，化石能源的燃烧效率越来越高，2013年的能耗强度较2005年降低了36%。这两方面的原因都促使我国碳强度在最近几年有了较大幅度的下降。

综上所述，我国的减排潜力还是比较巨大的，在过去高能耗发展的基础上，要通过能源利用效率提高，以及生产技术水平的提高来达到减少碳排放的目的。但是在未来要想进一步实现节能减排，会面临能源消费结构、产业结构调整方方面面的约束。

2.4 碳排放总量目标的地区分解

2.4.1 碳排放总量目标地区分解的必要性

2.4.1.1 我国碳排放总量控制目标的实现需要各个地区的努力

2009年，我国政府正式提出到2020年碳强度比2005年下降40%～45%，将碳强度作为约束性指标纳入国民经济和社会发展的中长期计划，碳强度下降目标实际也对碳排放总量提出了要求。我国作为一个经济快速增长的国家，在相当长一段时间内，能源需求量和二氧化碳排放量都还将明显增加。尽管我国政府就碳减排做出了巨大的努力，我国的增长方式和结构调整也具有巨大潜力，但是要在短期内实现二氧化碳排放总量的减少几乎是不可能的。在碳排放总量继续增加的情况下，如何实现全国的碳排放总量增速减缓，需要各省市的积极努力。各省市作为全国的行政单元，在全国的碳减排过程中，各个地区资源禀赋、经济发展和产业结构等都存在差异，造成各个地区的二氧化碳排放总量也各不相同。正是这种不同，才使国家有可能在国家整体发展战略的前提下，通过各个地区间产业结构的配套发展，对各个地区采取差异化的碳排放权分配方案，从而在保证全国整体经济损失最小的情况下达到碳排放总量控制的目的。

2.4.1.2 差异化的碳排放权地区分配额有利于国家对地区发展进行综合考核

由于各个地区的经济发展、产业结构和能源利用效率的不同，造成各个地区的碳减排责任和碳减排潜力不同。在进行国家二氧化碳排放总量的地区分解时，充分考虑引起各个地区二氧化碳排放差异的因素，使各个地区的二氧化碳配额符合各自的责任和能力。一方面使国家能够直接从各地区能否把二氧化碳排放总量控制在配额量内来考核其减排的努力程度；另一方面也能把碳减排完成指标和经济社会发展指标结合起来对各个地区进行综合考核，改变过去仅以 GDP 进行地区考核的方式，更科学、全面地考核一个地区的发展。

2.4.1.3　分解结果有利于明确地区的碳排放权

从国际上看，主要发达国家都在主推"总量管制与排放交易"的碳排放交易方案。此方案一方面可以实现以成本有效的方式达到《京都议定书》的减排目标；另一方面可以吸引资金向低碳化产业流动，最终实现低碳化的可持续发展。对于一国内部来说，各个地区的碳减排成本是不一样的。某一国在完成碳排放总量控制目标时应该充分发挥各地碳减排的比较优势，使全国碳减排总成本最低，而市场化方式是实现效率的最佳手段。所以，在我国推行国内碳交易平台的同时，就需要对初始分配权做出一个合理的解释，充分发挥政府的公平性和市场的效率性，使最终的交易结果能够实现碳排放资源的最优化配置。而科学合理的二氧化碳排放权有利于明确各个地区的初始禀赋，为进一步明确地区企业减排责任奠定基础，从而使国内碳交易平台得以顺利运行。

2.4.2　碳排放总量目标地区分解的原则

2.4.2.1　公平性原则

公平性原则是分配碳排放权最基本的原则，包括三个方面的内容：

（1）保证人人平等，即每个人基本消费需求所产生的碳排放应该得到满足。每个人都有享用同等产品和服务的权利，而二氧化碳排放权作为一种重要的生产要素，在人们享受产品和服务的时候产生，所以，应该使每个地区居民消费需求所需要的二氧化碳排放权得到满足。

（2）地区发展需求得以满足的公平性。从地区经济发展需求出发，发达地区和发展中地区的经济发展水平、产业结构的差距都比较大，发展中地区要逐步发展起来必须经过一定的时间和消耗一定的资源，这必然对碳排放权的需求量比较大。从这一点来说，为了保证发展中地区的发展权利，在分配碳排放权时也应该适当倾斜。

（3）考虑区域间碳转移的公平性。从区域间的碳转移出发，由于国内要素市场和产品市场的跨区域频繁流动，某个省市生产的产品和消费的产品已经能够在一定程度上进行分离了，于是各个区域产业结构的不一样使其碳排放量存在差异。碳排放权作为产业发展的生产要素，某些省市投入得多，某些省市投入得少；而投入得多的区域可能为投入得少的区域输送了产品而转入了碳排放，投入得少的区域通过从其他地区购买产品而节约了碳排放。所以，在分配初始碳排放权的时候必须把区域转移的碳排放权考虑在内，保证既不限制碳排放转入地的碳排放投入，又不阻碍碳排放权转出地的经济发展。

2.4.2.2 效率性原则

本书认为效率性原则就是在相同的碳排放资源总量下，初始的区域分配机制可以使整个国家的经济产出达到最大化，效率性实质是碳排放资源应该流向利用效率更高的地区。而衡量碳排放资源利用效率的最典型指标就是碳强度，即单位碳排放带来越多产出的地区就应该得到更多的排放权，而单位碳排放带来越少产出的地区则会得到较少的排放权。

2.5　本章小结

随着我国经济总量的快速增加，工业化、城镇化的不断推进，我国已经成为全球最大的温室气体排放国，面临着来自国际和国内两方面的减排压力。国际社会对我国减排的意见较大，国内的环境污染越发严重，需要减少污染，实现可持续发展，所以节能减排将是我国长期努力的方向。

从我国碳排放的历史演变规律来看，虽然碳排放总量仍然在增长，但总量增速已经明显减缓，各行业的碳强度也已明显降低，说明我国积极努力的碳减排已经初见成效。为了实现国际碳减排合作，我国在 2009 年承诺到 2020 年我国碳强度较 2005 年降低 40%～45% 的目标。这个目标实际是总量控制目标的过渡阶段和软约束，也是对我国未来的碳排放总量在自然增长的基础上加以控制。所以，碳强度目标可以转换成碳排放总量目标，要求我国在经济快速增长的基础上，能源二氧化碳排放总量以较低的速度增加。而地区作为全国碳减排目标实现的基本单元，其减排的努力程度会直接影响到全国的碳减排目标能否实现。我国幅员辽阔，各个地区发展的基础和条件存在较大差异，地区差异化碳减排目标的设定也会直接影响到我国的整体减排效果，所以，如何实现碳排放总量目标的地区分解是值得研究的重要课题。

3. 全国能源二氧化碳排放主要影响因素的指数分解

　　自20世纪80年代以来，气候变暖问题引起了越来越多的关注，二氧化碳作为全球最主要的温室气体，如何控制其排放、保护环境已经成为世界各国的重要议题。中国作为世界上经济增长最快的发展中国家，一直是国际社会碳减排讨论中针对的焦点。实际上，中国的碳减排压力不但来自于国际社会，在中国自身的经济发展过程中，实现经济与环境的协调也是达到可持续发展，实现"资源节约型，环境友好型"社会建立的必然要求。本书前文已经分析了我国碳排放的历史演进规律，也发现我国的碳减排努力已经显现出一定的成效。那么探究哪些原因是引起我国碳排放的变化就是碳控制之前的基础工作。只有总结已有的碳减排经验和教训，才能使我们更好地实现碳减排目标。所以，本章以2007年和2010年我国投入产出表作为分析依据，通过碳排放因素分配分析法对引起能源二氧化碳排放总量的各个因素的影响程度进行了研究，一方面得到了各个因素的影响力度，另一方面为未来的碳减排行动提供了可供参考的历史经验。

3.1 碳排放影响因素的理论分析

中国政府在 2004 年向联合国提交的《中华人民共和国气候变化初始国家信息通报》中提出了影响二氧化碳排放的八个主要因素：人口增长、城镇化、经济发展、人民生活基本需求、消费模式变化、经济结构调整、技术进步、林业与生态保护建设①。大量学者也就影响我国碳排放的因素提出了自己的见解，概括起来影响能源碳排放的主要因素有经济因素、人口因素、能源因素和技术进步因素。

3.1.1 经济因素与碳排放

3.1.1.1 经济发展水平与碳排放

经济发展水平对碳排放的影响是学者们最早关注的重点。自 GROSSMAN（1991）② 首次提出环境质量和人均收入间存在倒 U 型关系以来，环境库兹涅茨曲线假说理论就成为研究经济发展与碳排放之间关系的重要理论依据之一，简称 EKC 理论。根据 EKC 理论，碳排放在不同经济发展阶段与经济增长的关系有所差异。在工业化之前，由于农业比重较高，对能源需求较少，经济发展水平较低，碳排放水平也较少；在工业化之后，碳排放会随着工业化进程的加快而随之增长，经济增长主要靠高新技术和第三产业拉动，发展方式以内涵式的增长为主，依

---

① 王锋，冯根福. 中国经济低碳发展的影响因素及其对碳减排的作用 [J]. 中国经济问题，2011，3（5）：62-69.

② Grossman，G M，&Krucger，A B. Environmental impacts of a North American Free Trade A greement [A]. National Burcau of Economic Rescarch Working Paper 3914，NBER，Cambridge MA. 1991.

靠科技进步和提高产品附加值，GDP 增长较缓，能源消费弹性相应较低，GDP 增长的速度几乎与能源消费的增长一致，甚至低于能源消费的增长，碳排放也呈下降趋势。但也有少量学者对 EKC 理论提出了质疑。韩贵锋等人（2006）① 就认为，EKC 理论是建立在假设当前和未来环境恶化没有阻碍经济正常发展的基础上，即经济的发展始终是可持续的。但是随着环境越来越恶化，经济发展所依赖的自然资源越来越少，经济发展的可持续假设就不一定总是正确了。并且，经济发展受到众多因素影响，如经济结构、人口状况、政治体制等。而环境质量除受经济活动影响外，还受公民环境意识、消费观念和文化传统的影响。该理论并未考虑全部的影响因素，只考虑了环境质量和经济发展间的关系，所得到的结论也会与实际情况存在一定差异。

由于 EKC 理论的倒 U 型结论并不适用于所有的国家，Bruynetal（1998），Stem（1998，2004）等也指出要想正确分析经济增长与环境之间的关系，必须在特定的历史经验中逐个研究各个国家的具体情况。所以，大量学者为给本国经济发展与环境保护如何协调提出建议，针对各国的实际情况研究了经济发展与碳排放间的关系，而所得到的结论也是各不相同的，有N 型、二次型、三次型、线性等，在这个基础上部分学者也进一步研究了碳排放的转折点问题。虽然碳排放与经济发展之间的关系尚未完全确定，但是毋庸置疑的是碳排放一定与经济发展紧密联系。

Shafik，Sandyopadhyay（1992）对 149 个国家进行了分析，利用了 1960—1990 年的面板数据，发现二氧化碳排放量和人均

---

① 韩贵锋，徐建华，苏方林，等. 环境库兹涅茨曲线研究评述［J］. 环境与可持续发展，2006（1）：1-3.

收入之间呈正向线性关系，但研究不足的是没有考虑这 149 个国家各自的发展差异，放在一起研究，得到的结论值得怀疑；Friedland Getzner（2003）在 Shafik，Sandyopadhyay 研究的基础上进行了改进，研究了人均实际 GDP 和二氧化碳排放间的关系，由于扣除了各年物价波动的影响，结论更能使人信服。研究发现对于 1960—1999 年的数据而言，人均实际 GDP 和二氧化碳排放量之间存在立方关系；徐玉高等人（1999）[①] 用计量经济学的方法探讨了人均 GDP 与人均 CO_2 排放的关系，认为人均碳排放随人均 GDP 的上升而增加；杜婷婷（2007）[②] 的研究表明中国数十年来经济发展与二氧化碳之间呈现三次曲线关系；宋涛、郑挺国、佟连军（2007）[③] 基于环境—经济的简单理论模型，利用跨期消费选择问题最优化求解和稳态方法分析了环境污染与经济增长之间的长期关系和短期关系，结果表明人均 CO_2 排放量与人均 GDP 之间存在长期协整关系，呈现倒 U 型的环境库兹涅茨曲线关系，此研究也在一定程度上印证了 EKC 理论在我国的适用性；杨国锐（2010）[④] 认为中国碳排放与经济增长之间呈现三次曲线关系，即不太明显的 N 型趋势，并且在短期内，中国的碳排放与经济增长之间存在"脱钩"向"连接"的转变；赵爱文和李东（2011）[⑤] 的研究结果表明：从长期来看，碳排放与经济增长之间存在长期均衡关系，碳排放对

[①] 徐玉高，郭元，吴宗鑫. 经济发展，碳排放和经济演化 [J]. 环境科学进展，1999，2（4）：54-64.

[②] 杜婷婷. 中国经济增长与 CO_2 排放演化探悉 [J]. 中国人口·资源与环境，2007，17（2）：94-99.

[③] 宋涛，郑挺国，佟连军. 环境污染与经济增长之间关联性的理论分析和计量检验 [J]. 地理科学，2007，2（4）：156-162.

[④] 杨国锐. 低碳城市发展路径与制度创新 [J]. 城市问题，2010（7）：44-48.

[⑤] 赵爱文，李东. 中国碳排放与经济增长的协整与因果关系分析 [J]. 长江流域资源与环境，2011，20（11）：1297-1303.

经济增长的长期弹性为 0.36。在短期内，两者存在着动态调整机制，总体来说，碳排放与经济增长之间互为双向因果关系。赵成柏和毛春梅（2011）[①] 认为二氧化碳排放与经济增长的关系总体呈现倒 U 型，但在不同阶段会呈现 N 型。王莉雯和卫亚星（2014）[②] 从城市的角度考察了沈阳市经济发展与碳排放的关系，结论表明 1989—2008 年沈阳市碳排放与人均 GDP 拟合曲线符合 N 型特征，沈阳市的年均碳排放已经跨过了转折点。

由此可见，碳排放与经济发展之间到底呈现什么关系有不同的说法，并且随着国家的不同、地区的不同和阶段的不同，两者间的关系都会发生变化。

3.1.1.2 产业结构与碳排放

结构因素对碳排放的影响也是近几年学术界的关注点。早期，Ang 等人（1998）就从产业结构的角度提出中国工业增加值对工业二氧化碳排放起到了最大的拉动作用；王中英和王礼茂（2006）[③] 认为中国过分依赖投资的经济增长方式与以第二产业为主的经济结构在很大程度上导致了温室气体排放量的增加；谭丹等人（2008）[④] 运用灰色关联方法表明产业产值与碳排放之间存在着密切联系；王伟林和黄贤金（2008）[⑤] 认为由于工业产业结构较为复杂，不同的工业子行业带来的碳排放差

① 赵成柏，毛春梅.碳排放约束下我国地区全要素生产率增长及影响因素分析 [J].中国科技论坛，2011（11）：68-74.

② 王莉雯，卫亚星.沈阳市经济发展演变与碳排放效应研究 [J].自然资源学报，2014，29（1）：27-38.

③ 王中英，王礼茂.中国经济增长对碳排放的影响分析 [J].安全与环境学报，2006，6（5）.

④ 胡初枝，黄贤金，钟太洋，等.中国碳排放特征及其动态演进分析 [J].中国人口·资源与环境，2008，18（3）：38-42.

⑤ 王伟林，黄贤金.区域碳排放强度变化的因素分解模型及实证分析——以江苏省为例 [J].前沿论坛，2008：32-35.

异性较大，因此，工业部门内部小行业结构的变化也会对碳排放产生巨大的影响；杨国锐（2010）[①] 认为产业结构因素对碳排放具有拉动作用；虞义华等人（2011）[②] 认为我国第二产业比重同碳强度存在正相关关系；张丽峰（2011）[③] 认为我国产业结构呈现的"二三一"形式和以煤炭为主的能源结构导致了二氧化碳排放的逐年增长，而工业是碳排放的主要行业；李健和周惠（2012）[④] 运用灰色关联分析法研究各地区碳强度与第一、二、三产业的关联，结论表明绝大多数地区的第二次产业与碳强度关联密切，第三产业对地区碳强度的降低效应不明显，第一产业对碳强度的影响最小；李科（2014）[⑤] 的研究表明EKC曲线会因高技术产业占工业产值比重的不同而发生非线性变化，因此，提高产业结构的高端化水平是实现碳减排的有效途径。

由此可见，学者们一致认为，工业发展是导致碳排放增加的主要因素，要减排就需要调整产业结构，而调整产业结构的关键就是减少工业比重、增加服务业比重。也有少数学者意识到，并不能对工业行业一概而论，工业行业中也包含了一些碳排放较少的子行业，工业比重的降低更重要的应该是降低工业中高碳排放的子行业的占比。

---

① 杨国锐. 低碳城市发展路径与制度创新 [J]. 城市问题，2010 (7)：44-48.

② 虞义华，郑新业，张莉. 经济发展水平、产业结构与碳排放强度 [J]. 经济理论与经济管理，2011 (3)：72-81.

③ 张丽峰. 我国产业结构、能源结构和碳排放关系研究 [J]. 干旱区资源与环境，2011，5 (5).

④ 李健，周惠. 中国碳排放强度与产业结构的关联分析 [J]. 中国人口·资源与环境，2012，22 (1)：7-14.

⑤ 李科. 中国产业结构与碳排放量关系的实证检验——基于动态面板平滑转换模型的分析 [J]. 数理统计与管理，2014，33 (3)：381-392.

3.1.2　人口因素与碳排放

3.1.2.1　人口规模与碳排放

Enrlich，Holden 于 1971 年首次提出建立 IPAT 模型来反映人口对环境压力的影响。其中，I 表示环境所受的影响程度，P 表示人口规模，A 表示经济发展水平，T 表示技术进步。此模型最早说明了人口会给环境质量带来一定程度的负面影响。此后也有不少学者在此基础上研究了人口规模对碳排放的影响。虽然大家一致认为人口规模确实会对碳排放产生影响，但影响的方向和影响的程度不同。

部分学者就对人类知识缓和全球变暖寄予了很大的希望，认为知识可以通过三种途径影响温室气体排放：一是人类可以通过调节自身行为，减少对能源的消费；二是人类可以通过新技术的应用提高能源利用效率，增加对可再生非化石能源的利用；三是随着人类对知识的掌握，经济发展将会减少依赖能源为物质要素投入的方式，向以知识为要素投入的方式转变。这种观点的支持者包括 Boseur Pina（1981），他认为人口增长促进了技术改革，从而给环境带来正面影响。随后，Knapp 提出了反驳，他认为人口是全球二氧化碳排放量增长的主要原因。

部分学者还从人口规模对碳排放影响的机制出发进行探讨。Bidrasn（1992）认为人口因素会从两个方面引起温室气体的增加。一方面是人口规模增长会导致能源消耗量的增长，进而带来温室气体排放的增加；另一方面是人口增长带来的居住需求等会引起大规模的森林减少，从而造成碳汇的减少，使温室气体大量增加。

3.1.2.2　人口结构与碳排放

对于人口与碳排放的关系，学者们更多的是从人口结构的角度进行考虑。彭希哲、朱勤（2010）[①] 应用 STIRPAT 扩展模型研究发现，人口结构变化对我国碳排放的影响已超过人口规模的影响力，其中，人口年龄结构对碳排放影响的主要途径是生产领域劳动力的丰富供应，并且人口城镇化率的提高通过对化石能源消费、水泥制造及土地利用变化等的影响导致碳排放的增长；李楠、邵凯、王前进（2011）[②] 也认为人口结构对碳排放的影响远远超过了人口规模，尤其是城镇化率，中国的碳排放与城市化进程存在着密切的联系，城镇化进程的不断加快是造成碳排放增加的重要原因；王芳、周兴（2012）[③] 表明中国的人口城镇化率与碳排放之间呈倒 U 型曲线关系，在人口城镇化的早期会促进二氧化碳的排放，但随着城镇化的进一步扩大则会抑制碳排放，这种观点与 EKC 理论相吻合，认为城镇化率在一定程度上反映了经济发展水平，随着经济发展、技术进步和人口素质的提高，碳排放反而会下降；朱勤、魏涛远（2013）[④] 通过 LMDI 分解法得到结论：人口城镇化对碳排放增长的驱动力已经持续超过人口规模的影响；陈迅、吴兵（2014）[⑤] 选择中美两国进行对比，认为中美经济增长、城镇化与碳排放之间存在直接和间接的因果关系，但是在因果方向上

① 彭希哲，朱勤.我国人口态势与消费模式对碳排放的影响分析［J］.人口研究，2010，34（1）：48-58.
② 李楠，邵凯，王前进.中国人口结构对碳排放量影响研究［J］.中国人口·资源与环境，2011，21（6）：19-23.
③ 王芳，周兴.人口结构城镇化与碳排放基于跨国面板数据的实证研究［J］.中国人口科学，2012（2）：47-56.
④ 朱勤，魏涛远，居民消费视角下人口城镇化对碳排放的影响［J］.中国人口·资源与环境，2013，23（11）：21-29.
⑤ 陈迅，吴兵.经济增长、城镇化与碳排放关系实证研究［J］.经济问题探索，2014（7）：112-117.

存在差异；刘希雅等（2015）[①] 研究发现，城镇化过程中的工业高碳排放、建筑面积扩张与其使用效率的背离、交通出行需求量的持续上升、居民生活水平提高带来的消费力增加，城市低密度扩张以及其背后地方政府官员考核机制与地方财税制度的弊端，是我国目前城镇化呈现高碳排放发展状态的主要原因。

除此以外，也有部分学者专门研究了人口消费结构对碳排放的影响，以智静、高吉喜（2009）[②] 为代表，在他们的研究中以 1978—2006 年的数据为基础，通过对中国城乡居民食品消费结构差异以及食品消费周期中的能源、化学品等物质投入进行分析，从直接和间接两个方面研究城乡居民食品消费对碳排放产生的影响，认为城镇居民人均食品消费碳排放量和单位食品消费碳排放量强度均高于农村居民，也从一定程度上说明城镇化进程的加快会带来人口消费结构的变化，使人均碳需求更多。

3.1.3 能源因素与碳排放

能源因素包括能源消费结构和能源使用效率。张雷（2003）[③] 认为经济结构的多元化发展和能源消费结构的多元化可以使国家的经济增长方式从高碳排放向低碳排放转变；徐国泉等人（2006）[④] 利用对数平均权重分解法建立了中国人均碳排放的因素分解模型，认为能源效率和能源结构对抑制中国人均碳排放的贡献率都呈倒 U 型曲线关系，这说明能源效率对抑

---

① 刘希雅，王宇飞，等. 城镇化过程中的碳排放来源 [J]. 中国人口·资源与环境，2015，25（1）：61-66.

② 智静，高吉喜. 中国城乡居民食品消费碳排放对比分析 [J]. 地理科学进展，2009，28（3）：429-434.

③ 张雷. 经济发展对碳排放的影响 [J]. 地理学报，2003，58（4）：629-637.

④ 徐国泉，刘则渊，姜照华. 中国碳排放的因素分解模型及实证分析：1995—2004 [J]. 中国人口·资源与环境，2006，16（6）：158-161.

制中国碳排放的作用在减弱，以煤为主的能源结构未发生根本性变化，能源效率和能源结构的抑制作用难以抵消由经济发展拉动的中国碳排放量增长；刘红光、刘卫东（2009）① 认为导致我国碳排放大量增加的主要原因就是能源利用效率比较低和以煤炭为主的能源消费结构短期内难以改变；王倩倩等人（2009）② 认为能源技术进步在长期中对人均碳排放增长的贡献程度在减弱，而能源结构对人均碳排放的影响并不显著；杨子晖（2011）③ 认为能源消费和经济增长是正相关的，要通过限制能源消费来减少碳排放必然会阻碍经济发展；郑幕强（2012）④ 研究了东盟五国能源消费量与碳排放间的关系，发现菲律宾能源消费和碳排放的经济结构效应一直在下降，印尼的效应则从低点一直往上走，印尼能源消费和碳排放强度效应出现反向关系，而其他四国则保持几乎一致的变化轨迹。

3.1.4 技术进步与碳排放

根据内生增长理论，技术进步一方面会提高资源利用率；另一方面会带来更加清洁的能源资源和更好的污染处理能力，使资源得以大量节约和循环利用，进而减少污染排放。IPCC 在2000 年的《IPCC 排放情景特别报告》和《2001 气候变化：IPCC 第三次评估报告》中表明，解决温室气体排放和气候变化最重要的途径就是技术进步。技术进步可以通过提高能源利用

---

① 刘红光，刘卫东. 中国工业燃烧能源导致碳排放的因素分解 [J]. 地理科学进展，2009（2）：286-292.

② 王倩倩，黄贤金，陈志刚，等. 我国一次能源消费的人均碳排放重心移动及原因分析 [J]. 自然资源学报，2009，24（5）：833-841.

③ 杨子晖. 经济增长、能源消费与二氧化碳排放的动态关系研究 [J]. 世界经济，2011（6）：100-125.

④ 郑幕强. 东盟五国能源消费与碳排放因素分解分析 [J]. 经济问题探索，2012（2）：145-150.

效率、提高二氧化碳捕获与封存技术，以及开发出再生能源的方式来达到减排。邹秀萍利用 1995—2005 年中国 30 个省、市、区的面板数据定量分析了各地区碳排放与经济发展水平、产业结构、能源效率之间的关系，认为中国各地区碳排放与能源消耗强度呈 U 型曲线关系；杨国锐（2010）[1] 认为行业技术效应对碳排放的抑制作用比较明显；王群伟等人（2010）[2] 利用含有非期望产出的 DEA 模型构建了可用于研究二氧化碳排放绩效动态变化的 Malmquist 指数，以此为基础，测度了 1996—2007 年我国 28 个省、市、区二氧化碳的排放绩效，并借助收敛理论和面板数据回归模型分析区域差异及其影响因素，认为技术进步可以提高我国二氧化碳的排放绩效，东部最高，东北和中部稍低，西部较为落后；李凯杰等人（2012）[3] 利用数据包络分析法测算了中国的技术进步程度，并验证了技术进步对碳排放的影响。他发现技术进步可以减少碳排放，但有一定时滞，并且技术进步对碳排放的影响存在区域差异；刘建翠（2013）[4] 认为利用技术进步是降低碳强度的有效途径；张兵兵等人（2014）[5] 也认为技术进步是降低碳强度的有效手段，且这种影响存在明显的区域差异，东西部地区的技术进步与二氧化碳排放强度显著负相关，中部地区则显著正相关。

① 杨国锐. 低碳城市发展路径与制度创新 [J]. 城市问题，2010（7）：44-48.

② 王群伟，周鹏，周德群. 我国二氧化碳排放绩效的动态变化、区域差异及影响因素 [J]. 中国工业经济，2010，1（1）：45-54.

③ 李凯杰. 技术进步对碳排放的影响——基于省际动态面板的经验研究 [J]. 北京师范大学学报：社会科学版，2012，233（5）：130-139.

④ 刘建翠. 产业结构变动、技术进步与碳排放 [J]. 首都经贸大学学报，2013（5）：15-20.

⑤ 张兵兵，等. 技术进步对二氧化碳排放强度的影响研究 [J]. 资源科学，2014，36（3）：567-576.

3.1.5　碳排放影响因素研究的评述

有关碳排放影响因素的研究主要有以下几个方面的特点：

（1）学者们均认为经济因素、人口因素、能源因素和技术进步因素会对碳排放产生影响。经济因素包括经济发展水平、产业结构，人口因素包括人口规模和人口结构，能源因素包括能源利用效率和能耗结构。

（2）各个因素对碳排放产生影响的方向、方式和程度会因不同的国家，以及不同国家的不同发展阶段产生差异，甚至在一个国家的各个地区间也存在差异。

（3）以前文献中的产业结构主要指的是工业占比。这种产业结构的划分比较笼统，无法深入地体现产业结构对碳排放的影响，实际上工业对碳排放的影响更多地体现在工业内部的产业结构上，所以很有必要根据碳排放对产业结构进行重新划分。

（4）大部分文献研究能源利用效率对碳排放影响时都选取能源强度。能源强度表示单位 GDP 的能源消耗量，衡量了经济对能源的依赖程度。其倒数表示的是单位能源消耗带来的 GDP，称为能源生产力，能更直接地反映能源利用效率。

（5）大部分研究对技术进步的衡量指标都选取能源强度。实际上，学术界公认的最全面衡量社会技术进步的指标是全要素生产率，所以非常有必要分析一下全要素生产率和碳排放之间的关系。

3.2　碳排放相关因素的测算

3.2.1　高碳排放行业的界定

各个行业由于生产工艺和技术水平有区别，对能源的消耗和能源碳排放的数量有很大差异。所以，行业碳排放水平及行业的结构是与碳排放密切相关的因素，调整各产业内部的行业结构是减少碳排放总量的重要方面。为此，需要对各个行业的能源碳排放加以分析和测算，以明确高碳排放行业和低碳排放行业。

3.2.1.1 高碳排放行业界定的依据

从碳排放演进的历史经验来看，随着国家工业化进程的加快，碳排放也会急剧上升，所以工业较其他产业对碳排放的影响更为显著是大家的共识。因此，大多数学者在研究产业结构对能源二氧化碳影响的时候，都是直接用的工业增加值占比，但这仅是对产业结构进行的较为粗略的研究。因为工业内部各个子行业间的碳排放还存在较大的差异，实际上工业对能源二氧化碳排放的影响更多地体现在工业内部的高碳排放行业上，所以很有必要依据行业碳强度对工业内部的高碳排放行业进行界定。根据本书前文的研究，行业的碳强度包括直接碳强度和完全碳强度。前者考虑的仅仅是行业直接消耗能源的强度，后者考虑的是行业直接消耗能源和通过中间投入品间接消耗能源的综合强度，结合这两种强度来界定工业内部的高碳排放行业。

3.2.1.2 行业直接碳强度的测算

行业直接碳强度为行业能源二氧化碳排放总量除以行业总产出，这里的总产出包括行业的中间使用和最终使用两部分，在测算时利用最近一年 2010 年的投入产出表计算工业子行业的两种碳强度（详见表 3.1）。

表 3.1　　　　　　　　2010 年行业碳强度结果表　　单位：吨/万元

行业	直接碳强度	完全碳强度
农、林、牧、渔业	0.130 0	0.312 0
煤炭开采和洗选业	1.726 6	1.971 0

表3.1(续)

行业	直接碳强度	完全碳强度
石油和天然气开采业	0.583 6	1.468 5
金属矿采选业	0.118 3	0.465 5
非金属矿和其他矿采选	0.257 4	0.358 6
食品制造及烟草加工业	0.097 4	0.193 1
纺织业	0.131 9	0.234 1
纺织服装和皮革制造业	0.035 8	0.068 6
木材和家具制造	0.062 1	0.135 7
造纸印刷和文教体育用品	0.331 5	0.438 1
石油加工、炼焦及核燃料加工业	7.244 1	9.050 0
化学工业	0.516 9	0.644 1
非金属矿物制品业	0.871 6	0.905 8
金属冶炼及压延加工业	1.707 7	2.667 4
金属制品业	0.049 9	0.376 2
通用专用设备制造业	0.074 5	0.245 4
交通运输设备制造业	0.044 9	0.137 9
电气机械及器材制造业	0.021 9	0.124 9
通信设备、计算机及其他电子设备制造业	0.013 9	0.056 6
仪器仪表及文化、办公用机械制造业	0.022 4	0.176 9
其他制造业	0.065 6	0.150 0
电力、热力的生产和供应业	5.115 2	7.282 6
燃气生产和供应业	0.930 4	1.969 5

表3.1(续)

行业	直接碳强度	完全碳强度
水的生产和供应业	0.081 2	0.466 6
建筑业	0.046 9	0.298 2

从3.1可以看出，行业间的直接碳强度和完全碳强度都存在较大差异。其中：石油加工、炼焦及核燃料加工业无论是直接强度还是完全强度都居所有行业第一位；2010年的完全碳强度高达9.05吨/万元，远远高出其他行业；排名第二的是电力、热力的生产和供应业，完全碳强度为7.282 6吨/万元。而纺织服装和皮革制造业，以及通信设备、计算机及其他电子设备制造业的两种碳强度都较低，前者分别为0.035 8吨/万元、0.068 6吨/万元，后者分别为0.013 9吨/万元和0.056 6吨/万元。

3.2.1.3 高碳排放行业界定方法

依据上面行业碳强度的计算结果，本书把行业碳强度高于1吨/万元的行业作为高碳排放行业，总共有石油加工、炼焦及核燃料加工业，电力、热力的生产和供应业，煤炭开采和洗选业，燃气生产和供应业，金属冶炼及压延加工业，石油和天然气开采业6个行业，以这六个行业增加值占工业行业增加值的比重衡量产业结构具有更好的代表性。

3.2.2 技术进步指标的测算

随着社会经济的发展，经济活动的规模总是不断扩大的，所以对碳排放的控制很大程度上还需要依靠技术水平的进步，技术进步也是与能源碳排放密切相关的重要因素。过去研究技术进步对碳排放影响时选择的技术进步指标均为能耗强度，能耗强度在一定程度上反映了能源利用效率，而实际上影响碳排放的技术进步因素不只包括能源利用效率，还包括其他非能源产品的中间投入利用效率，所以需要寻求一个衡量社会全面技术进步的指标。

3.2.2.1 技术进步的含义

早期的技术经济学理论认为，技术进步是指技术在实现一定的目标方面所取得的进化与革命，目标是指人们对技术应用所期望达到的目的的实现程度。若是对原有技术进行改造革新或研究，开放出新的技术来替代旧的技术，使结果与目标更为接近，则就形成了技术进步。

技术进步有广义和狭义之分。狭义的技术进步是指在生产中工艺的进步，投入各种要素使用效率的提高等，具体表现为改造旧的设备，采用新设备，或者采用新工业来提高生产效率。《经济大词典》中将技术进步定义为"在生产中使用效率更高的劳动手段和先进的工艺方法，以推动社会生产力不断发展的运动过程"。广义的技术进步是指各种形式的知识积累和改进。古典经济增长理论所涵盖的技术进步把技术进步的范围扩大化了，认为只要是导致产量增加或者是成本减少的经济活动都可以看成技术进步。引起经济增长的因素包括资本投入、劳动力投入和除这两者以外的其他投入三个主要部分，凡是影响到生产函数和经济增长，但不能以资本和劳动等投入要素来解释的其他部分，都可以说成是技术进步引起的，也就是全要素生产率。在马克思看来，"技术进步过程不仅是一个客观的技术发展问题，而且还是社会生产关系的表现，意味着人类改造主客观世界手段的提升，物性技术和智力技术的相互作用促成了技术不断进步的趋势。"[①] 也有部分学者对技术进步提出看法，如罗森博格，他把技术进步定义为"某种知识，在一给定资源量上，它能使产量增加并提高产品质量"。

---

① 武文凤. 马克思技术进步理论研究 [D]. 天津：南开大学，2013.

除此以外，技术进步还可分为：渐进式技术进步和飞跃式技术进步、劳动节约型技术进步和资本节约型技术进步、生产过程技术进步和产品技术进步。但无论哪种形式的技术进步，都具有累积性、不确定性、加速性和无止境性。

3.2.2.2 全要素生产率的测算

（1）索洛模型中全要素生产率的测度思想

由于古典经济增长理论的技术进步测度更具有可操作性，本书依据此理论测度的全要素生产率来全面衡量社会技术进步。索洛剩余（Solow Residual）是诺贝尔经济学奖得主、麻省理工学院的罗伯特·索洛（Robert Solow）的早期著名研究，使用的是1909—1949年美国的情况。在新古典经济增长的索洛模型中，把资本增长和劳动增长对经济增长的贡献剥离之后，剩余的部分就称为全要素生产率，也称为索洛剩余。索洛模型的生产函数如下：

$$Y = A(t) F(K, L) \tag{3.1}$$

其中，Y 为产出，K 为资本投入，L 为劳动投入，$A(t)$ 为一段时间内技术变化的累计效应。

由上式可知，资本和劳动的产出弹性分别为：

$$\alpha = \frac{\partial y}{\partial k} \frac{k}{y} \tag{3.2}$$

$$\beta = \frac{\partial y}{\partial l} \frac{l}{y} \tag{3.3}$$

对索洛模型的生产函数求全微分，并在两端同时除以 Y，可以得到下面式子：

$$\frac{dy}{y} = \frac{dA}{A} - \alpha \frac{dk}{k} - \beta \frac{dl}{l} \tag{3.4}$$

用差分近似的替代微分，并把索洛剩余放在等式左边，则上面的式子可以变换成：

$$\frac{\Delta A}{A} = \frac{\Delta y}{y} - \alpha \frac{\Delta k}{k} - \beta \frac{\Delta l}{l}$$　　　　　　　（3.5）

式（3.5）中的等号左边的$\frac{\Delta A}{A}$称为全要素生产率的增长率。可见，只要知道了经济产出的增长率、资本投入的增长率和劳动力投入的增长率，就可以算出全要素生产率的增长率。

由资本投入和劳动力投入增加所引起的产出增加相当于粗放型经济增长，而由全要素生产率提高引起的产出增加相当于集约型经济增长。在粗放型经济增长时期，认为资本投入和劳动力投入可以无限进行下去，可以从投入的量上增加来提高产出。结合我国实际情况，在过去我国人口红利明显，且人口投入的成本低，这给经济增长带来了巨大的潜力。但是随着我国人口老龄化程度越来越严重，人口红利消失，我们又以国家投资来带动经济发展，这又带来了部分行业产能过剩的矛盾。所以，过去那种粗放式的增长方式已经无法维持下去，更多应该依靠投入要素利用效率的提高来发展集约型经济增长。

利用全要素生产率表示技术进步虽然也受到部分学者的质疑，认为影响经济的因素中除了资本和劳动力投入外，国家政策制度等其他因素也会给经济增长带来巨大影响，但是利用全要素生产率表示技术进步仍具有其他方法不可替代的优点。一是所需的数据资料少，可行性和操作性强；二是从总量上评价了投入与产出的关系，合理地计算出了资金、劳动对产出增长速度的贡献，体现了速度与效益相结合的原则。正是因为全要素生产率衡量了除资本和技术以外一切影响经济增长的因素，而建立在化石能源消耗基础上的经济增长又直接影响到碳排放，所以全要素生产率也会对碳排放产生间接影响。最典型的就是采用了新的二氧化碳回收设备、新的生产制造工艺等，在提高生产效率的同时，也减少了碳排放。

（2）全要素生产率测度中生产函数的选择

本书在测量全要素生产率时使用的是柯布道格拉斯生产函数：

$$Y = A（t）K^\alpha L^\beta \mu \tag{3.6}$$

在这个模型中有如下结论：如果 $\alpha+\beta>1$，称为递增报酬型，表明按技术用扩大生产规模来增加产出是有利的；如果 $\alpha+\beta<1$，称为递减报酬型，表明按技术用扩大生产规模来增加产出是得不偿失的；如果 $\alpha+\beta=1$，称为不变报酬型，表明生产效率并不会随着生产规模的扩大而提高，只有提高技术水平，才会提高经济效益。本书采用美国经济学家斯诺提出的中性技术模式，即 $\mu=1$，则生产函数可以简化为：

$$Y = A（t）K^\alpha L^\beta \tag{3.7}$$

本书选择柯布道格拉斯生产函数来测算全要素生产率主要是因为此生产函数可以线性化，处理起来比其他生产函数简单。而本书的目的不是研究技术进步的测定，所以允许技术进步的测算结果存在一定程度的偏差。

（3）全要素生产率测度中资本投入和劳动投入的测量

资本用 K 表示，K 值的计算方法采用 Goldsmith1951 年开创的永续盘存法。其计算公式如下：

$$K_T = K_{T-1}（1-\delta_T）+\frac{I_T}{P_T} \tag{3.8}$$

其中，K 是资本存量，I 是全社会固定资产投资，P 是固定资产价格指数，δ_T 是折旧率。式（3.8）表明 T 期的资本存量受到上一期所积累下来的资本存量、全社会固定资产投资、资本折旧情况和资产价格的影响，所以要估计资本存量需要已知全社会固定资产投资、折旧率、初始资本存量和固定资产价格指数。

根据王小鲁和樊纲的假定，固定资产平均折旧率为 5%，固定资产价格指数和初始的资本存量都使用了郭庆旺和贾俊雪①的研究成果，而历年全社会固定资产投资数据来自中国统计年鉴。其计算结果见表 3.2。

表 3.2   **资本存量表**   单位：亿元

固定资本存量	北京	天津	河北	山西	内蒙古	辽宁	吉林	黑龙江	上海	江苏
2003	2 157.7	1 047.0	2 515.7	1 116.6	1 209.8	2 083.3	969.3	1 191.0	2 452.8	5 337.3
2004	2 656.9	1 296.5	3 170.5	1 415.6	1 583.6	2 699.4	1 202.1	1 483.2	3 070.8	6 709.7
2005	3 192.1	1 590.5	4 006.9	1 784.2	2 139.6	3 565.1	1 568.0	1 818.3	3 754.4	8 439.5
2006	3 817.5	1 941.7	5 087.4	2 235.5	2 825.7	4 711.5	2 142.5	1 782.3	4 480.6	10 362.4
2007	4 515.5	2 379.9	6 375.6	2 779.7	3 671.5	6 142.1	2 932.4	2 335.0	5 255.7	12 593.5
2008	5 081.7	2 961.4	7 881.3	3 388.7	4 641.2	7 896.7	3 939.8	2 970.6	5 986.7	15 062.9
2009	5 851.9	3 868.8	10 083.0	4 280.5	5 997.9	10 093.6	5 273.4	3 882.3	6 799.1	18 305.1
2010	6 677.3	5 000.5	12 648.5	5 359.3	7 523.8	9 592.3	6 967.9	5 072.4	7 541.4	22 108.1
2011	7 135.6	4 926.1	12 814.2	5 440.4	7 696.6	11 417.3	6 887.9	4 879.8	8 224.9	22 943.8
2012	7 778.2	5 462.8	14 223.7	6 028.3	8 585.0	12 654.9	7 724.3	5 393.8	8 959.8	25 294.7
2013	8 420.8	5 999.6	15 633.3	6 616.2	9 473.0	13 892.5	8 560.6	5 907.8	9 694.7	27 645.5

固定资本存量	浙江	安徽	福建	江西	山东	河南	湖北	湖南	广东	广西
2003	4 995.4	1 478.1	1 508.3	1 380.4	5 329.9	2 311.1	1 884.1	1 557.4	5 032.1	987.3
2004	6 200.6	1 863.8	1 888.9	1 748.3	6 895.1	2 939.8	2 355.7	1 955.3	6 227.2	1 241.3
2005	7 473.0	2 366.4	2 348.5	2 173.4	9 041.6	3 827.6	2 907.8	2 463.4	7 608.9	1 597.3
2006	8 867.5	3 073.4	2 956.9	2 689.7	11 182.4	5 011.7	3 594.3	3 095.2	9 121.9	2 040.5
2007	10 310.9	4 061.2	3 777.0	3 295.2	13 432.7	6 556.1	4 430.6	3 902.3	10 816.4	2 604.0
2008	11 713.9	5 257.4	4 679.1	4 106.9	15 937.4	8 387.1	5 402.3	4 870.2	12 573.1	3 252.3
2009	13 393.0	6 947.5	5 786.5	5 302.1	19 153.0	10 857.2	6 863.5	6 249.2	14 759.8	4 292.9
2010	15 242.0	9 011.6	7 180.9	6 822.2	22 932.4	13 689.7	8 718.8	7 935.4	17 301.0	5 677.6
2011	16 302.4	8 961.7	7 355.4	6 775.5	24 101.2	13 900.8	8 735.8	7 975.6	18 205.0	5 584.1
2012	17 753.1	10 007.1	8 153.2	7 516.8	26 570.8	15 501.5	9 672.7	8 858.2	19 932.8	6 222.4
2013	19 203.7	11 052.5	8 950.9	8 258.1	29 040.3	17 102.2	10 609.7	9 740.9	21 660.5	6 860.7

---

① 郭庆旺，贾俊雪. 中国潜在产出与产出缺口的估算 [J]. 经济研究，2004（5）：31-39.

表3.2(续)

固定资本存量	海南	重庆	四川	贵州	云南	陕西	甘肃	青海	宁夏	新疆
2003	276.4	1 269.7	2 158.6	754.2	1 023.3	1 279.1	655.2	285.1	318.3	1 002.4
2004	340.7	1 595.7	2 686.5	925.1	1 291.7	1 585.9	803.9	347.2	393.9	1 231.1
2005	413.3	1 990.0	3 373.8	1 119.5	1 639.0	1 975.0	971.0	416.5	479.3	1 489.2
2006	491.9	2 461.4	4 257.8	1 342.4	2 074.0	2 483.9	1 160.9	493.4	575.3	1 779.6
2007	581.4	3 046.8	5 356.9	1 608.9	2 597.3	3 175.8	1 396.4	578.0	685.9	2 105.4
2008	698.2	3 726.9	6 653.4	1 912.1	3 193.0	4 015.3	1 683.6	669.0	828.3	2 465.2
2009	874.6	4 661.8	8 854.3	2 333.2	3 987.8	5 196.2	2 122.3	804.4	1 022.8	2 937.9
2010	1 101.9	5 840.0	11 175.7	2 865.0	4 913.4	6 678.7	2 703.6	981.6	1 269.8	3 511.5
2011	1 100.5	5 919.7	11 184.1	2 917.9	5 048.7	6 655.6	2 685.5	1 000.7	1 284.0	3 637.7
2012	1 212.3	6 552.0	12 432.9	3 209.1	5 595.1	7 401.6	2 963.0	1 095.9	1 414.5	3 987.1
2013	1 324.1	7 184.4	13 681.6	3 500.3	6 141.5	8 147.5	3 240.4	1 191.2	1 545.0	4 336.5

总体来看，除西藏以外的 30 个省、市、区的资本存量都是逐年递增的。其中，河北、辽宁、江苏、浙江、安徽、山东、河南、广东和四川九个经济大省资本存量近几年都突破万亿元，海南、贵州、甘肃、青海、宁夏等落后地区资本存量积累严重不足，2013 年资本存量最高的甘肃省也才 3 240.4 亿元。

劳动力投入量应当是一定时期内实际投入的劳动量，最准确的是以标准劳动强度的劳动时间来衡量。由于统计资料的局限，本书选取历年的从业人员人数来替代，这种替代的假设是无论从事什么行业的人，无论专业素质和能力如何，我们都认为每个从业人员带来的经济产出差异不大。实际上，个人能力带来的增值效应显然存在明显的区别，这也是为什么企业都喜欢招聘能力强的员工。

（4）全要素生产率测度中资本投入弹性和劳动投入弹性的计算

资本投入弹性为生产函数中的 α，劳动投入弹性为生产函数中的 β。采用学者们惯用的方式，利用回归法估计 α 和 β。回归方程为：

$$\ln Y = \ln A + \alpha \ln K + \beta \ln L \qquad (3.9)$$

式中：Y 表示经济产出，用地区生产总值来表示；K 表示资本投入，用前文测量的各地区资本存量水平代替；L 为劳动投入，用各地区历年从业人数代替。其回归结果见表 3.3。

表 3.3 回归系数估计结果表

	北京	天津	河北	山西	内蒙古	辽宁	吉林	黑龙江	上海	江苏
α	0.96	0.77	0.65	0.76	0.9	0.6	0.56	0.58	0.83	0.85
β	0.08	0.23	0.35	0.25	0.1	0.4	0.45	0.42	0.17	0.15
	浙江	安徽	福建	江西	山东	河南	湖北	湖南	广东	广西
α	0.97	0.56	0.6	0.73	0.85	0.67	0.76	0.75	0.9	0.66
β	0.03	0.44	0.43	0.27	0.17	0.43	0.24	0.28	0.1	0.34
	海南	重庆	四川	贵州	云南	陕西	甘肃	青海	宁夏	新疆
α	0.71	0.82	0.69	0.7	0.62	0.81	0.75	0.64	0.96	0.81
β	0.29	0.18	0.41	0.31	0.38	0.19	0.28	0.36	0.06	0.22

从表 3.3 可以看出，资本投入弹性都远远大于劳动力投入弹性，这说明我国经济的增长更多依靠的是资本的投入，投资是多年以来经济增长最主要的动力。其中，发达地区，如北京、上海等和欠发达但人口稀少的地区，如宁夏，其资本投入弹性与劳动投入弹性比重较突出。并且我国各地区资本投入弹性和劳动力投入弹性都存在显著差异，发达地区的资本投入弹性比欠发达地区高，人口大省河南、四川、安徽等地劳动力投入弹性相对较高。

（5）全要素生产率的测度结果及分析

全要素生产率的计算公式为：

$$A = \frac{Y}{K^{\alpha} L^{\beta}} \qquad (3.10)$$

回归结果见 3.4。

表 3.4　　　　　　　　全要素生产率

全要素生产率	北京	天津	河北	山西	内蒙古	辽宁	吉林	黑龙江	上海	江苏
2003	2.146 6	2.423 8	2.137 6	1.944 0	1.634 4	2.653 6	2.204 1	2.686 6	2.824 0	2.038 8
2004	2.024 1	2.445 3	2.105 4	1.996 7	1.575 1	2.460 0	2.198 6	2.595 4	2.719 6	1.966 5
2005	2.051 4	2.505 5	2.203 4	2.090 4	1.527 5	2.304 0	2.209 3	2.655 7	2.760 8	1.948 5
2006	1.964 8	2.532 7	2.237 9	2.045 2	1.521 9	2.336 1	2.141 8	3.091 0	2.691 7	1.993 5
2007	1.975 0	2.561 8	2.183 5	2.016 5	1.521 8	2.292 6	2.109 7	2.948 6	2.710 8	2.002 9
2008	2.138 8	2.516 7	2.244 3	2.140 0	1.597 8	2.358 0	2.199 0	2.916 1	2.804 3	2.057 0
2009	2.112 0	2.593 2	2.236 2	2.175 4	1.672 1	2.456 7	2.258 8	2.906 0	2.836 2	2.073 7
2010	2.035 9	2.343 1	2.063 5	1.833 6	1.557 5	2.799 5	2.178 6	2.539 2	2.771 6	1.962 6
2011	2.711 3	2.255 0	2.695 9	2.331 6	2.028 2	2.435 1	2.753 9	2.555 1	2.058 2	2.494 5
2012	2.877 4	2.668 4	2.891 1	2.495 0	2.233 3	2.802 9	2.092 2	2.828 3	2.209 8	2.745 7

全要素生产率	浙江	安徽	福建	江西	山东	河南	湖北	湖南	广东	广西
2003	1.628 3	1.605 4	2.786 7	1.571 5	1.912 6	1.957 5	1.930 3	2.093 0	2.719 8	1.825 3
2004	1.599 8	1.567 0	2.681 5	1.506 6	1.801 1	1.890 1	1.835 6	1.986 5	2.618 0	1.749 3
2005	1.600 4	1.658 3	2.689 1	1.570 6	1.774 0	1.963 9	1.848 3	2.028 4	2.584 4	1.797 5
2006	1.562 9	1.604 0	2.624 6	1.569 5	1.819 8	2.022 5	1.817 7	1.980 2	2.591 2	1.810 2
2007	1.576 0	1.546 6	2.581 4	1.599 1	1.836 2	1.966 5	1.809 0	1.972 9	2.634 8	1.789 6
2008	1.660 3	1.593 9	2.733 8	1.631 9	1.864 0	2.017 6	1.903 6	2.061 2	2.742 5	1.884 3
2009	1.667 1	1.626 5	2.769 5	1.620 3	1.908 5	2.024 1	1.924 3	2.104 7	2.744 2	1.879 7
2010	1.574 6	1.587 6	2.714 7	1.471 6	1.789 5	1.863 9	1.832 7	1.996 2	2.547 8	1.716 7
2011	1.908 6	1.259 1	2.751 9	2.088 6	1.769 8	0.981 8	2.560 8	2.111 3	2.012 0	1.431 7
2012	2.046 8	1.518 4	2.730 5	2.305 1	1.947 7	1.072 4	2.899 5	2.375 7	2.230 1	1.759 1

全要素生产率	海南	重庆	四川	贵州	云南	陕西	甘肃	青海	宁夏	新疆
2003	2.083 6	1.520 9	1.721 7	1.965 8	1.667 4	1.632 2	1.562 9	1.189 1	1.189 2	1.718 4
2004	1.990 1	1.445 4	1.670 1	1.901 0	1.571 7	1.570 3	1.520 7	1.199 1	1.143 5	1.694 6
2005	1.981 2	1.431 4	1.706 0	1.924 0	1.611 2	1.607 8	1.589 5	1.273 2	1.142 1	1.683 5
2006	1.946 8	1.371 4	1.680 5	1.923 1	1.559 1	1.544 0	1.589 6	1.326 8	1.080 2	1.712 4
2007	2.006 9	1.462 5	1.685 9	1.925 9	1.547 3	1.628 8	1.625 3	1.424 2	1.092 7	1.742 4
2008	2.098 6	1.479 5	1.763 5	1.994 4	1.618 6	1.630 9	1.667 4	1.588 8	1.155 2	1.769 6
2009	2.119 2	1.521 8	1.725 6	2.027 1	1.671 2	1.678 2	1.630 7	1.799 7	1.231 8	1.817 9
2010	1.959 7	1.421 4	1.648 5	1.902 8	1.581 3	1.527 6	1.462 6	1.673 8	1.125 4	1.601 3
2011	2.757 5	1.972 7	0.974 4	1.963 1	2.051 9	2.155 7	1.612 9	2.403 8	1.400 4	1.771 1
2012	2.074 3	2.236 1	1.105 1	2.345 9	2.370 9	2.489 7	1.818 2	2.719 5	1.558 3	1.985 4

从表 3.4 可以看出，东部发达地区的全要素生产率虽然较高，但近几年的变动不大，甚至部分省市有下降趋势；而中西部大部分欠发达地区的全要素生产率虽然不高，近几年却呈现出上升趋势。可以这样来理解这种结果，发达地区的技术较为先进，在这种先进的技术水平上想要进一步发展显然会比较困难。但对于落后地区来说，建立在技术水平本就落后的基础上，可以通过借鉴东部的先进经验和技术溢出效应，使自身的技术发展得到更快的进步。

3.3 因素分配分析法的原理

影响能源二氧化碳的因素包括经济规模、产业结构、人口规模、人口结构、能耗结构、能耗强度和技术进步衡量指标。这几方面的影响因素都可以与投入产出表相联系。经济总量和产业结构会受到最终需求总量与最终需求结构的影响，需求是供给的主要来源，最终需求规模的增加会引起产出规模的增加，最终需求结构的变动会引起产业结构的调整升级，所以最终需求规模和最终需求结构会通过影响经济规模和产业结构影响到能源二氧化碳排放；人口因素会影响到最终需求，由于衣、食、住行等必需品的消费，人口规模的扩大会引起最终需求规模的扩大，而城镇人口占比的变化会引起产品最终需求的差异，引起最终需求结构的变动，所以人口规模和人口结构会通过影响最终需求规模和最终需求结构影响到能源二氧化碳；能耗结构受资源禀赋和最终需求的影响，能耗强度反映了与能源利用效率直接相关的技术进步，投入产出表中的直接消耗系数可以用来衡量生产技术水平，表示能源部门、非能源部门间投入与产出的关系，也衡量了社会的技术进步。正是因为能源二氧化碳的各个影响因素都可以与投入产出表中的元素相联系，所以本章把投入产出法与因素分配分析法相结合，分析各个影响因素对能源二氧化碳变动的贡献程度。

因素分配分析法是指数分析法的一种，是对传统的统计指数分析法的一种改进方法。在对多因素影响的统计分析中，除了各种因素直接的影响外，还存在各种因素的交互影响。为了把这种交互影响合理地分配到各种因素中，解决因素分解分析中交互影响值的归宿问题，统计学者们曾提出了很多种分解方式。这些分解方式都是在一定假设条件下去对交互项做分解，是一些较为粗略的分解，都存在一定缺陷。在总结和对比各种分解方法后，基于分解的直观性、易理解性和简便性，选择了因素分配分析法去分析各个影响因素对能源二氧化碳变动的影响程度。

因素分配分析法不仅可以分析由两个因素构成的简单现象，也可以分析由多个因素构成的复杂现象。其基本原理如下：

经济变量 Z 可以表示成因素 A、因素 B 和因素 C 的乘积，即：

$$Z = ABC \tag{3.11}$$

经济变量 Z 的增长率为 K_Z，表示成：

$$K_Z = \frac{A_1 B_1 C_1}{A_0 B_0 C_0} - 1 \tag{3.12}$$

Z 的增长额 N_Z 可表示成：

$$N_Z = A_1 B_1 C_1 - A_0 B_0 C_0 \tag{3.13}$$

因素 A 对经济变量 Z 的单纯影响率 K_A 和影响值 N_A 分别为：

$$K_A = \frac{A_1 - A_0}{A_0} \tag{3.14}$$

$$N_A = (A_1 - A_0) B_0 C_0 \tag{3.15}$$

因素 B 对经济变量 Z 的单纯影响率 K_B 和影响值 N_B 分别为：

$$K_B = \frac{B_1 - B_0}{B_0} \tag{3.16}$$

$$N_B = A_0 \ (B_1 - B_0) \ C_0 \tag{3.17}$$

因素 C 对经济变量 Z 的单纯影响率 K_C 和影响值 N_C 分别为：

$$K_C = \frac{C_1 - C_0}{C_0} \tag{3.18}$$

$$N_C = A_0 B_0 \ (C_1 - C_0) \tag{3.19}$$

各个因素的交互影响率 $e\%$ 和影响值 N 分别为：

$$e\% = K_Z - K_A - K_B - K_C \tag{3.20}$$

$$N = N_Z - N_A - N_B - N_C \tag{3.21}$$

分配给因素 A 变动对经济变量 Z 的交互影响率 d_A 和影响值 D_A 分别为：

$$d_A = e\% \frac{\mid K_A \mid}{\sum\limits_{i=A}^{C} \mid Ki \mid} \tag{3.22}$$

$$D_A = N \frac{\mid K_A \mid}{\sum\limits_{i=A}^{C} \mid Ki \mid} \tag{3.23}$$

分配给因素 B 变动对经济变量 Z 的交互影响率 d_B 和影响值 D_B 分别为：

$$d_B = e\% \frac{\mid K_B \mid}{\sum\limits_{i=A}^{C} \mid Ki \mid} \tag{3.24}$$

$$D_B = N \frac{\mid K_B \mid}{\sum\limits_{i=A}^{C} \mid Ki \mid} \tag{3.25}$$

分配给因素 C 变动对经济变量 Z 的交互影响率 d_C 和影响值 D_C 分别为：

$$d_C = e\% \frac{\mid K_C \mid}{\sum\limits_{i=A}^{c} \mid Ki \mid} \tag{3.26}$$

$$D_C = N \frac{\mid K_C \mid}{\sum\limits_{i=A}^{c} \mid Ki \mid} \tag{3.27}$$

因素 A 对经济变量 Y 的总体影响率 $K_{A总}$ 和影响值 $N_{A总}$ 分别为：

$$K_{A总} = K_A + d_A \tag{3.28}$$

$$N_{A总} = N_A + D_A \tag{3.29}$$

因素 B 对经济变量 Z 的总体影响率 $K_{B总}$ 和影响值 $N_{B总}$ 分别为：

$$K_{B总} = K_B + d_B \tag{3.30}$$

$$N_{B总} = N_B + D_B \tag{3.31}$$

因素 C 对经济变量 Z 的总体影响率 $K_{C总}$ 和影响值 $N_{C总}$ 分别为：

$$K_{C总} = K_C + d_C \tag{3.32}$$

$$N_{C总} = N_C + D_C \tag{3.33}$$

可见，因素分配分析法实质上巧妙地把经济变量的总体变动程度与各个影响因素对其的单纯影响程度之差作为交互影响，并按照各个影响因素对经济变量单纯影响在所有因素单纯影响中的占比作为交互影响的分配比率，得到了各个因素对经济变量的总体影响，这种对各因素交互影响程度的分配方式简单且易理解。

3.4 与投入产出法相结合的碳排放因素分配分析法

在前文介绍因素分配分析法的基础上，将其应用到能源二氧化碳总量的因素分解中来。能源二氧化碳总量的计算公式为：

$$coe = EX = E \ (I-A)^{-1} Y = E\overline{B}y_s \ G \tag{3.34}$$

其中：coe 为能源二氧化碳排放总量列向量；E 为行业直接碳强度行向量；X 为行业总产出列向量；$(I-A)^{-1}$ 为列昂惕夫逆矩阵，即完全需求系数矩阵，也可用 $\overline{B}$ 表示；y_s 为最终使用结构列向量；G 为最终使用规模；E 和 $\overline{B}$ 的乘积可以看成行业的完全碳排放系数 $\overline{E}$。于是，能源二氧化碳总量的计算公式也可以表示为：

$$coe = \overline{E}y_s \ G \tag{3.35}$$

式（3.35）表示碳排放总量受到行业的完全碳排放系数、产业结构和最终产出规模的影响。其中，最终产出又由最终消费、投资和净出口三部分组成。所以，能源二氧化碳总量的计算公式又可以表示为：

$$coe = \overline{E}y_{sC}C + \overline{E}y_{sI}I + \overline{E}y_{sM}M \tag{3.36}$$

其中，C，I 和 M 分别表示最终消费规模、投资规模和净出口规模，y_{sC}，y_{sI} 和 y_{sM} 分别表示最终消费结构列向量、投资结构列向量和净出口结构列向量。

全国的碳排放总量由各个行业碳排放总量组成。行业 i 的能源二氧化碳总量可以表示为：

$$coe_i = \overline{E}_i y_{s,i} \ G = \overline{E}_i y_{sCj}C + \overline{E}_i y_{sI,i}I + \overline{E}_i y_{sM,j}M \tag{3.37}$$

其中，$\overline{E}_i$ 表示行向量 $\overline{E}$ 中的第 i 个元素，$y_{s,i}$ 表示列向量 y_s 的第 i 个元素，$y_{sC,i}$ 表示列向量 y_{sC} 中的第 i 个元素，$y_{sI,i}$ 表示列向

量 y_{sI} 中的第 i 个元素，$y_{sM,i}$ 表示列向量 y_{sM} 中的第 i 个元素，则行业 i 的能源二氧化碳总量可以表示为最终消费带来的能源二氧化碳、投资带来的能源二氧化碳和净出口带来的能源二氧化碳之和。

全国能源二氧化碳总量的变动额等于各个行业能源二氧化碳变动额之和。行业 i 能源二氧化碳总量增长额 N_i 可以表示为：

$$N_i = \bar{E}_{1,i} y_{s1,i} G_1 - \bar{E}_{0,i} y_{s0,i} G_0 \tag{3.38}$$

下面分别就行业最终消费能源二氧化碳、投资能源二氧化碳和净出口能源二氧化碳进行分解。

3.4.1　行业 i 最终消费能源二氧化碳的分解

行业 i 最终消费引起的能源二氧化碳总量（$coe_{C,i}$）的计算公式为：

$$coe_{C,i} = \bar{E}_i y_{sC,i} C \tag{3.39}$$

式（3.39）表明行业最终消费引起的碳排放由行业完全碳排放系数、消费占比和消费规模决定。其中，行业的完全碳排放系数可以反映行业对各种能源类和非能源类中间投入品的利用效率。利用上文所述的因素分配分析法进行分解。

行业 i 最终消费引起的能源二氧化碳总量变动率 $K_{C,i}$ 和变动额 $N_{C,i}$ 分别为：

$$K_{C,i} = \frac{\bar{E}_{1,i} y_{sC1,i} C_1}{\bar{E}_{0,i} y_{sC0,i} C_0} \tag{3.40}$$

$$N_{C,i} = \bar{E}_{1,i} y_{sC1,i} C_1 - \bar{E}_{0,i} y_{sC0,i} C_0 \tag{3.41}$$

其中，$\bar{E}_{1,i}$ 分别表示行业 i 在基期和当期的完全碳排放系数，$y_{sC0,i}$ 和 $y_{sC1,i}$ 分别表示行业 i 在基期和当期的最终消费占比，C_0 和 C_1 分别表示基期和当期的消费规模。

行业 i 的完全碳排放系数对 $coe_{C,i}$ 的单纯影响率 $K_{EC,i}$ 和影响

值 $N_{EC,i}$ 分别为:

$$K_{EC,i} = \frac{\overline{E}_{1,i} - \overline{E}_{0,i}}{\overline{E}_{0,i}} \tag{3.42}$$

$$N_{EC,i} = (\overline{E}_{1,i} - \overline{E}_{0,i}) \, y_{sC0,i} C_0 \tag{3.43}$$

其中, $\overline{E}_{0,i}$ 和 $\overline{E}_{1,i}$ 分别表示行业 i 在基期和当期的完全碳排放系数, $y_{sC0,i}$ 表示行业 i 在基期的最终消费占比, C_0 表示基期的消费规模。

行业 i 的最终消费结构对 $coe_{C,i}$ 的单纯影响率 $K_{y_{sc},C,i}$ 和影响值 $N_{y_{sc},C,i}$ 分别为:

$$K_{y_{sc},C,i} = \frac{y_{sC1,i} - y_{sC0,i}}{y_{sC0,i}} \tag{3.44}$$

$$N_{y_{sc},C,i} = \overline{E}_{0,i} (y_{sC1,i} - y_{sC0,i}) \, C_0 \tag{3.45}$$

其中, $\overline{E}_{0,i}$ 和 $\overline{E}_{1,i}$ 分别表示行业 i 在基期和当期的完全碳排放系数, $y_{sC0,i}$ 和 $y_{sC1,i}$ 分别表示行业 i 在基期和当期的最终消费占比, C_0 表示基期的消费规模。

行业 i 的最终消费规模对 $coe_{C,i}$ 的单纯影响率 $K_{cC,i}$ 和影响值 $N_{cC,i}$ 分别为:

$$K_{cC,i} = \frac{C_1 - C_0}{C_0} \tag{3.46}$$

$$N_{cC,i} = \overline{E}_{0,i} y_{sC0,i} (C_1 - C_0) \tag{3.47}$$

其中, $\overline{E}_{0,i}$ 表示行业 i 在基期的完全碳排放系数, $y_{sC0,i}$ 表示行业 i 的最终消费占比, C_0 和 C_1 分别表示基期和当期的消费规模。

行业 i 的完全碳排放系数、最终消费占比和最终消费规模对行业能源二氧化碳的交互影响率 $e\%_{c,i}$ 和影响值 $n_{c,i}$ 分别为:

$$e\%_{c,i} = K_{C,i} - K_{EC,i} - K_{y_{sc},C,i} - K_{c,C,i} \tag{3.48}$$

$$n_{c,i} = N_{C,i} - N_{EC,i} - N_{y_{sc},C,i} - N_{cC,i} \tag{3.49}$$

分配给行业完全碳排放系数变动对行业能源二氧化碳的交互影响值 $D_{Ec,i}$ 为：

$$D_{Ec,i} = n_c \frac{|K_{EC,i}|}{|K_{EC,i} + K_{y_{s,c,i}C,i} + K_{cC,i}|} \tag{3.50}$$

分配给行业最终消费占比变动对行业能源二氧化碳的交互影响值 $D_{y_{s,c,i}}$ 为：

$$D_{y_{s,c,i}} = n_c \frac{|K_{y,C,i}C,\ i|}{|K_{EC,i} + K_{y_{s,c,i}C,i} + K_{cC,i}|} \tag{3.51}$$

分配给最终消费规模变动对行业能源二氧化碳的交互影响值 $D_{cc,i}$ 为：

$$D_{cc,i} = n_c \frac{|K_{cC,i}|}{|K_{EC,i} + K_{y_{s,c,i}C,i} + K_{cC,i}|} \tag{3.52}$$

行业完全碳排放系数对能源二氧化碳的总体影响值 $N_{EC总}$ 为：

$$N_{EC总} = N_{EC,i} + D_{EC,i} \tag{3.53}$$

行业最终消费占比对能源二氧化碳的总体影响值 $N_{y_{s,c,i}C总}$ 为：

$$N_{y_{s,c,i}C总} = N_{y_{s,c,i}C,i} + D_{y_{s,c,i}} \tag{3.54}$$

最终消费规模对能源二氧化碳的总体影响值 $N_{cC总}$ 为：

$$N_{cC总} = N_{cC,i} + D_{cc,i} \tag{3.55}$$

3.4.2 行业 i 投资能源二氧化碳的分解

行业 i 投资引起的能源二氧化碳总量（$coe_{I,i}$）的计算公式为：

$$coe_{I,i} = \bar{E}_i y_{sI,i} I \tag{3.56}$$

式（3.56）表明行业投资引起的碳排放由行业完全碳排放系数、投资占比和投资规模决定。利用上文所述的因素分配分析法进行分解。

行业 i 投资引起的能源二氧化碳总量变动率 $K_{I,i}$ 和变动额 $N_{I,i}$ 分别为：

$$K_{I,i} = \frac{\bar{E}_{1,i} y_{sI1,i} I_1}{\bar{E}_{0,i} y_{sI0,i} I_0} \qquad (3.57)$$

$$N_{I,i} = \bar{E}_{1,i} y_{sI1,i} I_1 - \bar{E}_{0,i} y_{sI0,i} I_0 \qquad (3.58)$$

其中，$\bar{E}_{0,i}$ 和 $\bar{E}_{1,i}$ 分别表示行业 i 在基期和当期的完全碳排放系数，$y_{sI0,i}$ 和 $y_{sI1,i}$ 分别表示行业 i 在基期和当期的投资占比，I_0 和 I_1 分别表示基期和当期的投资规模。

行业 i 的完全碳排放系数对 $coe_{I,i}$ 的单纯影响率 $K_{\bar{E}I,i}$ 和影响值 $N_{\bar{E}I,i}$ 分别为：

$$K_{\bar{E}I,i} = \frac{\bar{E}_{1,i} - \bar{E}_{0,i}}{\bar{E}_{0,i}} \qquad (3.59)$$

$$N_{\bar{E}I,i} = (\bar{E}_{1,i} - \bar{E}_{0,i}) y_{sI0,i} I_0 \qquad (3.60)$$

其中，$\bar{E}_{0,i}$ 和 $\bar{E}_{1,i}$ 分别表示行业 i 在基期和当期的完全碳排放系数，$y_{sI0,i}$ 表示行业 i 在基期的投资占比，I_0 表示基期的投资规模。

行业 i 的投资结构对 $coe_{I,i}$ 的单纯影响率 $K_{y_sI,i}$ 和影响值 $N_{y_sI,i}$ 分别为：

$$K_{y_sI,i} = \frac{y_{sI1,i} - y_{sI0,i}}{y_{sI0,i}} \qquad (3.61)$$

$$N_{y_sI,i} = \bar{E}_{0,i} (y_{sI1,i} - y_{sI0,i}) I_0 \qquad (3.62)$$

其中，$\bar{E}_{0,i}$ 表示行业 i 在基期的完全碳排放系数，$y_{sI0,i}$ 和 $y_{sI1,i}$ 分别表示行业 i 在基期和当期的投资占比，I_0 表示基期的投资规模。

行业 i 的投资规模对 $coe_{I,i}$ 的单纯影响率 $K_{iI,i}$ 和影响值 $N_{iI,i}$ 分别为：

$$K_{iI,i} = \frac{I_1 - I_0}{I_0} \qquad (3.63)$$

$$N_{iI,i} = \bar{E}_{0,i} y_{sI0,i} (I_1 - I_0) \qquad (3.64)$$

其中，$\bar{E}_{0,i}$ 表示行业 i 在基期的完全碳排放系数，$y_{sI0,i}$ 表示行业 i 在基期的投资占比，I_0 和 I_1 分别表示基期和当期的投资规模。

行业 i 的完全碳排放系数、投资占比和投资规模对行业能源二氧化碳的交互影响率 $e\%_I$ 和影响值 n_I 分别为：

$$e\%I = K_{I,i} - K_{\bar{E}I,i} - K_{y_sI,i} - K_{iI,i} \tag{3.65}$$

$$n_I = N_{I,i} - N_{\bar{E}I,i} - N_{y_sI,i} - N_{iI,i} \tag{3.66}$$

分配给行业完全碳排放系数变动对行业能源二氧化碳的交互影响值 $D_{\bar{E}I,i}$ 为：

$$D_{\bar{E}I,i} = n_I \frac{|K_{\bar{E}I,i}|}{|K_{\bar{E}I,i} + K_{y_sI,i} + K_{iI,i}|} \tag{3.67}$$

分配给行业投资占比变动对行业能源二氧化碳的交互影响值 $D_{y_sI,i}$ 为：

$$D_{y_sI,i} = n_I \frac{|K_{y_sI,i}|}{|K_{\bar{E}I,i} + K_{y_sI,i} + K_{iI,i}|} \tag{3.68}$$

分配给投资规模变动对行业能源二氧化碳的交互影响值 $D_{iI,i}$ 为：

$$D_{iI,i} = n_I \frac{|K_{iI,i}|}{|K_{\bar{E}I,i} + K_{y_sI,i} + K_{iI,i}|} \tag{3.69}$$

行业完全碳排放系数对能源二氧化碳的总体影响值 $N_{\bar{E}I总}$ 为：

$$N_{\bar{E}I总} = N_{\bar{E}I,i} + D_{\bar{E}I,i} \tag{3.70}$$

行业投资占比对能源二氧化碳的总体影响值 $N_{y_sI,i总}$ 为：

$$N_{y_sI,i总} = N_{y_sI,i} + D_{y_sI,i} \tag{3.71}$$

投资规模对能源二氧化碳的总体影响值 $N_{cI总}$ 为：

$$N_{cI总} = N_{cI,i} + D_{cI,i} \tag{3.72}$$

3.4.3 行业 i 净出口能源二氧化碳的分解

行业 i 净出口引起的能源二氧化碳总量（$coe_{M,i}$）的计算公式为：

$$coe_{M,i} = \bar{E}_i y_{sM,i} M \qquad (3.73)$$

可见，行业净出口碳排放受到行业完全碳排放系数、行业出口占比和行业出口规模的影响。

行业 i 净出口引起的能源二氧化碳总量变动率 $K_{M,i}$ 和变动额 $N_{M,i}$ 分别为：

$$K_{M,i} = \frac{\bar{E}_{1,i} y_{sM1,i} M_1}{\bar{E}_{0,i} y_{sM0,i} M_0} \qquad (3.74)$$

$$N_{M,i} = \bar{E}_{1,i} y_{sM1,i} M_1 - \bar{E}_{0,i} y_{sM0,i} M_0 \qquad (3.75)$$

其中，$\bar{E}_{0,i}$ 和 $\bar{E}_{1,i}$ 分别表示行业 i 在基期和当期的完全碳排放系数，$y_{sM0,i}$ 和 $y_{sM1,i}$ 分别表示行业 i 在基期和当期的净出口占比，M_0 和 M_1 分别表示基期和当期的净出口规模。

行业 i 的完全碳排放系数对 $coe_{M,i}$ 的单纯影响率 $K_{EM,i}$ 和影响值 $N_{EM,i}$ 分别为：

$$K_{EM,i} = \frac{\bar{E}_{1,i} - \bar{E}_{0,i}}{\bar{E}_{0,i}} \qquad (3.76)$$

$$N_{EM,i} = (\bar{E}_{1,i} - \bar{E}_{0,i}) y_{sM0,i} M_0 \qquad (3.77)$$

其中，$\bar{E}_{0,i}$ 和 $\bar{E}_{1,i}$ 分别表示行业 i 在基期和当期的完全碳排放系数，$y_{sM0,i}$ 表示行业 i 在基期的净出口占比，M_0 表示基期的净出口规模。

行业 i 的净出口结构对 $coe_{M,i}$ 的单纯影响率 $K_{y_{sM}M,i}$ 和影响值 $N_{y_{sM}M,i}$ 分别为：

$$K_{y_{sM}M,i} = \frac{y_{sM1,i} - y_{sM0,i}}{y_{sM0,i}} \qquad (3.78)$$

$$N_{y_{sM}M,i} = \bar{E}_{0,i} (y_{sM1,i} - y_{sM0,i}) M_0 \qquad (3.79)$$

其中，$\bar{E}_{0,i}$ 表示行业 i 在基期的完全碳排放系数，$y_{sM0,i}$ 和 $y_{sM1,i}$ 分别表示行业 i 在基期和当期的净出口占比，M_0 表示基期的净出口规模。

行业 i 的净出口规模对 $coe_{M,i}$ 的单纯影响率 $K_{m,M,i}$ 和影响值 $N_{mM,i}$ 分别为：

$$K_{m,M,i} = \frac{M_1 - M_0}{M_0} \tag{3.80}$$

$$N_{m,M,i} = \bar{E}_{0,i} y_{sm0,i} \left(M_1 - M_0 \right) \tag{3.81}$$

式中，$\bar{E}_{0,i}$ 表示行业 i 在基期的完全碳排放系数，$y_{sM0,i}$ 表示行业 i 在基期的净出口占比，M_0 和 M_1 分别表示基期和当期的净出口规模。

行业 i 的完全碳排放系数、净出口占比和净出口规模对行业能源二氧化碳的交互影响率 $e\%_M$ 和影响值 n_M 分别为：

$$e\%_M = K_{M,i} - K_{EM,i} - K_{y_{sM},i} - K_{mM,i} \tag{3.82}$$

$$n_M = N_{M,i} - N_{EM,i} - N_{y_{sM},i} - N_{mM,i} \tag{3.83}$$

分配给行业完全碳排放系数变动对行业能源二氧化碳的交互影响值 $D_{EM,i}$ 为：

$$D_{EM,i} = n_M \frac{\mid K_{EM,i} \mid}{\mid K_{EM,i} + K_{y_{sM},i} + K_{mM,i} \mid} \tag{3.84}$$

分配给行业净出口占比变动对行业能源二氧化碳的交互影响值 $D_{y_{sM},i}$ 为：

$$D_{y_{sM},i} = \frac{\mid K_{y_{sM},i} \mid}{\mid K_{EM,i} + K_{y_{sM},i} + K_{mM,i} \mid} \tag{3.85}$$

分配给净出口规模变动对行业能源二氧化碳的交互影响值 $D_{mM,I}$ 为：

$$D_{mM,I} = \frac{\mid K_{mM,i} \mid}{\mid K_{EM,i} + K_{y_{sM},i} + K_{mM,i} \mid} \tag{3.86}$$

行业完全碳排放系数对能源二氧化碳的总体影响值 $N_{EM总,i}$ 为：

$$N_{EM总,i} = N_{EM,i} + D_{EM,i} \tag{3.87}$$

行业净出口占比对能源二氧化碳的总体影响值 $N_{y,M总,i}$ 为：

$$N_{y,M总,i} = N_{y,M,i} + D_{y,M,i} \qquad (3.88)$$

净出口规模对能源二氧化碳的总体影响值 $N_{mM总,i}$ 为：

$$N_{mM总,i} = N_{mM,i} + D_{mM,i} \qquad (3.89)$$

3.4.4　全国能源二氧化碳总量分解

能源二氧化碳总量的变动额等于各个行业能源二氧化碳变动额之和。结合上文行业能源二氧化碳的分解，全国能源二氧化碳总量变动额的计算公式也可以写为：

$$N_Z = \bar{E}_1 y_{s1} Z_1 - \bar{E}_0 y_{s0} Z_0 = \sum_{i=1}^{m} \{ (N_{EC总,i} + N_{EM总,i}) + (N_{y,C总,i} + N_{y,I总,i} + N_{y,X总,i}) + (N_{cC总,i} + N_{i,I总,i} + N_{mM总,i}) \} \qquad (3.90)$$

式中：$N_{EC总,i}$，$N_{EI总,i}$ 和 $N_{EM总,i}$ 分别表示行业 i 的完全碳排放系数对于行业 i 最终消费能源二氧化碳、投资能源二氧化碳与净出口能源二氧化碳的总体影响值，可以合并为行业 i 的完全碳排放系数对能源二氧化碳的总体影响值；$N_{y,C总,i}$、$N_{y,I总,i}$ 和 $N_{y,M总,i}$ 分别表示行业 i 的最终消费占比、投资占比和净出口占比对其最终消费能源二氧化碳、投资能源二氧化碳和净出口能源二氧化碳的总体影响值，也可以看成行业 i 的最终消费占比、投资占比和净出口占比分别对能源二氧化碳的总体影响值，表示结构变动对能源二氧化碳的影响；$N_{cC总,i}$、$N_{i,I总,i}$ 和 $N_{mM总,i}$ 分别表示行业 i 的最终消费规模、投资规模和净出口规模对其能源二氧化碳的总体影响值，也可以看成行业 i 的最终消费规模、投资规模和净出口规模对能源二氧化碳的总体影响值，表示规模变动对能源二氧化碳的影响。

于是，可以把全国的能源二氧化碳总量变动分解成七个因素变动的结果：行业完全碳排放系数，表示技术进步；规模因素，包括最终消费规模、投资规模和净出口规模；结构因素，包括最终消费结构、投资结构和净出口结构。

分别把这七个因素对全国能源二氧化碳总量的影响程度用百分比表示如下：

$$h_{\bar{e},i} = \frac{N_{EC总,i} + N_{EI总,i} + N_{EM总,i}}{N_Z} \tag{3.90}$$

$$h_{c,i} = \frac{N_{cC总,i}}{N_Z} \tag{3.91}$$

$$h_{i,i} = \frac{N_{iI总,i}}{N_Z} \tag{3.92}$$

$$h_{m,i} = \frac{N_{mM总,i}}{N_Z} \tag{3.93}$$

$$h_{y_u,i} = \frac{N_{y_uC总,i}}{N_Z} \tag{3.94}$$

$$h_{y_u,i} = \frac{N_{y_uI总,i}}{N_Z} \tag{3.95}$$

$$h_{y_m,i} = \frac{N_{y_mM总,i}}{N_Z} \tag{3.96}$$

式中，$h_{\bar{e},i}$、$h_{c,i}$、$h_{i,i}$、$h_{m,i}$、$h_{y_u,i}$、$h_{y_u,i}$ 和 $h_{y_m,i}$ 分别表示行业 i 的完全碳排放系数对能源二氧化碳总量影响的百分比，行业 i 的最终消费规模对能源二氧化碳总量影响的百分比，行业 i 的投资规模对能源二氧化碳总量影响的百分比，行业 i 的净出口规模对能源二氧化碳总量影响的百分比，行业 i 的最终消费占比对能源二氧化碳总量影响的百分比，行业 i 的投资占比对能源二氧化碳总量影响的百分比，行业 i 的净出口占比对能源二氧化碳总量影响的百分比。

$\sum\limits_{i=1}^{l} h_{e,i}$、$\sum\limits_{i=1}^{l} h_{c,i}$、$\sum\limits_{i=1}^{l} h_{i,i}$、$\sum\limits_{i=1}^{l} h_{y_u,i}$、$\sum\limits_{i=1}^{l} h_{y_u,i}$ 和 $\sum\limits_{i=1}^{l} h_{y_m,i}$ 分别表示行业完全碳排放系数对能源二氧化碳总量影响的百分比，

最终消费规模对能源二氧化碳总量影响的百分比，投资规模对能源二氧化碳总量影响的百分比，净出口规模对能源二氧化碳总量影响的百分比，最终消费结构对能源二氧化碳总量影响的百分比，投资结构对能源二氧化碳总量影响的百分比，净出口结构对能源二氧化碳总量影响的百分比。

$h_{e,i}+h_{c,i}+h_{i,i}+h_{m,i}+h_{y_u,i}+h_{y_u,i}+h_{y_m,i}$ 表示行 i 对能源二氧化碳总量影响的百分比。

3.5 碳排放影响因素实证分析

3.5.1 数据整理

本章的目的是得到各个影响因素对能源二氧化碳排放的影响程度，为未来的碳减排提供历史经验，所以使用最近两年（2007，2010）的投入产出表进行影响因素的贡献率分析。详细数据来源如下：

（1）行业完全碳排放系数：由行业直接碳强度和列昂剔夫逆矩阵计算得到，行业直接碳强度由行业能源二氧化碳排放总量除以行业总产出得到，行业能源二氧化碳排放总量根据各行业能源消耗量和能源二氧化碳排放因子得到，行业能源消耗来自中国能源统计年鉴，行业总产出来自中国投入产出表，列昂剔夫逆矩阵通过中国投入产出表的直接消耗系数矩阵计算得到。

（2）最终消费产品结构：由中国投入产出表的最终消费列计算得到。

（3）资本形成行业结构：由中国投入产出表的资本形成总额列计算得到。

（4）净出口产品结构：由中国投入产出表的出口和进口列

计算得到。

（5）行业最终消费规模：来自中国投入产出表的最终需求列。

（6）行业资本形成总额：来自中国投入产出表的资本形成总额列。

（7）行业净出口：来自中国投入产出表的进口、出口列。

3.5.2 能源二氧化碳总量分解的分析

3.5.2.1 全国碳排放的影响性分析

从表 3.5 可以看出，仅第一产业和采掘业是抑制全国碳排放的，其余行业都在不同程度上引起全国碳排放的增加。其中装备制造业、建筑业和第三产业发展对全国碳排放的促进作用

表 3.5　　　　　　　　　行业总体影响率结果表

行业	行业总体影响率（%）
第一产业	−2.06
采掘业	−8.1
食品制造及烟草加工业	3.63
纺织服装制造业	7.04
石化业	1.9
金属冶炼业	6.32
装备制造业	33.65
电力、热力、燃气的生产和供应业	2.82
建筑业	30.59
第三产业	16.45

注：根据《中国统计年鉴》、"中国投入产出表"中的有关资料计算得到，并将行业进行适当合并，这里仅列出主要行业。

最为明显，影响率分别为 33.65%、30.59% 和 16.45%。虽然这三大产业的直接碳强度和完全碳强度并不突出，但是从我国经济发展的需要和趋势来看，大产业需求旺盛，房地产投资对我国经济的推动力不容忽视，而建筑业作为房地产业的上游产业，必然也会大力发展。装备制造业的繁荣说明我国已经进入了重工业化阶段，这是所有国家在经济由落后向发达迈进的必经之路，并且随着我国经济发展和人民生活水平的提高，消费结构逐步由基本消费需求向精神消费需求过渡，服务业比重的提高就是最好的说明。所以，正是由于这三大产业的繁荣发展和占比的提高使其成为推动我国碳排放的主要力量。从另一个角度来看，采掘业这一高碳排放行业却在一定程度上抑制了我国的碳排放。

从表 3.6 可以看出，技术进步作为碳减排的重要途径，其作用力已经显现出来；规模因素是我国碳排放增加的主力，其中，投资规模的影响程度最大，净出口规模反而有所降低而在一定程度上抑制了碳排放；结构因素对碳排放的抑制作用还未显现出来，其中，我国以高碳排放行业出口为主导的出口模型

表 3.6 　　　　　各因素对全国碳排放影响程度表

影响因素	影响程度（%）
技术进步（行业完全碳排放系数）	−23.14
消费规模	47.41
投资规模	63.79
净出口规模	−3.04
消费结构	−1.72
投资结构	−2.3
净出口结构	19

在很大程度上使我国承担了国际上过多的碳排放，这也说明我国通过调整进出口结构来达到碳减排的目的潜力非常巨大。

3.5.2.2　行业碳排放的影响性分析

（1）行业的规模影响率分析

从表 3.7 可以看出，采掘业、石化业和金属冶炼业这三大高碳强度行业的规模影响率都为负，说明其规模的缩减引起了行业碳排放的减少，其中又以石化业最为显著。

表 3.7　　　　规模影响率结果表　　　　单位：%

行业	消费规模影响率	投资规模影响率	净出口规模影响率	规模影响率
第一产业	255	35	−27	263
采掘业	16	12	−54	−25
食品制造及烟草加工业	103	7	29	139
纺织服装制造业	32	1	143	176
石化业	135	14	−757	−608
金属冶炼业	1	5	−111	−105
装备制造业	13	88	−42	59
电力、热力、燃气的生产和供应业	349	40	14	402
建筑业	1	142	1	143
第三产业	109	19	136	264

注：根据《中国统计年鉴》、"中国投入产出表"中的有关资料计算得到，并将行业进行适当合并，这里仅列出主要行业。

各行业消费规模影响率均为正，较大的行业主要是第一产业和电力、热力、燃气的生产和供应业，其消费规模影响率分别高达 255% 和 349%。这两大行业均与生产生活密切相关，是基本性需求。随着人口的增长和社会经济的发展，这些行业的消费规模必然增长，引起行业碳排放显著增加。

各行业投资规模影响率均为正，投资规模影响率相对较大的行业主要是建筑业和装备制造业，投资规模影响率分别为142%和88%。建筑业作为重要的下游产业，其蓬勃发展带动了大量的上游产业发展，对我国经济增长的贡献率比较大，因此国家仍在加大投资，从而使行业碳排放显著增加。而装备制造业作为我国工业发展的基础和我国制造业的核心组成部分，其发展为我国国民经济和国防建设提供了强有力的支撑，所以国家对其投资力度加大，从而引起行业碳排放明显上升。

各行业净出口规模影响率有正有负，负向较大的为石化业和金属冶炼业这两大高碳强度行业，净出口规模影响率分别为-757%和-111%，说明这两大行业的净出口规模有所缩减，引起行业碳排放减少。纺织服装业和第三产业的净出口影响率分别为143%和136%，纺织服装制造业行业附加值较低，净出口规模仍在增加，引起行业碳排放量明显上升。而第三产业作为生产与消费不可分离的行业，其净出口影响率为正，说明随着我国对外开放程度的加大，有更多的外国人来到我国，对第三产业产生大量需求，引起其行业碳排放明显上升。从这个角度来看，我国纺织服装制造业和第三产业的生产大量用于满足国外需求，承担了过多的国际碳排放。

（2）行业的结构影响率分析

从表3.8可以看出，第一产业、第三产业、采掘业、纺织服装制造业和建筑业的结构影响率为负，说明这些行业在我国产业结构中的比重有所降低，引起行业碳排放减少。因此，在我国工业化进程加快的大背景下，工业的总体比重仍在增加，工业仍是我国碳排放增加的主要因素，工业内部的结构调整也成为碳减排的重要途径。

表 3.8 结构影响率结果表 单位:%

行业	消费结构影响率	投资结构影响率	净出口结构影响率	结构影响率
第一行业	−191	−12	−3	−206
采掘业	−23	−20	−38	−81
食品制造及烟草加工业	34	2	−24	13
纺织服装制造业	−1	1	−46	−46
石化业	52	3	506	561
金属冶炼业	−1	14	151	164
装备制造业	2	20	30	52
电力、热力、燃气的生产和供应业	51	−30	−11	11
建筑业	3	−18	0	−15
第三产业	11	−5	−85	−79

注: 根据《中国统计年鉴》、"中国投入产出表"中的有关资料计算得到,并将行业进行适当合并,这里仅列出主要行业。

各行业消费结构的影响率有正有负,负向最大的为第一产业,消费结构影响率为−191%。随着经济的发展和收入水平的上升,人民的消费层次也会上涨,对第一产业的消费需求在全部消费中的比重会降低,使其行业碳排放减少,正向相对较大的为石化业与电力、热力、燃气的生产和供应业等基础性行业。

各行业投资结构影响率也有正有负。其中,对于采掘业与电力、热力、燃气的生产和供应业这两大高碳强度行业的投资占比有所降低,投资结构影响率分别为−20%和−30%,引起行业碳排放下降,但对石化业和金属冶炼业这两大高碳强度行业的投资占比仍有上升,投资结构影响率分别为3%和14%,使行业碳排放有所增加。

各行业净出口结构影响率也有正有负，影响率为正的集中在石化业、金属冶炼制造业和装备制造业三大行业上，净出口结构影响率分别为506%、151%和30%，这三大行业都属于高碳强度行业。从上文可知，虽然其净出口规模有所降低，但净出口占比仍在上升，使行业碳排放明显增加，使我国承担过多的国际碳排放，说明碳减排中进出口结构调整势在必行。

（3）行业的技术影响率分析

从表3.9可以看出，石化业、金属冶炼业和采掘业这三大高碳强度行业的技术影响率为正，分别为147%、40%和6%，说明技术进步在行业减排上还未起到作用，行业碳排放仍在上升。技术进步在促进碳减排中作用相对比较明显的行业为第一产业、第三产业与电力、热力、燃气的生产和供应业，技术影响率分别为-157%、-85%和-413%，而其余各工业行业技术进步均未起到降低碳排放的作用，说明我国工业的各个子行业仍有待提高技术水平。

表3.9 技术影响率结果表

行业	技术影响率（%）
第一行业	-157
采掘业	6
食品制造及烟草加工业	-52
纺织服装制造业	-30
石化业	147
金属冶炼业	41
装备制造业	-11
电力、热力、燃气的生产和供应业	-413

表3.9(续)

行业	技术影响率（%）
建筑业	-28
第三产业	-85

注：根据《中国统计年鉴》、"中国投入产出表"中的有关资料计算得到，并将行业进行适当合并，这里仅列出主要行业。

（4）行业碳排放增加的因素总结

根据各行业碳排放受规模、结构和技术三大因素影响程度的不同分别考察各个行业碳排放增加的原因。

从表3.10可以看出，10大行业碳排放的增加都受到规模因素较大程度的影响。随着我国经济的发展和人口的增长，对各类行业需求的绝对规模都会增加，从而引起各行业碳排放的明显上升。但是从最终需求的三大组成部分消费、投资和净出口规模来说，消费和投资是满足国内需求的，而净出口是满足国外需求的，当行业的净出口规模增加时相当于我国为国外需求进行了更大程度的环境买单，这显然是不利于我国减排的，在满足国内需求的规模下，应该尽量减少为国外需求承担过多碳排放的情况出现，所以对于食品制造业和纺织服装制造业等低附加值行业应该充分考虑其出口的环境成本，不应该为了使净出口这架马车充分带动经济而牺牲我国的环境。另外，由于我国对外开放程度的增加，大量非常住人口进入我国，挤占了我国对基本能源生产业、建筑业和第三产业的需求，所以，提高我国居民收入，扩大第三产业内需仍是应继续关注的方面。

表 3.10　　　　行业碳排放增加的主要影响因素表

行业	主要的规模影响因素	主要的结构影响因素	技术影响
第一产业	消费和投资规模增加	—	—
采掘业	消费和投资规模增加	—	技术进步不足
食品制造及烟草加工业	三大规模扩张	消费和投资比重增加	—
纺织服装制造业	三大规模扩张	投资比重增加	—
石化业	消费和投资规模扩张	三大比重增加	技术进步不足
金属冶炼业	消费和投资规模扩张	投资和净出口比重增加	技术进步不足
装备制造业	消费和投资规模扩张	三大比重增加	—
电力、热力、燃气生产供应业	三大规模扩张	消费比重增加	—
建筑业	三大规模扩张	消费比重增加	—
第三产业	三大规模扩张	消费比重增加	—

　　石化业、装备制造业和金属冶炼业的净出口比重增加是引起其行业碳排放上升的重要原因。虽然这三大行业的净出口规模有所缩减，在一定程度上抑制了行业碳排放，但是其在我国净出口总规模中的占比仍有上升，造成我国承担了过多国外消费的碳排放，并且这些行业的直接碳强度都比较高，应该成为我国出口结构调整中的重点行业。而对于食品制造业和纺织服装制造业，投资占比升高是引起行业碳排放增加的主要因素之一。投资是为了生产，生产是为了满足需求，并且这两大行业

投资带来的产出在很大程度上是用做出口需求，所以可以缩减投资以达到减少出口的目的。

采掘业、石化业和金属冶炼业三大高碳强度行业的技术进步并未抑制行业碳排放，说明三大行业的各种中间投入品的利用效率并未得到提升，甚至有所下降。随着工业化进程的加快，对这三大基础性工业行业的需求明显增强，为了满足大量的需求，粗放式生产更加明显，这几大行业仍是节能减排的重点行业。

3.5.3 实证结果总结

通过前文的分析，在我国今后的节能减排中应该吸取如下经验：

3.5.3.1 行业完全碳排放系数的变动对全国能源二氧化碳总量具有一定的抑制作用

行业完全碳排放系数对全国能源二氧化碳的影响程度占所有因素影响程度的比为-23.14%。行业完全碳排放系数从投入产出的角度全面衡量了能源二氧化碳排放权在生产中的利用效率，表示某个行业最终需求变动一单位直接和间接变动的能源二氧化碳总量。当行业完全碳排放系数减少的时候，表示某个行业最终需求增加一单位直接和间接增加的能源二氧化碳总量减少了，表明此行业对能源二氧化碳排放权的利用效率提高了，生产技术水平得到了进步。而当行业完全碳排放系数增加的时候，表示某个行业最终需求增加一单位直接和间接增加的能源二氧化碳上升了，表明此行业对能源二氧化碳排放权的利用效率降低了，生产技术水平倒退了。

3.5.3.2 规模因素是促进全国能源二氧化碳总量增加的主力军

规模因素包括最终消费规模、投资规模和净出口规模，三者对能源二氧化碳影响程度占比的加总即为规模因素对能源二氧化碳的总体影响程度占比（为108.16%）。其中，投资规模对全国能源二氧化碳的影响最大，影响程度占比为63.79%；其次是最终消费规模，影响程度占比为47.41%；净出口规模对全国能源二氧化碳的影响非常小，影响程度占比仅为-3.04%。经济规模扩张特别是投资规模和最终消费规模的大幅度增加，使我国能源二氧化碳总量明显上升，而净出口规模有所缩小，在一定程度上抑制了能源二氧化碳的增长。

近年来，我国经济快速增长。2005—2013年，我国国内生产总值年均实际增长14.7%，不仅远高于同期世界经济年均增速，而且比"十五"时期年平均增速快4.9个百分点。投资和最终消费对经济增长的推动作用越来越大，2005年投资和最终消费对国内生产总值的贡献率分别为38.5%和38.7%，2013年升高到47.8%和49.8%。而净出口对经济增长的贡献率却呈现逐步降低的趋势。为了满足我国快速增长的消费需求和投资需求，化石能源消耗总量也在不断上升，推动了我国能源二氧化碳总量的持续攀升。早在2010年，国际能源署就发布了中国已经超过美国成为全球第一能源国的消息，受到我国国家能源局的质疑。到2014年，随着我国经济发展对能源消费的新一轮扩张，我国已经无可置疑地成为世界第一大能源消费国和二氧化碳排放国。

3.5.3.3 结构因素引起全国能源二氧化碳上升

结构因素包括最终消费结构、投资结构和净出口结构。这三者对能源二氧化碳影响程度占比的加总即为结构因素对能源二氧化碳的总体影响程度占比（为14.98%）。其中，净出口结构促进了全国能源二氧化碳的增长，影响程度占比为19%。最终消费结构和投资结构均对全国能源二氧化碳具有抑制作用，但影响程度比较小，影响程度占比分别为-1.72%和-2.3%。

这说明我国结构调整在碳减排中的作用还未体现出来，特别是净出口结构，虽然为了减少我国承担的国际能源二氧化碳排放而减少了净出口规模，但是在碳减排中的作用有限。而净出口结构未得到根本性的转变，我国仍然是碳排放的国际净承担者。并且虽然国家在投资和消费方面做出了很多低碳引导的措施，但由于最终消费结构和投资结构在短期内具有一定的刚性，难以实现比较大的变动。所以，我国虽然可以通过调整最终消费结构和投资结构来达到碳减排的目的，但是这需要较长时间来实现，并需要相应的产业结构调整升级来配合，而我国急需调整净出口结构来进行碳减排。

3.5.3.4 农业和采掘业在一定程度上抑制了我国能源二氧化碳排放的增长

在所有行业中，仅农、林、牧、渔业和采掘业的能源二氧化碳具有降低趋势，对我国碳排放的影响率分别为 -2.06% 和 -8.1%，而装备制造业、建筑业和第三产业却较大程度促进了我国碳排放，影响率分别为 33.65%、30.59% 和 16.45%。

农、林、牧、渔业能源二氧化碳排放减少是因为其行业的完全碳排放系数减少，证明了第一产业生产效率显著提高。2014 年 1 月 22 日，中央农村工作领导小组副组长、办公室主任陈锡文，中央农村工作领导小组办公室副主任唐仁健在国务院新闻发布会上就说道，"最近十年来是中国农业机械化发展非常快、取得效益非常明显的一个时期。根据农业部门的统计，去年在耕地、品种和收获三个环节上，中国农业机械化综合利用水平达到了 59%。很明显，农业机械化的推进，第一提高了农业生产的效率，第二降低了劳动强度，由此也使整个农业效率有了明显的增加。"[1]

采掘业能源二氧化碳的减少是由于最终需求规模得到控制、最终需求结构得到调整。我国作为富煤国家，由于煤炭资源成本的低廉性，成为我国使用的主要化石能源，利用效率也很低。在国家的碳减排目标下，煤炭的开采、加工转化效率都有了一定程度的提高，并且我国也在积极调整能耗结构，降低煤炭的使用比重，取得了一定效果。从石油、天然气、金属矿、非金属矿和其他矿采选业来看，过去我国通过向国外出口大量矿物资源承担了较多的国际能源二氧化碳排放，还使我国矿产资源含量越来越少。近年来我国开始了从以矿产资源出口换取外汇的发展方式逐步向限制矿产资源出口保护环境的发展战略转变，在碳减排上取得了一定成效。

3.5.3.5 装备制造业、建筑业和第三产业成为促进我国碳排放的主力行业

这三大产业不仅最终需求有了大幅上升，而且其最终需求占比也有较大幅度上升，使其成为促使我国碳排放增加的主力军，但从这三大行业的碳强度来看，其实并不高。武汉大学经济发展研究中心教授简新华曾这样评价过中国的工业化过程，"发达国家工业化历程是先轻工业、后重工业、再发达工业，由于多方面因素的决定，中国走了一条先重工业、后轻工业、再重工业的发展道路，现在正进入一个重新重工业化的阶段"。其中装备制造业的加强就是重工业飞速发展的重要标志之一。而建筑业多年以来一直都是支撑我国经济发展的重要行业。在未

---

① 中华人民共和国中央人民政府. 农业机械化的推进使我国农业生产效率提高、劳动强度降低 [OB/EL]. (2014-1-22) http://www.gov.cn/wszb/zhibo607/content_2572610.htm.

来，"建筑业行业在国民经济中的地位依然稳固"①，其为我国创造了巨大的就业机会。而第三产业的飞速发展也是大势所趋，"今年来的数据释放出经济结构变化的三大信号：服务业占据GDP半壁江山，经济结构由工业主导向服务型主导转型的趋势更趋明显"②。

3.5.3.6 减少纺织服装制造业、食品制造及烟草加工业等低附加值行业的净出口规模

纺织服装制造业和食品制造烟草加工业都为低附加值行业，其大规模出口对我国经济发展虽具有一定的带动作用，但也使我国承担了过多的国际碳排放量，造成我国的环境污染，对我们实现全国碳减排目标是不利的。所以，这两大行业在满足国内需求的前提下应该限制其出口。一方面可以缩减对这两大行业的投资比重，以此抑制其大规模生产；另一方面可以将环境成本附加于出口产品的价格上，以此降低这两大行业由于价格低廉在国际市场竞争力较高的现状。

3.5.3.7 降低石化业、金属冶炼加工业和装备制造业的净出口比重

随着我国工业化进程的加快，石化业、金属冶炼加工业和装备制造业（以下简称三大行业）投资和消费规模有所扩大，挤占了三大行业的净出口规模，使规模因素在一定程度上抑制了三大行业的碳排放，但作用甚微，其在我国净出口结构中的比重仍有不断攀升趋势，造成行业碳排放的增加。所以，三大行业应该成为净出口结构调整中的关键。不但要尽量减少其净出口比重，为了满足国内需求，甚至可以逐步以进口替代本国

---

① 中国人才网. 2014年未来建筑行业发展前景展望［OB/EL］.（2015-05-27）http：//www. cnrencai. com/zhichangzixun/57244. html.

② 腾讯新闻. 中国经济轻装出发：服务业扩大"地盘".［OB/EL］.（2015-05-18）http：//finance. qq. com/a/20150518/008845. htm.

生产，以三大行业的净进口替代净出口现状。这不但有助于我国减排，也便于真正实现我国的产业升级，改变我国处于"世界加工厂"地位的现状。

3.5.3.8 加大对采掘业、石化业和金属冶炼业的技术改造力度

采选业、石化业和金属冶炼业仍是节能减排的重点行业。在大多数行业的完全碳排放系数降低、生产效率提高的同时，这几大行业的完全碳排放系数却仍在增加。一方面由于它们是我国工业化进程中的基础性行业，为了满足短期内的大量需求使其粗放式生产更加突出；另一方面由于这些行业生产技术的提高需要较高的资金成本和时间成本，在实际操作中生产者不愿意实施。所以，对于这类行业一方面国家应该给予一定的资金扶持，并严格监督其进行技术改造，降低碳排放强度；另一方面可以考虑逐渐将这类高污染行业的生产移出我国。

3.5.3.9 关注电力、热力、燃气的生产和供应业，建筑业和第三产业等消费敏感性行业的发展

对外开放程度的加大，一方面使我国的经济快速发展起来了，另一方面大量非常住人口的进入也使这三大行业的需求迅速增加。国外需求挤占国内需求使这三大行业承担了国际上较多的碳排放，这对我国是不利的，应该努力将国外需求转化为国内需求。那么提高居民收入，扩大居民消费就势在必行。

3.6 本章小结

本章通过投入产出法与因素分配分析法相结合，得到了影响全国能源二氧化碳总量的各个因素的影响程度。主要结论如下：

（1）经济规模扩张是我国能源消耗二氧化碳总量增加的主要原因。经济规模包括投资规模、最终消费规模和净出口规模，其总共引起能源二氧化碳总量较基期增加了 108.16%。我国 2005 年国内生产总值为 158 020.7 亿元，比 2000 年增长了 0.6 倍，这期间能源消费增长了 0.62 倍，能源二氧化碳排放增长了 0.61 倍；2013 年国内生产总值为 568 845.2 亿元，比 2005 年增长了 2.1 倍，能源消费增长了 0.67 倍，能源二氧化碳排放增长了 0.82 倍。可见，能源二氧化碳排放的增长是随着建立在能源消费基础上的经济增长而产生的。伴随中国经济的快速发展，能源消费也随之迅速增长。早在 2010 年，国际能源署就发布了中国已经超过美国成为全球第一能源消费国的消息，受到我国国家能源局的质疑。到 2014 年，随着我国经济发展对能源消费的新一轮扩张后，我国已经无可置疑地成为世界第一大能源消费国和二氧化碳排放国。并且对建筑业的大量投资和服务业最终消费规模的大幅度扩大是引起我国能源二氧化碳总量上升的主要因素。

（2）结构因素对我国能源二氧化碳的总体影响程度较小。结构因素包括最终消费结构、投资结构和净出口结构，引起能源二氧化碳上升了 14.98%，这说明我国结构调整对碳减排的作用还未体现，在长期中我国仍需要通过结构调整来实现碳减排。由于最终消费结构、投资结构和净出口结构在短期内都难以实现较大的变动，且对某些中上游基础性行业的需求不减反增都造成结构变动难以对能源二氧化碳总量产生较大影响。但随着我国经济进入新常态，经济结构调整成为主要发展方向。在未来，通过结构调整将是实现我国碳减排的重要途径。

（3）行业完全碳排放系数减小是抑制我国能源二氧化碳的主要原因，行业完全碳排放系数衡量了行业碳排放权的生产利用水平，行业完全碳排放系数的降低是我国实现节能减排的重要途径。从本章的研究可以看出，70%左右的行业都是由于技术进步而实现了减排，但采掘业、石化业和金属冶炼加工业技术仍未起到提高生产率的作用，而且这三大行业都是高碳排放行业。在未来，应该在国家的扶持下，淘汰落后产能，提高其生产效率。

4. 地区能源二氧化碳排放差异和影响因素的建模分析

由于各个地区的经济发展水平、产业结构和人口状况的不同，能源二氧化碳排放对各个因素的反应也会有所不同。为了实现全国能源二氧化碳控制的目的，必须深入分析各影响因素与地区能源二氧化碳排放之间的数量规律，为差异化的碳减排措施提供依据。本章从各省市能源二氧化碳排放总量和强度的差异化分析入手，分别从经济因素、人口因素、能源因素和技术因素四个方面寻求指标，并通过面板模型寻求地区能源二氧化碳排放差异的数量规律。

4.1 地区能源二氧化碳排放的差异性分析

4.1.1 地区能源二氧化碳总量差异分析

根据前面章节能源二氧化碳总量的测算公式，各个地区能源二氧化碳总量的计算公式如下：

$$COE_j = \sum_{i=1}^{n} q_{ji} \times d_i \times f_i \tag{4.1}$$

其中，COE_j 为第 j 个省市的能源二氧化碳排放总量，q_{ji} 为

第 j 个省市第 i 种能源的消费量①, d_i 为第 i 种能源的折标煤系数②, f_i 为第 i 种能源的二氧化碳排放因子。测算结果见表 4.1。

表 4.1　　　**各省市历年能源二氧化碳排放表**　单位：万吨

地区＼年份	2006	2007	2008	2009	2010	2011	2012	2013	增速（％）
北京	12 531	13 609	14 005	14 400	14 560	15 276	15 761	16 246	3.78
天津	13 474	14 303	14 011	15 147	19 210	19 924	20 155	21 387	6.82
河北	55 813	60 026	63 377	67 085	72 675	76 030	80 108	84 187	6.05
山西	50 628	52 309	52 044	51 688	54 946	54 728	55 529	56 331	1.54
内蒙古	30 725	35 326	42 122	45 698	50 189	55 602	60 532	65 462	11.41
辽宁	56 804	61 479	63 212	64 961	71 931	73 798	77 172	80 545	5.12
吉林	18 886	20 097	20 171	20 482	22 785	22 939	23 757	24 576	3.83
黑龙江	26 116	27 788	28 474	30 571	33 031	34 180	35 841	37 503	5.31
上海	25 475	26 086	27 442	27 462	29 739	30 212	31 202	32 193	3.40
江苏	48 504	51 982	53 053	56 104	62 885	64 371	67 659	70 948	5.58
浙江	33 975	37 382	38 282	40 151	43 310	45 052	47 196	49 340	5.47
安徽	18 557	20 586	23 248	25 439	26 965	29 460	31 627	33 794	8.94
福建	14 145	15 766	16 199	19 619	22 439	23 766	25 810	27 854	10.16
江西	12 043	12 918	13 101	13 796	16 095	16 285	17 183	18 082	5.98
山东	74 358	82 574	88 899	93 536	105 046	110 584	117 818	125 052	7.71
河南	40 652	44 956	46 317	47 282	51 382	53 254	55 632	58 011	5.21
湖北	25 141	28 028	28 173	30 163	33 415	34 589	36 457	38 326	6.21
湖南	21 915	24 141	23 716	24 879	26 476	27 183	28 169	29 155	4.16
广东	47 783	50 275	51 316	54 707	61 283	62 502	65 646	68 789	5.34
广西	10 490	11 965	11 868	13 158	16 237	16 550	17 818	19 087	8.93
海南	2 418	5 199	5 421	5 821	6 232	7 493	8 318	9 143	20.93
重庆	7 966	8 712	10 709	11 492	12 712	14 000	15 227	16 454	10.92
四川	19 988	22 614	25 200	28 316	29 000	32 141	34 514	36 887	9.15
贵州	17 263	18 502	17 372	18 880	19 144	19 474	19 888	20 302	2.34
云南	17 009	17 962	18 504	19 944	21 290	22 105	23 159	24 214	5.17

---

① q_i 来自《中国能源统计年鉴 2011》中各省市能源平衡表中各种能源的消费总量。

② d_i 来自《中国能源统计年鉴 2011》中的附录 4。

表4.1(续)

地区＼年份	2006	2007	2008	2009	2010	2011	2012	2013	增速（％）
陕西	20 492	22 605	25 319	27 688	32 318	34 305	37 178	40 052	10.05
甘肃	14 071	15 541	15 721	15 696	17 016	17 423	18 027	18 632	4.09
青海	2 345	2 689	3 384	3 413	3 506	3 981	4 286	4 590	10.07
宁夏	6 746	7 478	8 400	9 167	10 756	11 422	12 393	13 364	10.26
新疆	17 679	19 088	20 856	23 744	26 670	28 399	30 663	32 926	9.29
变异系数	17 645	18 988	19 912	20 686	22 886	23 789	25 108	26 447	—

从表4.1可以看出，各个省市碳排放总量差异较大。从横向对比来看，经济大省、人口大省和沿海地区的碳排放总量较中西部欠发达省份更高，2013年能源二氧化碳总量最高的山东省与能源二氧化碳排放最低的青海省相差27倍。除此之外，河北、山西、辽宁、江苏、河南和广东等经济规模大省的能源二氧化碳排放量均在全国靠前，2013年能源二氧化碳总量分别为84 187万吨、56 331万吨、80 545万吨、70 948万吨、58 011万吨和68 789万吨，而海南、青海和宁夏等省区的经济欠发达，其能源二氧化碳排放却非常少，2013年分别为9 143万吨、4 590万吨和13 364万吨。

从时间的推移来看，各地区碳排放总量均逐年上升，且碳排放的省际差异越来越明显，2006年碳排放总量的标准差为17 645万吨，到2013年就增加到了26 447万吨，增加了0.5倍，这说明各个省市的能源二氧化碳排放总量的差异仍然呈现扩大趋势。

从能源二氧化碳排放的年均增速来看，内蒙古、福建、海南、重庆、陕西、青海和宁夏的增速都达到两位数，分别为11.41%、10.16%、20.93%、10.93%、10.05%、10.07%和10.26%。中国煤炭工业协会发布2013年全国重点煤省前百位名单，提到"内蒙古以10.3亿吨位列全国十大重点产煤省份首位，7 个盟市进入全国重点产煤地（市）前 50 位"[1]，表明内蒙古作为我国资源丰富地区，其资源型工业行业的快速发展使其碳排放量增速较快，而海南、重庆、陕西、青海和宁夏作为西部的欠发达省市区近年来在国家西部大开发政策影响下得以快速发展，并且其碳排放基数不大，也使碳排放增速较快。

4.1.2 地区碳强度差异分析

为排除各省市碳排放总量受到地区经济规模的影响，现将各地区的碳强度进行对比分析。各省市能源碳强度的计算公式如下：

$$E_i = \frac{COE_i}{gdp_i} \tag{4.2}$$

其中，E_i 为地区 i 的碳强度，gdp_i 为地区 i 的地区生产总值。其结果见表 4.2。

表 4.2　　　　　各省市历年能源碳强度表　　单位：吨/万元

年份 地区	2006	2007	2008	2009	2010	2011	2012	2013
北京	1.54	1.38	1.26	1.18	1.03	0.91	0.79	0.67
天津	3.02	2.72	2.09	2.01	2.08	1.61	1.35	1.09
河北	4.53	4.41	3.96	3.89	3.56	3.33	3.09	2.84
山西	10.38	8.68	7.11	7.02	5.97	4.69	3.64	2.59
内蒙古	6.21	5.50	4.96	4.69	4.30	3.74	3.28	2.82
辽宁	6.10	5.51	4.62	4.27	3.90	3.19	2.62	2.06
吉林	4.42	3.80	3.14	2.81	2.63	1.99	1.53	1.08
黑龙江	4.20	3.91	3.42	3.56	3.19	2.95	2.71	2.47

---

① 国际煤炭网. 内蒙古位列全国十大重点产煤省份之首 [OB/EL]. （2014 -10-20）http：//coal. in-en. com/html/coal-2212994. shtml.

年份 地区	2006	2007	2008	2009	2010	2011	2012	2013
上海	2.41	2.09	1.95	1.83	1.73	1.52	1.35	1.19
江苏	2.23	2.00	1.71	1.63	1.52	1.28	1.10	0.92
浙江	2.16	1.99	1.78	1.75	1.56	1.42	1.27	1.13
安徽	3.04	2.80	2.63	2.53	2.18	2.04	1.84	1.64
福建	1.87	1.70	1.50	1.60	1.52	1.40	1.32	1.24
江西	2.50	2.23	1.88	1.80	1.70	1.41	1.21	1.01
山东	3.40	3.20	2.87	2.76	2.68	2.42	2.23	2.04
河南	3.29	2.99	2.57	2.43	2.23	1.90	1.63	1.36
湖北	3.30	3.00	2.49	2.33	2.09	1.72	1.41	1.10
湖南	2.85	2.56	2.05	1.91	1.65	1.29	0.98	0.68
广东	1.80	1.58	1.39	1.39	1.33	1.16	1.05	0.93
广西	2.21	2.05	1.69	1.70	1.70	1.46	1.32	1.19
海南	2.31	4.15	3.61	3.52	3.02	3.56	3.64	3.72
重庆	2.04	1.86	1.85	1.76	1.60	1.53	1.43	1.33
四川	2.30	2.14	2.00	2.00	1.69	1.62	1.48	1.35
贵州	7.38	6.42	4.88	4.83	4.16	3.13	2.32	1.52
云南	4.26	3.76	3.25	3.23	2.95	2.55	2.23	1.92
陕西	4.32	3.93	3.46	3.39	3.19	2.82	2.54	2.26
甘肃	6.18	5.75	4.96	4.63	4.13	3.56	3.04	2.52
青海	3.62	3.37	3.32	3.16	2.60	2.54	2.31	2.09
宁夏	9.29	8.14	6.98	6.77	6.37	5.35	4.63	3.91
新疆	5.81	5.42	4.99	5.55	4.90	4.83	4.66	4.49

从表4.2可以看出，除海南外，基本都呈现降低趋势，但差异也较大。山西、内蒙古、辽宁、黑龙江、甘肃和新疆等能源资源或者矿产资源丰富的地区碳强度较高，山西拥有丰富的煤炭资

源，内蒙古、新疆有丰富的石油和天然气资源，辽宁、甘肃有丰富的石油资源，黑龙江矿产储量丰富、品种齐全，是我国的矿业大省，而北京、上海、江苏、浙江等资源相对贫乏的发达地区碳强度较低。海南作为一个特殊的省份，是我国旅游业最为发达，旅游资源丰富，且极富特色的地区。根据前瞻产业研究院发布的《2014—2018 年中国旅游行业市场前瞻与投资战略规划分析报告》分析，"随着未来 10 年中国旅游业的快速发展，海南旅游业将迎来更多发展机会，吸引更多的投资者"[①]。旅游业的繁荣带动了其交通运输业和仓储、邮政业与批发、零售业和住宿、餐饮业的迅速发展，而这两大行业都属于碳强度较高的行业，其发展必然会带动海南省整体碳强度的上升。

4.1.3 地区人均碳排放差异分析

为排除各省市碳排放总量受到地区人口规模的影响，现将各地区的人均碳排放进行对比分析。其计算公式如下：

$$RE_i = \frac{COE_i}{R_i} \tag{4.3}$$

其中：RE_i 为地区 i 的碳强度，R_i 为地区 i 的年平均人口数。其结果见表 4.3。

表 4.3　　　　　　　各省市历年人均碳排放表　　　　单位：吨

地区＼年份	2006	2007	2008	2009	2010	2011	2012	2013
北京	7.83	8.12	7.91	7.74	7.42	7.57	7.62	7.68
天津	12.53	12.83	11.91	12.33	14.78	13.97	14.26	14.53

---

① 前瞻网. 海南旅游业发展前景十分广阔　未来旅游行业发展趋势分析 [OB/EL]. （2014－05－07）http：//bg. qianzhan. com/report/detail/300/140507－8c1be158. html.

表4.3(续)

地区 \ 年份	2006	2007	2008	2009	2010	2011	2012	2013
河北	8.09	8.65	9.07	9.54	10.10	10.50	10.99	11.48
山西	15.00	15.42	15.26	15.08	15.37	15.23	15.38	15.52
内蒙古	12.72	14.54	17.23	18.59	20.30	22.40	24.31	26.21
辽宁	13.30	14.30	14.65	14.96	16.44	16.84	17.58	18.35
吉林	6.94	7.36	7.38	7.48	8.30	8.34	8.64	8.93
黑龙江	6.83	7.27	7.44	7.99	8.62	8.91	9.35	9.78
上海	12.97	12.64	12.82	12.42	12.92	12.87	13.11	13.33
江苏	6.34	6.73	6.83	7.18	7.99	8.15	8.54	8.94
浙江	6.70	7.25	7.34	7.61	7.95	8.25	8.62	8.97
安徽	3.04	3.36	3.79	4.15	4.53	4.94	5.28	5.60
福建	3.95	4.36	4.45	5.35	6.08	6.39	6.89	7.38
江西	2.78	2.96	2.98	3.11	3.61	3.63	3.82	4.00
山东	7.99	8.82	9.44	9.88	10.96	11.47	12.17	12.85
河南	4.33	4.80	4.91	4.98	5.46	5.67	5.91	6.16
湖北	4.42	4.92	4.93	5.27	5.83	6.01	6.31	6.61
湖南	3.46	3.80	3.72	3.88	4.03	4.12	4.24	4.36
广东	5.06	5.20	5.19	5.40	5.87	5.95	6.20	6.46
广西	2.22	2.51	2.46	2.71	3.52	3.56	3.81	4.04
海南	2.89	6.15	6.35	6.74	7.18	8.54	9.38	10.21
重庆	2.84	3.09	3.77	4.02	4.41	4.80	5.17	5.54
四川	2.45	2.78	3.10	3.46	3.60	3.99	4.27	4.55
贵州	4.68	5.09	4.83	5.34	5.50	5.61	5.71	5.80
云南	3.79	3.98	4.07	4.36	4.63	4.77	4.97	5.17
陕西	5.54	6.10	6.81	7.43	8.65	9.17	9.91	10.64
甘肃	5.52	6.10	6.16	6.14	6.65	6.79	6.99	7.22

表4.3(续)

年份 地区	2006	2007	2008	2009	2010	2011	2012	2013
青海	4.28	4.87	6.10	6.12	6.22	7.01	7.48	7.94
宁夏	11.17	12.25	13.60	14.66	16.99	17.86	19.15	20.43
新疆	8.62	9.11	9.79	11.00	12.21	12.86	13.73	14.54

从表4.3可以看出，各地区的人均碳排放差异也比较大，发达地区人均碳排放量大，如天津、上海，2013年分别为14.53吨/人和13.33吨/人；能源资源丰富地区人均碳排放量大，如山西、内蒙古、新疆，2013年分别为15.52吨/人、26.21吨/人和14.51吨/人。

4.2 引起我国地区能源二氧化碳排放差异的因素分析

4.2.1 我国经济因素与地区碳排放差异

4.2.1.1 经济规模与地区碳排放差异

经济发展和经济结构都会引起我国地区碳排放的差异。从经济发展规模上来看，地区生产总值较大的河北省、江苏省、浙江省、山东省、河南省和广东省能源二氧化碳排放总量也处于全国靠前的水平。2013年这六大地区的地区生产总值分别为28 301.41亿元、59 161.75亿元、37 568.49亿元、54 684.33亿元、32 155.86亿元和62 163.97亿元，地区生产总值和能源二氧化碳总量的相关系数高达0.868，2013年这六大地区的生产总值占全国的比重为48%，碳排放总量也占到全国的38%。可见经济规模是引起地区碳排放差异的重要原因之一，我国建立在化石能源消耗基础之上的经济增长会显著地带动能源二氧化碳总量的增加。这主要是由于经济规模会受到最终需求规模的影响。当最终需求规模大量扩张时，为了满足需求生产规模也会大量扩张，从而造成能源二氧化碳总量的增加。学者们的研究也表明经济规模差异与地区碳排放差异密切相关，如谭丹、黄贤金（2008）就采用灰色关联度方法分析了东、中、西三大地区的生产总值和碳排放的关系，进而解释了碳排放存在区域差异的原因。

4.2.1.2 产业结构与地区碳排放差异

更多学者从经济结构的角度来解释地区碳排放的差异，经济结构在很大程度上反映了一个地区的经济发展水平。一般来说，较为发达的地区服务业占比都比较高，而欠发达地区的工业占比会更高，人们的生活水平和人均 GDP 会较低。所以，经济发展水平以及起支撑作用的产业结构差异会显著引起地区碳排放差异。

从经济发展水平上来看，经济发展水平的不同会引起地区居民最终需求的结构存在差异，进而使地区的产业结构存在差异。从上文的数据可以看出，人均 GDP 较高的北京、天津和上海能源碳强度并不高，这主要是由于这些地区居民对服务业的需求占比较高，而服务业的碳强度不高造成的。不同产业发展对化石能源消耗量不同会直接引起地区能源二氧化碳排放的差异，高碳排放行业占比较高的山西、辽宁、贵州、甘肃和宁夏的碳强度也处于全国较高水平。2013 年这五大地区的高碳排放行业占比都在 50% 以上，高碳排放行业占比与能源碳强度的相关性系数高达 0.774，高碳排放行业单位产值排放较多的能源二氧化碳会引起单位 GDP 的能源二氧化碳排放也比较多。

刘兰翠（2007）[①] 的研究表明，地区工业结构的差异是引起地区二氧化碳的主要原因之一；曾贤刚等人（2009）[②] 的研究表明，经济结构转型较早的省区碳减排效果较好，产业结构是引起碳排放差异的重要原因；邹秀萍等人（2009）[③] 的研究表明，中国碳排放呈现东南部低、中北部高、西北部低的空间分布格局，主要原因就是地区经济发展水平、产业结构存在明显差异；宋帮英等人（2010）[④] 也认为影响碳排放量的因素在省域上存在明显差异的原因之一是经济结构的不同；李国志等人（2010）[⑤] 认为不同区域的经济发展水平对碳排放量的弹性系数是不一样的；韩亚芬等人（2011）[⑥] 认为碳减排潜力与地区经济发展水平负相关，经济发展水平越高，碳减排潜力越小；仲云云、仲伟周（2012）[⑦] 认为经济发展水平对各地区碳排放的影响方向和程度不同，导致区域碳排放的异质性。

4.2.2 我国人口因素与地区碳排放差异

人口因素之所以会造成地区碳排放差异主要是由于人口规

---

① 刘兰翠. 我国二氧化碳减排问题的政策建模与实证研究 [D]. 合肥：中国科学技术大学，2006.

② 曾贤刚. 我国各省区 CO_2 排放状况、趋势及其减排对策 [J]. 中国软科学，2009（s1）：53-62.

③ 邹秀萍，陈劭锋，宁淼，等. 中国省级区域碳排放影响因素的实证分析 [J]. 生态经济，2009（3）：31-25.

④ 宋帮英，苏方林. 我国省域碳排放量与经济发展的 GWR 实证研究 [J]. 财经科学，2010（4）：41-48.

⑤ 李国志，李宗植. 中国二氧化碳排放的区域差异和影响因素研究 [J]. 中国人口·资源与环境，2010，20（5）：22-27.

⑥ 韩亚芬，孙根年，李琦，等. 基于环境学习曲线的中国省际碳排放及减排潜力分析 [J]. 河北北方学院学报，2011，3（6）：37-49.

⑦ 仲云云，仲伟周. 我国碳排放的区域差异及驱动因素分解——基于脱钩和三层完全分解模型的实证研究 [J]. 经济研究，2012，2（2）：123-133.

模和人口结构会直接作用于最终需求规模和最终需求结构，人口规模大的地区最终需求规模也会较大，城镇化进程快的地区对服务类行业的需求占比就会比较高。河北、江苏、山东、河南、广东等人口大省的能源二氧化碳排放总量比较高，2013 年这五大地区的人口规模分别为 7 333 万人、7 939 万人、9 733 万人、9 413 万人和 10 644 万人，占全国总人口的比重为 33%左右，城镇化率较高的北京和上海的能源碳强度并不高。2013 年这两大地区的碳强度分别为 0.67 吨/万元和 1.19 吨/万元，服务业占比分别为 76.9%和 62.2%，仅此两地的服务业占比超过了 50%。

学者们的研究也表明地区的人口状况差异是引起地区碳排放差异的重要原因。宋帮英等（2010）认为省域碳排放量与人口之间存在内生经济关系；李国志等（2010）认为不同区域人口对二氧化碳排放量的弹性系数是不一样的；宋德勇、徐安（2011）[1] 的研究表明，城市化进程不断推进对城镇碳排放的影响存在区域差异，这种影响程度的差异是导致城镇碳排放存在区域差异的主要原因。

4.2.3　我国能源因素与地区碳排放差异

为了碳减排，各个国家都在努力开发清洁能源，但由于资金和技术上的难题仍然未得到很好的解决。在未来很长一段时间内，化石能源仍然是主流，化石能源中各种类型能源的碳排放量也存在差异（见表 4.4），化石能源结构的不同会在一定程度上影响地区能源二氧化碳排放。所以，许多学者都认为我国以煤炭为主的化石能源消费结构是引起我国碳排放居高不下的

---

[1]　宋德勇，徐安. 中国城镇碳排放的区域差异和影响因素 [J]. 中国人口·资源与环境，2011，21（11）：8-14.

主要原因。当然各个地区由于能源禀赋不同，能源消耗成本有差异，碳排放也会有所不同。

表 4.4　　　　各种化石能源碳排放系数表　　　单位：kgC/kg

化石能源类型	中国的碳排放因子
原煤	0.960 3
焦炭	0.830 3
原油	0.836 3
汽油	0.870 0
煤油	0.844 2
柴油	0.861 6
燃料油	0.882 3
天然气	0.595 6

能源生产力是指能耗强度的倒数，反映了能源使用效率。从前文研究可见，能源二氧化碳排放增速较快的地区主要集中在西部地区，包括内蒙古、重庆、陕西、青海和宁夏等地。2013 年这五个地区的碳排放总量的增速分别为 11.41%、0.93%、10.05%、10.07% 和 10.26%。西部欠发达地区由于资源禀赋较好，技术水平较落后，能源使用效率相对较差，2013 年这五个地区的能源生产力分别为 0.49 万元/吨、0.36 万元/吨、0.38 万元/吨、0.25 万元/吨和 0.43 万元/吨，均处于全国较低水平。

学者们也认为地区能源结构的差异是引起地区碳排放差异的重要原因。王佳、杨俊（2014）[①] 认为，能源结构是地区二氧

---

　① 王佳、杨俊. 中国地区碳排放强度差异成因研究——基于 Shapley 值分解方法 [J]. 资源学, 2014, 36 (3): 557-566.

化碳强度差异的第二大贡献因素，对东、中、西部平均贡献率分别为21.07%、22.43%和21.08%；邓吉祥、刘晓、王铮（2014）[1] 的研究表明，京津、北部沿海和中部地区能源生产力的提高对碳排放的抑制作用最强，而东部沿海和南部沿海地区的抑制作用却比较弱，京津地区能源结构效应为负，西南、西北能源结构效应为正，而东北、中部、北部沿海、东部沿海和南部沿海地区能源结构效应对碳排放的影响受能源政策和宏观经济形式的影响较大。

4.2.4 我国技术因素与地区碳排放差异

从理论上来说，技术进步是进行碳减排最重要的途径之一，各个地区技术水平的不同会造成其碳排放的差异。从地区全要素生产率的测算来看，2012 年全要素生产率比较低的山西、内蒙古、甘肃、宁夏和新疆的能源碳强度比较高。2012 年山西、内蒙古、甘肃、宁夏和新疆的全要素生产率分别为 2.495、2.233 3、2.52、1.558 3 和 1.985 4，而能源碳强度分别为 3.64 吨/万元、3.28 吨/万元、3.04 吨/万元、4.63 吨/万元和 4.66 吨/万元。

4.2.5 影响因素总结

总的来看，经济发展、人口状况、能源消费和技术水平的不同是引起地区碳排放差异的主要原因，并且各个影响因素都与投入产出表中的最终需求相联系，经济发展规模和产业结构会受到最终需求规模和最终需求结构的影响，而最终需求规模和最终需求结构又会受到人口规模与人口结构的影响，并且投

---

① 邓吉祥，刘晓，王铮. 中国碳排放的区域差异及演变特征分析与因素分解 [J]. 自然资源学报，2014，29（2）：189-199.

入产出表中的直接消耗系数可以全面地反映生产技术水平。但是由于投入产出表每五年编制一次，数据间隔较大，不利于进行计量经济模型的建立。鉴于此原因，本章在建立计量模型的时候选择了与上一章分解因素相关的经济因素变量、人口因素变量、能源因素变量和技术进步因素变量。

4.3 能源二氧化碳排放总量的面板模型构建和分析

4.3.1 变量选择

（1）地区能源二氧化碳排放总量。2009 年哥本哈根会议上我国明确提出到 2020 年碳强度将比 2005 年降低 40%～45%，这也是促使我国加快节能减排的约束性指标。碳强度约束实际上对碳排放总量也进行了约束，要求碳排放总量以比经济增长更慢的速度增长，碳强度目标只是为保护经济增长的一个过渡性指标。长期来看，要真正保护环境实现碳减排还是必须要从碳排放总量控制入手，所以在这里选择了地区能源二氧化碳排放总量。该项数据通过中国历年能源统计年鉴和中国统计年鉴整理得到。

（2）地区生产总值。地区生产总值反映了一个地区的经济规模，经济规模大的地区对化石能源的消耗也可能会大一些。中国各个省市的经济发展规模存在较大的差异，本书选取不变价地区生产总值（以 1978 年为基期）来检验各个地区经济发展规模对能源二氧化碳排放总量的影响。该项数据来自历年中国统计年鉴。

（3）人均 GDP。人均 GDP 是反映地区经济发展水平的一个可比指标。由于各个地区的区域范围大小不一，造成经济总量不同，经济总量大的地区经济并不一定很发达，所以人均 GDP 是衡量经济发展水平一个较好的指标。该项数据通过历年中国统计年鉴中地区生产总值和地区年平均人口数之比得到，地区年平均人口数通过首末折半法算出。

（4）高碳排放行业总产值与工业总产值之比。工业内部产业结构对能源二氧化碳排放的影响不容忽视，因为工业内部各行业的直接碳强度差异非常大，所以工业对碳排放的影响更多地体现在工业内部高碳排放行业上。由于工业内部各子行业的增加值数据没有，所以只有用总产值数据来代替。该项数据根据历年中国工业经济统计年鉴中各地区各工业子行业总产值与工业总产值之比计算得到。

（5）地区人口规模。从经济学原理来看，需求是供给的原动力，所以人口规模可能会通过影响需求规模，进而影响到生产规模而影响二氧化碳排放。本书选取地区年平均人口数，进一步检验各个地区人口规模是否显著引起地区能源二氧化碳排放的差异。该项数据通过历年中国统计年鉴整理得到。

（6）城镇人口占比。城镇化进程的持续推进，导致大规模人口在生产和生活方式上的根本性变化，农村人口向城市居民的转变需要庞大的基础设施建设配合，需要以钢筋水泥构筑的城市扩张和新城镇建设，需要工业规模扩张以容纳农村转移到城镇的产业工人，所以选择城镇人口占比这个指标来衡量城镇化率。该项数据通过历年中国统计年鉴和中国人口与就业统计年鉴整理得到。

（7）能源生产力。能源生产力表示的是能耗强度的倒数，是单位能源消耗带来的 GDP，代表了能源的生产效率。中国改革开放以来，能源生产力经历了三个发展阶段。第一阶段是1978—2000 年。这一时期，由于改革开放给中国经济带来新的能量和工业结构的调整，能源生产力持续上升。第二个阶段是2001—2004年。这一时期，政府通过加大投资和基础设施建设，使经济以粗放的方式增长，能源利用效率降低，能源生产力降低。第三个阶段是2005年至今，这一时期，政府开始强制控制能耗强度，将能耗强度降低20%。可见，能源利用效率提高是中国节能减排的重要途径。该项数据通过历年中国能源统计年鉴中各地区能耗总量和中国统计年鉴中各地区生产总值得到。

（8）煤炭消费占一次能源之比。煤炭在中国能源消费中占有绝对地位。历年来，中国煤炭消费都占一次能源消费的七成以上。由于煤炭成本低，利用水平较低，煤炭消费比重通过影响碳强度而影响二氧化碳排放，所以选取煤炭消费占一次能源消费的比重来研究能源结构与碳排放的关系。该项数据通过历年中国统计年鉴和中国能源统计年鉴加工得到。

（9）全要素生产率。由于投入产出表中的直接消耗系数时间间隔过长，难以转换成时间序列，所以在这里选择全要素生产率作为衡量技术进步的指标。该项数据的计算方法见前文。

变量名称表见表4.5。

表4.5　　　　　　　　　　　　**变量名称表**

代码	变量名	代码	变量名
COE	地区能源二氧化碳排放	RU	地区城镇人口占比
GDP	地区生产总值	EI	地区能源生产力
RGDP	人均 GDP	ES	煤炭消费占一次能源比重
CS	地区高碳排放行业总产值与工业总产值之比	T	全要素生产率
RK	地区年末人口		

4.3.2 模型的初始设定

在分析引起地区碳排放差异的影响因素时适用面板模型，面板模型又分为个体效应模型、时间效应模型和两种效应的结合。本章拟研究各个因素如何造成地区能源二氧化碳排放的差异，而不考虑各因素对地区碳排放影响的阶段性有何不同，所以仅在个体效应面板模型中进行模型形式的选择。模型的初始设定形式如下：

$$coe_{it} = \alpha_i + \beta_{1i}GDP_{1it} + \beta_2 RGDP_{2it} + \beta_3 CS_{3it} + \beta_4 RK_{4it} + \beta_5 RU_{5it} + \beta_6 EI_{6it} + \beta_7 ES_{7it} + \beta_8 T_{8it} + \mu_{it} \tag{4.4}$$

其中，coe 为地区能源二氧化碳排放，GDP 为地区生产总值，$RGDP$ 为地区人均 GDP，CS 为高碳排放行业占比，RK 为地区年末人口，RU 为地区城镇人口占比，EI 为地区能源生产力，ES 为地区煤炭消费占比，t 为地区全要素生产率，T 为 10 年。

4.3.3 选择面板主成分回归的原因

从表 4.6 可以看出，在 5% 的显著度下，大多数变量间都存在一定程度的相关关系，直接把八个变量全部引入模型会存在多重共线性。若进行变量的筛选也会比较困难，难以选出相关关系不显著的变量引入模型，而且容易遗漏重要变量。

人均 GDP 和城镇人口占比的相关系数为 0.891，为两两相关系数中最高的，并且城镇人口占比与其余七个变量两两间的相关性检验都显著。为了使样本数据的自由度足够估计变系数模型，纳入除城镇人口占比外的其余七个变量进入变系数模型。

从表 4.7 中的检验结果来看，有 48.6% 的回归系数在 5% 的显著度下未通过 T 检验，但整个模型的 F 检验 P 值为 0，说明整个模型的拟合效果还不错。虽然面板模型能在一定程度上降低变量间的多重共线性，但从本模型的估计结果来看，整个模型的拟合优度较好。大量的回归系数不显著，表明解释变量间仍然存在多重共线性。当主成分分析研究多纬变量时，这些变量又存在显著相关关系。而这种相关性会影响到分析结果，通过降纬的方式既避免了变量间相关性对分析的影响，又保留了原有的所有信息，所以本章选择将主成分分析与面板回归模型相结合。

表 4.6　　　　　　　　　指标的相关系数表

		地区生产总值	人均GDP	高碳行业占比	人口规模	城镇人口占比	能源生产力	煤炭消费占比	全要素生产率
地区生产总值	相关系数	1	0.38	−0.436	0.746	0.312	0.371	−0.078	0.469
	P值		0.000 0	0.000 0	0.000 0	0.000 0	0.000 0	0.228	0.000 0
人均GDP	相关系数	0.38	1	−0.38	−0.101	0.891	0.647	−0.315	0.448
	P值	0.000 0		0.000 0	0.118	0.000 0	0.000 0	0.000 0	0.000 0
高碳行业占比	相关系数	−0.436	−0.38	1	−0.383	−0.318	−0.728	0.381	−0.322
	P值	0.000 0	0.000 0		0.000 0	0.000 0	0.000 0	0.000 0	0.000 0
人口规模	相关系数	0.746	−0.101	−0.383	1	−0.234	0.184	0.091	0.111
	P值	0.000 0	0.118	0.000 0		0.000 0	0.004	0.161	0.086
城镇人口占比	相关系数	0.312	0.891	−0.318	−0.234	1	0.589	−0.336	0.515
	P值	0.000 0	0.000 0	0.000 0	0.000 0		0.000 0	0.000 0	0.000 0
能源生产力	相关系数	0.371	0.647	−0.728	0.184	0.589	1	−0.547	0.46
	P值	0.000 0	0.000 0	0.000 0	0.004	0.000 0		0.000 0	0.000 0
煤炭消费占比	相关系数	−0.078	−0.315	0.381	0.091	−0.336	−0.547	1	−0.217
	P值	0.228	0.000 0	0.000 0	0.161	0.000 0	0.000 0		0.001
全要素生产率	相关系数	0.469	0.448	−0.322	0.111	0.515	0.46	−0.217	1
	P值	0.000 0	0.000 0	0.000 0	0.086	0.000 0	0.000 0	0.001	

表 4.7　　　　　　　　　变系数模型的估计结果

地区	地区生产总值前回归系数的显著性检验P值	人均GDP前回归系数的显著性检验P值	高碳排放行业占比前回归系数的显著性检验P值	人口规模前回归系数的显著性检验P值	煤炭消费占比前回归系数的显著性检验P值	能源生产力前回归系数的显著性检验P值	全要素生产率前回归系数的显著性检验P值
北京	0.101 6	0.000 0	0.000 6	0.067 8	0.089 7	0.392 3	0.094 5

表4.7(续)

地区	地区生产总值前回归系数的显著性检验P值	人均GDP前回归系数的显著性检验P值	高碳排放行业占比前回归系数的显著性检验P值	人口规模前回归系数的显著性检验P值	煤炭消费占比前回归系数的显著性检验P值	能源生产力前回归系数的显著性检验P值	全要素生产率前回归系数的显著性检验P值
天津	0.617 8	0.835 3	0.833 4	0.000 0	0.840 2	0.519 9	0.597 3
河北	0.588 0	0.682 5	0.931 5	0.056 9	0.932 4	0.668 3	0.623 1
山西	0.365 2	0.271 8	0.305 7	0.081 5	0.200 4	0.424 1	0.580 7
内蒙古	0.947 0	0.733 7	0.453 7	0.070 2	0.097 7	0.106 8	0.615 5
辽宁	0.000 0	0.000 0	0.000 1	0.085 9	0.000 0	0.084 2
吉林	0.000 0	0.000 0	0.000 1	0.000 0	0.120 6	0.000 0	0.000 0
黑龙江	0.085 3	0.038 4	0.083 3	0.196 5	0.101 1	0.390 3	0.218 0
上海	0.778 9	0.363 0	0.348 8	0.000 0	0.391 3	0.341 4	0.389 6
江苏	0.008 1	0.053 8	0.219 7	0.054 4	0.059 6	0.061 3	0.065 1
浙江	0.000 0	0.000 0	0.000 0	0.078 6	0.000 0	0.157 0	0.095 0
安徽	0.298 4	0.321 5	0.351 9	0.054 2	0.135 1	0.106 2	0.238 0
福建	0.066 8	0.063 9	0.067 5	0.000 0	0.050 5	0.060 7	0.289 9
江西	0.470 5	0.371 3	0.251 7	0.000 0	0.562 1	0.853 3	0.097 6
山东	0.054 1	0.092 1	0.938 3	0.136 9	0.080 0	0.050 7	0.137 5
河南	0.283 1	0.167 0	0.221 6	0.064 8	0.421 1	0.473 3	0.916 5
湖北	0.227 9	0.053 6	0.935 2	0.072 8	0.427 8	0.157 1	0.083 1
湖南	0.172 4	0.065 2	0.000 0	0.094 3	0.070 2	0.000 0	0.099 9
广东	0.000 0	0.000 0	0.098 8	0.000 0	0.000 0	0.123 6	0.000 0
广西	0.072 5	0.078 3	0.089 9	0.140 1	0.062 7	0.087 5	0.111 0
海南	0.162 8	0.089 0	0.090 1	0.000 0	0.862 8	0.107 2	0.134 6
重庆	0.069 0	0.060 6	0.131 1	0.084 2	0.080 6	0.342 7	0.085 4
四川	0.813 2	0.697 6	0.763 5	0.064 4	0.341 2	0.327 3	0.538 1
贵州	0.091 7	0.000 3	0.318 5	0.069 2	0.000 0	0.061 6	0.082 2
云南	0.165 0	0.257 3	0.091 2	0.069 9	0.056 6	0.718 1	0.931 6
陕西	0.072 4	0.061 9	0.050 5	0.080 1	0.639 1	0.000 0	0.276 8
甘肃	0.732 3	0.506 8	0.875 4	0.811 9	0.735 4	0.867 5	0.641 0
青海	0.078 2	0.170 1	0.075 1	0.000 0	0.923 0	0.234 4	0.051 4

表4.7(续)

地区	地区生产总值前回归系数的显著性检验 P 值	人均 GDP 前回归系数的显著性检验 P 值	高碳排放行业占比前回归系数的显著性检验 P 值	人口规模前回归系数的显著性检验 P 值	煤炭消费占比前回归系数的显著性检验 P 值	能源生产力前回归系数的显著性检验 P 值	全要素生产率前回归系数的显著性检验 P 值
宁夏	0.975 4	0.907 1	0.496 0	0.000 0	0.067 7	0.056 2	0.071 4
新疆	0.000 0	0.000 0	0.009 5	0.087 4	0.000 2	0.148 9	0.546 7

4.3.4 主成分的提取

一般在提取主成分时针对的是截面数据, 没有时间信息, 而本书采用的是面板数据, 既有来自于不同个体的信息, 又有来自于时间的信息, 所以, 直接对混合数据序列提取主成分。这样提取的主成分既保留了原始变量的时间维度, 又保留了原始变量的空间维度。提取过程如下:

4.3.4.1 KMO 和 Bartlett 的检验

主成分分析的前提有两个: 一个是多个变量间存在相关性, 如果没有相关性就无法提取出其中的重叠信息; 另一个是变量间不存在信息的完全重叠, 如果信息完全重叠就会使求解主成分时的特征根几乎为零。所以, 为了保证主成分分析结果合理, 必须进行 KMO 和 Bartlett 的检验。

KMO 统计量是通过比较各变量间简单相关系数和偏相关系数的大小来判断变量间的相关性, 相关性强, 偏相关系数远小于简单相关系数, KMO 接近于 1, 一般来说, 结果只要高于 0.7 就可以。

Bartlett 的检验是通过检验相关阵是不是单位阵的方式来判断变量间是否相关, 原假设相关系数矩阵是单位阵, 即变量独立。

其检验结果见表4.8。

表 4.8 　　　　　　　　KMO 和 Bartlett 的检验结果表

取样足够度的 kaiser-meyer-olkin 度量		0.731
Bartlett 的球形度检验	近似卡方	1 424.283
自由度	df	28
P 值	Sig.	0

从检验的结果来看，KMO 统计量为 0.731，且 Bartlett 检验的 P 值为 0，说明了原始变量存在较强的相关性，适合做主成分分析。

4.3.4.2 主成分个数的确定

在确定主成分个数的时候既要保证涵盖足够多的信息，又要使选取的主成分尽量少，以减少分析工作量，这样的降纬才有意义。确定主成分个数的方法主要有两种：一是基于特征根值抽取主成分，一般来说会选择特征根值大于 1 的主成分；二是根据主成分的方差贡献率和累计方差贡献率来确定主成分个数。特征根反映了第 i 个主成分能够包含的原始数据的信息量的大小，其与特征根和之比反映了各主成分贡献的大小。方差贡献率越大，表明主成分综合原始变量信息的能力越强，那么在确定主成分数量时只需要保证所选主成分能够囊括原始变量 80% 以上的信息就可以了。本书根据第二种方法抽取主成分。其结果见表 4.9。

表 4.9 　　　　　　　　主成分解释的总方差表

成分	初始特征根			提取平方和载入		
	合计	方差的百分比	累积的百分比	合计	方差的百分比	累积的百分比
1	3.743	46.782	46.782	3.743	46.782	46.782
2	1.791	22.388	69.170	1.791	22.388	69.170

表4.9(续)

成分	初始特征根			提取平方和载入		
	合计	方差的百分比	累积的百分比	合计	方差的百分比	累积的百分比
3	1.035	12.938	82.109	1.035	12.938	82.109
4	0.592	7.403	89.512	0.592	7.403	89.512
5	0.480	5.996	95.507	0.480	5.996	95.507

从表4.9可以看出，为了涵盖原始变量中更多的信息，本书提取了5个主成分。当提取5个主成分的时候，原始变量中有95.5%的信息被提取出来，基本上可以包含原始变量的全部信息。

4.3.4.3 主成分的提取

在提取主成分的时候必须通过因子分析的因子载荷阵计算得到。主成分提取的计算公式为：

$$L_i = \sum_j \mu_{ij} Z_j \qquad (4.5)$$

其中，L_i 表示第 i 个主成分，μ_{ij} 表示特征根所对应的特征向量，Z_j 表示第 j 个原始解释变量。μ_{ij} 的计算公式为：

$$\mu_{ij} = a_{ij} / \sqrt{\lambda_j} \qquad (4.6)$$

其中，a_{ij} 表示因子载荷矩阵中第 i 行第 j 列的元素，λ_j 表示第 j 个特征根。因子载荷矩阵见表4.10。

表4.10　　　　　　　　　因子载荷矩阵表

变量	1	2	3	4	5
gdp	0.287	0.885	0.136	−0.025	0.247
rgdp	0.932	0.065	0.161	−0.128	0.155
cs	−0.174	−0.259	−0.916	0.186	−0.108

表4. 10(续)

变量	1	2	3	4	5
rk	−0. 212	0. 933	0. 193	0. 065	0. 000
ru	0. 915	−0. 050	0. 120	−0. 146	0. 255
ei	0. 427	0. 149	0. 491	−0. 329	0. 197
es	−0. 166	0. 046	−0. 177	0. 961	−0. 073
t	0. 277	0. 156	0. 115	−0. 081	0. 934

表4. 10 中的变量由上到下分别表示地区生产总值、人均GDP、高碳排放行业占比、地区年末人口、地区城镇人口占比、地区能源生产力、地区煤炭消费占比、地区全要素生产率。由上面的因子载荷矩阵可以得到特征根所对应的特征向量。其结果见表4. 11。

表4. 11 特征向量表

第一主成分的特征向量	第二主成分的特征向量	第三主成分的特征向量	第四主成分的特征向量	第五主成分的特征向量
0. 195 9	0. 663 9	0. 123 6	−0. 023 3	0. 238 3
0. 635 8	0. 048 6	0. 145 8	−0. 121 3	0. 149 3
−0. 118 3	−0. 194 3	−0. 829 3	0. 176 2	−0. 104 4
−0. 144 6	0. 700 2	0. 174 6	0. 061 8	0. 000 2
0. 623 8	−0. 037 6	0. 108 4	−0. 138 2	0. 245 4
0. 291 3	0. 111 6	0. 444 2	−0. 311 3	0. 190 0
−0. 112 9	0. 034 3	−0. 159 8	0. 909 9	−0. 070 1
0. 189 1	0. 117 0	0. 103 7	−0. 076 9	0. 899 3

特征向量与各个地区各个时间点原始解释变量的乘积就可

以得到主成分变量了，下面分别定义为 L_1、L_2、L_3、L_4 和 L_5：

$$L_1 = 0.195\ 9gdp + 0.635\ 8rgdp - 0.118\ 3cs - 0.144\ 6rk + 0.623\ 8ru$$
$$+ 0.291\ 3ei - 0.112\ 9es + 0.169\ 1t \tag{4.7}$$

$$L_2 = 0.663\ 9gdp + 0.048\ 6rgdp - 0.194\ 3cs + 0.700\ 2rk - 0.037\ 6ru$$
$$+ 0.111\ 6ei + 0.034\ 3es + 0.117t \tag{4.8}$$

$$L_3 = 0.123\ 6gdp + 0.145\ 8rgdp - 0.829\ 3cs + 0.174\ 6rk + 0.108\ 4ru$$
$$+ 0.444\ 2ei - 0.159\ 8es + 0.103\ 7t \tag{4.9}$$

$$L_4 = 0.023\ 3gdp - 0.121\ 3rgdp + 0.176\ 2cs + 0.061\ 8rk - 0.138\ 4ru$$
$$- 0.311\ 3ei - 0.909\ 9es - 0.076\ 9t \tag{4.10}$$

$$L_5 = 0.238\ 3gdp - 0.149\ 3rgdp - 0.104\ 4cs + 0.000\ 2rk + 0.245\ 4ru$$
$$+ 0.190\ 0ei - 0.070\ 1es + 0.899\ 3t \tag{4.11}$$

这五个主成分变量也是面板数据，既具有时间维度又具有空间维度。从表4.11可以看出：第一主成分提取了人均GDP和城镇人口占比两个变量的绝大部分信息。第二主成分提取了地区生产总值和人口规模两变量的绝大部分信息。第三主成分提取了高碳排放行业占比和能源生产力两个变量的绝大部分信息。由前文的分析可以得知，高碳排放行业占比较高的地区多集中在能源资源和矿产资源丰富的中西部欠发达地区，这些地区相应的能源生产力也比较差。第四主成分提取了煤炭消费占比这一变量的绝大部分信息。第五主成分提取了全要素生产率这一变量的绝大部分信息。所以认为，第一主成分反映了地区的经济发展水平，第二主成分反映了地区的规模指标，第三主成分反映了地区能源生产力和产业结构，第四主成分反映了能源消费结构，第五主成分反映了地区全面技术进步的变量。

4.3.5 面板主成分回归模型的构建和估计

在提取了五个主成分之后，就可以以这五个主成分作为新的解释变量进行面板模型的构造和估计了。这时的五个自变量相互独立，且可以涵盖原始变量的绝大部分信息，因变量为地区能源二氧化碳排放总量，以 coe 表示，自变量分别为 L_1、L_2、L_3、L_4 和 L_5，表示上一步所提取的五个主成分变量。

4.3.5.1　模型的设定

根据截距项向量和系数向量的不同限制要求，面板模型形式有以下三种：

（1）不变系数模型：$y_i = \alpha + x_i\beta + \mu_i$，$i = 1$，2，$\cdots\cdots N$

不变系数模型假设在个体成员上既无个体影响也没有结构变化，即对于所有的个体成员，截距项和系数项都相同，这样的模型也被称为联合回归模型。将所有个体成员的时间序列数据堆积在一起作为样本数据，利用普通最小二乘法便可以求出参数。

（2）变截距模型：$y_i = \alpha_i + x_i\beta + \mu_i$，$i = 1$，2，$\cdots\cdots N$

变截距模型假设在个体成员上存在个体影响，但无结构变化，个体影响即是用截距项的不同来表示。从估计方法的角度，有时也称该模型为个体均值修正回归模型。

（3）变斜率模型：$y_i = \alpha + x_i\beta_i + \mu_i$，$i = 1$，2，$\cdots\cdots N$

变斜率模型表示存在结构变化而不存在个体影响。

（4）变系数模型：$y_i = \alpha_i + x_i\beta_i + \mu_i$，$i = 1$，2，$\cdots\cdots N$

变系数模型假设在个体成员上既存在个体影响，又存在结构变化，即是说所有个体的截距项和系数项都不同，也称无约束模型。

建立面板模型的第一步就是要选择合适的模型形式，从而避免模型设定的偏差，改进参数估计的有效性。若残差项满足同方差的假定条件，则应用 F 检验进行模型形式的选择，所以首先需要进行异方差的检验。检验的模型形式为：

$$e^2 = \sum_{i=1}^{5} \alpha_i L_i + \sum_{\substack{i,\,j=1 \\ i \neq j}}^{5} \alpha_{ij} L_i L_j \tag{4.12}$$

把 POOLED 模型估计结果中残差项 e^2 的平方作为因变量，同时除五个主成分变量外，再把自变量间两两的乘积作为自变量重新估计模型。从上述模型估计的 F 检验来看，P 值为 0.18，说明整个模型的估计结果并不显著，残差项不随自变量的变动而变化，可以认为残差项满足同方差的假定。所以，本书利用 F 检验进行模型选择是合理的。

同时，为了进一步减少异方差的影响，在利用 F 检验的时候模型估计中权重一栏选择 cross-section weights。具体检验过程如下：

第一步，原假设模型的正确形式是联合回归模型，即不变系数模型（联合回归模型）。

检验统计量为 F 统计量：

$$F = \frac{\left(\begin{array}{c}\text{有约束回归} \\ \text{残差平方和}\end{array} - \begin{array}{c}\text{无约束回归} \\ \text{残差平方和}\end{array}\right)/\text{约束条件个数}(N-1)(K+1)}{\text{无约束回归残差平方和}/[N(T-K-1)]}$$

其中，有约束回归是联合回归模型，无约束回归是各个个体成员数据分别做的回归模型。N 为个体成员个数，T 为每个个体成员数据的时间长度，K 为斜率向量数。若接受原假设，则正确的模型为联合回归模型。若拒绝原假设，则有三种可能：一是截距项和斜率项都随个体变化，二是只有截距项随个体变化，三是只有斜率项随个体变化。其检验结果为：

$$F_1 = \frac{(25\ 100\ 000\ 000 - 83\ 252\ 735.09)\ /\ [\ (30-1)\ \times\ (5+1)\ ]}{83\ 252\ 735.09/\ [\ 30\times\ (10-5-1)\ ]} = 207.2$$

$$(4.13)$$

临界值为：$F_{0.05}$（174，120）= 1.25。所以，拒绝原假设，进行第二步检验。

第二步，原假设在允许截距项可不完全相同的前提下认为斜率项完全相同，即变截距模型。

检验统计量仍然是 F 统计量：

$$F=\frac{\left(\begin{array}{l}\text{有约束回归}\\\text{残差平方和}\end{array}-\begin{array}{l}\text{无约束回归}\\\text{残差平方和}\end{array}\right)/\text{约束条件个数}\left[(N-1)K\right]}{\text{无约束回归残差平方和}/\left[N(T-K-1)\right]}$$

其中，有约束回归为存在个体效应的误差回归模型，无约束回归为各个个体成员数据分别建立的回归模型。若接受原假设，则正确的模型形式为变截距模型。若拒绝原假设，则存在两种可能性：一是截距项相同，斜率项随个体变化；二是截距项和斜率项都随个体变化。其检验结果为：

$$F=\frac{(4\,570\,000\,000.00-83\,252\,735.09)\ /\ \left[\ (30-1)\ \times5\right]}{83\,252\,735.09/\ \left[30\times(10-5-1)\ \right]}=44.6$$

$$(4.14)$$

临界值为：$F_{0.05}(145,\ 120)=1.25$。所以，拒绝原假设，进行第三步检验。

第三步，原假设在允许斜率项可不完全相同的前提下检验截距项完全相同，即变斜率模型。

检验统计量仍然是 F 统计量：

$$F=\frac{\left(\begin{array}{l}\text{有约束回归}\\\text{残差平方和}\end{array}-\begin{array}{l}\text{无约束回归}\\\text{残差平方和}\end{array}\right)/\text{约束条件个数}(N-1)}{\text{无约束回归残差平方和}/\ \left[N\ (T-K-1)\ \right]}$$

有约束回归为截距相同、斜率不同的回归模型，无约束回归为各个个体成员数据分别建立的回归模型。若接受原假设，则正确的模型形式为变斜率模型，否则为变系数模型。其检验结果为：

$$F=\frac{(224\,000\,000.00-83\,252\,735.09)\ /\ (30-1)}{83\,252\,735.09/\ \left[30\times(10-5-1)\ \right]}=6.99$$

$$(4.15)$$

临界值为：$F_{0.05}(29,\ 120)=1.25$。所以，拒绝原假设，认为变系数模型更合适。

在确定模型是固定效应还是随机效应时，使用 hausman 检验，首先建立随机效应模型，然后检验该模型是否满足个体影响与解释变量不相关的假定。如果满足就认为正确的模型是随机效应模型，否则认为是固定效应模型。其检验统计量为：

$$w = [b - \hat{\beta}]' \sum{}^{-1} [b - \hat{\beta}] \tag{4.16}$$

其中，b 为固定影响模型中回归系数的估计结果，$\hat{\beta}$ 为随机影响模型中回归系数的估计结果，$\sum$ 为两类模型中回归系数估计结果之差的方差。此统计量服从自由度为 K 的卡方分布，K 为模型中解释变量的个数。其检验结果见表 4.12。

表 4.12　　　　　Hausman 检验结果表

Test Summary	Chi-Sq. Statistic	Chi-Sq. d. f.	Prob.
Cross-section random	11.551 10	5	0.009 1

从检验结果来看，P 值小于 0.05，所以，拒绝原假设，认为选择固定效应模型更好。因此，在设定模型形式的时候，本书选择存在个体固定效应的变系数模型。

因为解释变量有 5 个，所以无法确定是哪个变量前的回归系数在变动。下面通过 F 检验进行判断。原假设认为一个回归系数变动的变系数模型更好，于是有约束回归为五个回归系数——变动的变系数模型，无约束回归为五个回归系数同时变动的变系数模型。检验统计量如下：

$$F = \frac{(有约束回归残差平方和 - 无约束回归残差平方和)/约束条件个数(N-1)(K-1)}{无约束回归残差平方和/[N(T-K-1)]}$$

其检验结果见表 4.13。

表 4. 13　　　　　　　　　　　检验结果表

检验统计量	临界值	结果
$F1 = 0.95$	$F_{0.05}$ （116, 120) = 1.25	接受原假设
$F2 = 1.01$	$F_{0.05}$ （116, 120) = 1.25	接受原假设
$F3 = 1.09$	$F_{0.05}$ （116, 120) = 1.25	接受原假设
$F4 = 1.15$	$F_{0.05}$ （116, 120) = 1.25	接受原假设
$F5 = 1.27$	$F_{0.05}$ （116, 120) = 1.25	拒绝原假设

从检验结果来看，除 F5 外，其余检验均接受原假设，所以，分别把主成分变量一、主成分变量二、主成分变量三和主成分变量四前的回归系数作为可变系数的变系数模型是合理的。对主成分变量五需要检验其加上另外一个主成分时存在两个回归系数可变的变系数模型。原假设为：两个回归系数变动的变系数模型，于是有约束回归为主成分变量五分别加上另外一个主成分变量的变系数模型，无约束回归为五个回归系数同时变动的变系数模型。检验统计量如下：

$$F = \frac{(\text{有约束回归残差平方和} - \text{无约束回归残差平方和})/\text{约束条件个数}(N-1)(K-2)}{\text{无约束回归残差平方和}/[N(T-K-1)]}$$

其检验结果见表 4.14。

表 4. 14　　　　　　　　　　　检验结果表

检验统计量	临界值	结果
$F5.1 = 0.74$	$F_{0.05}$ （87, 120) = 1.25	接受原假设
$F5.2 = 1.77$	$F_{0.05}$ （87, 120) = 1.25	拒绝原假设
$F5.3 = 2.10$	$F_{0.05}$ （87, 120) = 1.25	拒绝原假设
$F5.4 = 1.44$	$F_{0.05}$ （87, 120) = 1.25	拒绝原假设

表 4.4 中，$F5.1$，$F5.2$，$F5.3$，$F5.4$ 分别表示主成分变量四分别和主成分一变量、主成分二变量、主成分三变量、主成分四变量组成的两变量回归系数可变的变系数模型 F 检验结果。从检验结果来看，选择把主成分变量一和主成分变量五前的回归系数作为可变系数的变系数模型。

综上所述，选择的模型包括以下五个：

（1）仅主成分变量一前的回归系数可变的变系数模型；

（2）仅主成分变量二前的回归系数可变的变系数模型；

（3）仅主成分变量三前的回归系数可变的变系数模型；

（4）仅主成分变量四前的回归系数可变的变系数模型；

（5）仅主成分变量五和主成分变量一前的回归系数可变的变系数模型。

4.3.5.2 模型估计

（1）主成分一变量前的回归系数随个体而变的变系数模型

模型形式如下：

$$coe_{it} = \alpha_i + \beta_{1i}L_{1it} + \beta_2 L_{2it} + \beta_3 L_{3it} + \beta_4 L_{4it} + \beta_5 L_{5it} + \mu_{it} \tag{4.17}$$

其中，coe 为地区能源二氧化碳排放，L_{1it} 为第一主成分变量，L_{2it} 为第二主成分变量，L_{3it} 为第三主成分变量，L_{4it} 为第四主成分变量，L_{5it} 为第五主成分变量。各个回归系数表示的意义如下：β_1 表示主成分一变量变动一个单位地区能源二氧化碳变动的绝对量，β_2 表示主成分二变动一个单位地区能源二氧化碳变动的绝对量，β_3 表示主成分三变动一个单位地区能源二氧化碳变动的绝对量，β_4 表示主成分四变动一个单位地区能源二氧化碳变动的绝对量，β_5 表示主成分五变动一个单位地区能源二氧化碳变动的绝对量。估计结果如下：

$$coe_{it} = \alpha_i + \beta_{1i}L_{1it} + 4.27L_{2it} - 103.67L_{3it} + 119.2L_{4it} + 4623.55L_{5it}$$

$$\tag{4.18}$$

T	(7.66)	(−7.92)	(9.36)	(5.45)
P	0	0	0	0

表 4.15　　　　　　　　　　变系数估计结果表

地区	β_{1i}	P 值	地区	β_{1i}	P 值
北京	0.305 638	0.000 0	河南	2.395 218	0.000 0
天津	0.234 366	0.000 0	湖北	1.591 053	0.000 0
河北	3.393 509	0.000 0	湖南	1.181 817	0.000 0
山西	2.513 992	0.000 0	广东	1.807 293	0.000 0
内蒙古	1.296 085	0.000 0	广西	0.617 354	0.000 0
辽宁	2.685 970	0.000 0	海南	0.278 697	0.000 1
吉林	0.773 173	0.000 0	重庆	0.652 574	0.000 0
黑龙江	1.006 828	0.000 0	四川	1.648 020	0.000 0
上海	0.499 305	0.000 0	贵州	0.632 678	0.000 2
江苏	1.716 083	0.000 0	云南	1.104 416	0.000 0
浙江	1.256 381	0.000 0	陕西	1.231 186	0.000 0
安徽	1.079 725	0.000 0	甘肃	0.871 258	0.000 0
福建	0.469 026	0.000 0	青海	0.843 76	0.040 6
江西	0.537 942	0.000 0	宁夏	0.724 405	0.026 5
山东	3.620 180	0.000 0	新疆	1.084 313	0.000 0

　　从表 4.15 中的估计结果来看，所有固定回归系数都在 5% 的显著度下通过 T 检验。β_{2i} 为正，表示当主成分二变量增加时地区能源二氧化碳的平均增加额。β_{3i} 为负，表示是当主成分三变量下降时地区能源二氧化碳的平均降低额。β_{4i} 为正，表示当主成分四变量上升时地区能源二氧化碳的平均增加额。β_{5i} 为正，表示当主成分五变量上升时地区能源二氧化碳的平均增加额。

　　主成分一变量的上升引起地区能源二氧化碳一定程度的增加，主成分一变量涵盖了人均 GDP 和城镇人口占比两个变量的大部分信息，回归系数为正也说明当人均 GDP 和城镇人口占比上升时会引起地区能源二氧化碳不同程度的增加。从倒 U 型环境曲线来看，我国各地区碳排放仍随地区经济的发展而上升，还未达到拐点。其中，碳排放增加量比较多的地区为河北、山西、辽宁、山东和河南，增加量比较少的地区为北京、天津、上海、福建和海南。这主要是由于各个地区经济增长背后的支撑产业存在差异，增加量较多的地区多是高碳排放行业占比较高的地区。按照前文所定义的高碳排放行业，这些地区的高碳排放行业占比都在 50% 以上，所以，其经济发展水平提高更多的是以高碳排放行业的增加作为依托，对化石能源的依赖性更强，而增加量较少的地区第三产业较为发达。北京和天津的第三产业占比均在 50% 以上。海南虽然经济较为落后，但其经济发展更多依托的是旅游业，虽然旅游业的配套产业交通、运输业，批发、零售业和住宿、餐饮业的碳排放较高，但与高碳排放的工业行业相比仍有距离，所以这些地区经济发展支撑中所需的化石能源更少，经济每增长一个单位带来的排放量也相对更低。

（2）主成分二变量前的回归系数随个体而变的变系数模型
模型形式如下：

$$coe_{it} = \alpha_i + \beta_1 L_{1it} + \beta_{2i} L_{2it} + \beta_3 L_{3it} + \beta_4 L_{4it} + \beta_5 L_{5it} + \mu_{it} \qquad (4.19)$$

各字母表示的含义如前文所述。估计结果如下：

$$coe_{it} = \alpha_i + 1.21 L_{1it} + \beta_{2i} L_{2it} - 109.18 L_{3it} + 128.96 L_{4it} + 4\ 602.23 L_{5it}$$
$$(4.20)$$

T	(33.34)	(−3.02)	(5.15)	(2.42)
P	0	0.002 9	0	0.016 4

从表 4.16 中的估计结果来看，所有固定回归系数都在 5% 的显著度下通过 T 检验。β_{1i} 为正，表示主成分变量一增加时各个地区能源二氧化碳的平均增加额。β_{3i} 为负，表示当主成分三

变量下降时地区能源二氧化碳的平均降低额。β_{4i}为正,表示当主成分四变量上升时地区能源二氧化碳的平均增加额。β_{5i}为正,表示当主成分五变量上升时地区能源二氧化碳的平均增加额。

表 4.16　　　　　　　　变系数估计结果表

地区	β_{2i}	P 值	地区	β_{2i}	P 值
北京	8.401 54	0.000 0	河南	−1.094 429	0.138 3
天津	5.655 40	0.000 0	湖北	4.349 351	0.000 1
河北	1.425 707	0.181 6	湖南	4.389 086	0.000 0
山西	9.010 59	0.040 4	广东	2.475 45	0.039 8
内蒙古	4.568 81	0.000 0	广西	1.353 013	0.000 0
辽宁	6.971 603	0.007 3	海南	2.366 35	0.000 0
吉林	3.586 32	0.000 0	重庆	3.259 72	0.000 0
黑龙江	6.152 738	0.000 2	四川	3.095 380	0.000 1
上海	7.136 46	0.000 0	贵州	6.645 595	0.000 0
江苏	−1.584 809	0.072 2	云南	3.143 038	0.000 0
浙江	6.537 853	0.000 0	陕西	6.480 957	0.000 0
安徽	5.733 974	0.000 0	甘肃	5.462 90	0.000 0
福建	1.849 43	0.000 0	青海	4.551 39	0.000 0
江西	1.997 336	0.000 0	宁夏	5.997 18	0.000 0
山东	2.904 957	0.003 3	新疆	7.844 32	0.000 0

　　主成分二变量主要涵盖了人口规模和地区生产总值的信息。从主成分二变量前回归系数的估计结果来看,河北和河南前的回归系数在10%的显著度下未通过 T 检验,其余回归系数均为正且显著,表明随着地区人口规模和地区生产总值的上升,各个地区能源二氧化碳会有不同程度的增加,增加量较多的地区

既包括了北京、上海和浙江等沿海发达省市，又包括了黑龙江、辽宁、新疆等高碳排放行业占比较高的地区。这主要是因为高碳排放行业占比较高的地区的经济增长更多地依赖化石能源，带来更高的能源二氧化碳排放。从前文的分析来看，经济较为发达的地区人均能源二氧化碳排放量较多，也使其人口规模增加带来更多的能源二氧化碳排放。

（3）主成分三变量前的回归系数随个体而变的变系数模型

模型形式如下：

$$coe_{it} = \alpha_i + \beta_1 L_{1it} + \beta_2 L_{2it} + \beta_{3i} L_{3it} + \beta_4 L_{4it} + \beta_5 L_{5it} + \mu_{it} \quad (4.21)$$

各变量和回归系数的意义如前所述。估计结果如下：

$$coe_{it} = \alpha_i + 1.03 L_{1it} + 4.28 L_{2it} + \beta_{3i} L_{3it} + 122.43 L_{4it} + 4\,662.3 L_{5it} \quad (4.22)$$

$$T \quad (30.1) \qquad\qquad (5.87)(5.97) \qquad (4.34)$$

$$P \quad 0 \qquad\qquad\qquad 0 \quad\quad 0 \qquad\quad 0$$

从表4.17中的估计结果来看，所有固定回归系数都在5%的显著度下通过T检验。β_{1i}为正，表示主成分变量一增加时各个地区能源二氧化碳的平均增加额。β_{2i}为正，表示当主成分二变量上升时地区能源二氧化碳的平均增加额。β_{4i}为正，表示当主成分四变量上升时地区能源二氧化碳的平均增加额。β_{5i}为正，表示当主成分五变量上升时候地区能源二氧化碳的平均增加额。

表4.17　　　　　　　　变系数估计结果表

地区	β_{3i}	P 值	地区	β_{3i}	P 值
北京	-128.990 2	0.000 0	河南	-82.289 0	0.115 8
天津	-105.415 5	0.000 0	湖北	-87.959 0	0.008 4
河北	-106.414 0	0.000 0	湖南	-41.340 15	0.009 1
山西	-91.654 1	0.000 0	广东	-123.033 2	0.000 1
内蒙古	-96.608 3	0.000 2	广西	-89.213 3	0.004 8

表4. 17(续)

地区	β_{3i}	P 值	地区	β_{3i}	P 值
辽宁	−105. 733 7	0. 000 0	海南	11. 067 28	0. 848 4
吉林	18. 504 92	0. 834 0	重庆	−77. 607 4	0. 009 7
黑龙江	−77. 169 50	0. 000 5	四川	−59. 744 76	0. 005 8
上海	−130. 981	0. 000 0	贵州	−11. 081 25	0. 720 5
江苏	−129. 844 8	0. 000 0	云南	−17. 937 01	0. 623 7
浙江	−94. 047 4	0. 046 2	陕西	−68. 266 19	0. 001 9
安徽	−93. 837 1	0. 060 7	甘肃	−66. 095 33	0. 000 0
福建	−87. 990 5	0. 000 0	青海	−18. 604 28	0. 611 4
江西	−92. 053 5	0. 002 5	宁夏	−64. 567 49	0. 079 6
山东	−117. 646	0. 000 0	新疆	−82. 679 5	0. 000 0

主成分三变量主要包含了能源生产力与高碳排放行业占比的大部分信息。从主成分三变量的回归系数估计结果来看，吉林、河南、海南、贵州、云南和青海在 10% 的显著度下的回归系数未通过 T 检验，其余地区的回归系数都显著为负，表明随着能源生产力的上升和高碳排放行业占比的降低，各个地区能源二氧化碳均有不同程度的下降。下降量较多的地区既包括北京、天津、上海等发达直辖市，也包括江苏、山东和广东等经济规模较大的地区。这主要是因为：对于经济较为发达的地区来说，其技术进步本身就处于较高水平，当技术进步在往前迈进一步的时候必然引起能源二氧化碳有较大幅度的下降。而对于经济规模较大的地区来说，高碳排放行业一个百分比的降低带来的是高碳排放行业更大幅度的缩小，必然也会引起能源二氧化碳绝对量的更大幅度下降。吉林、河南、海南、贵州、云南和青海的共同特点是高碳排放行业占比较高。2013 年这几个地区的高碳排放行业占比均在 50% 以上，并且这几个地区的经

济规模都靠前，高碳排放行业占比的进一步上升对能源二氧化碳的影响并不显著也造成主成分三变量前的回归系数不显著。

（4）主成分四变量前的回归系数随个体而变的变系数模型

模型形式如下：

$$coe_{it} = \alpha_i + \beta_1 L_{1it} + \beta_2 L_{2it} + \beta_3 L_{3it} + \beta_4 L_{4it} + \beta_5 L_{5it} + \mu_{it} \quad (4.23)$$

各变量和回归系数的意义如前所述。估计结果如下：

$$coe_{it} = \alpha_i + 0.89 L_{1it} + 4.13 L_{2it} - 106.66 L_{3it} + \beta_{4i} L_{4it} + 4\,731.43 L_{5it}$$

$$(4.24)$$

$$T \qquad (29.66)\,(7.25) \qquad (-6.05)(3.94)$$

$$P \qquad 0 \qquad 0 \qquad 0\ 0.000\,1$$

从表 4.18 中的估计结果来看，所有固定回归系数都在 5% 的显著度下通过 T 检验。β_{1i} 为正，表示主成分变量一增加时各个地区能源二氧化碳的平均增加额。β_{2i} 为正，表示当主成分二变量上升时地区能源二氧化碳的平均增加额。β_{3i} 为负，表示当主成分三变量下降时地区能源二氧化碳的平均降低额。β_{5i} 为正，表示当主成分五变量上升时候地区能源二氧化碳的平均增加额。

表 4.18　　　　　　　　变系数估计结果表

地区	β_{4i}	P 值	地区	β_{4i}	P 值
北京	-77.007 97	0.342 8	河南	105.613 5	0.002 1
天津	78.094 75	0.061 2	湖北	108.296 8	0.000 0
河北	111.277 9	0.000 0	湖南	94.665 00	0.007 6
山西	123.870 2	0.000 0	广东	109.910 9	0.000 0
内蒙古	114.378 4	0.000 0	广西	65.653 58	0.029 0
辽宁	118.130 1	0.000 0	海南	97.909 0	0.000 0
吉林	110.371 5	0.000 0	重庆	94.338 65	0.006 0
黑龙江	112.599 8	0.000 0	四川	18.952 87	0.722 2

表4.18(续)

地区	β_{4i}	P 值	地区	β_{4i}	P 值
上海	95.962 1	0.007 9	贵州	103.012 1	0.000 0
江苏	98.239 2	0.000 0	云南	99.150 40	0.000 0
浙江	92.227 7	0.000 0	陕西	107.286 9	0.000 0
安徽	92.893 37	0.004 0	甘肃	104.663 7	0.000 0
福建	103.389 8	0.000 0	青海	101.713 3	0.023 6
江西	99.814 57	0.029 6	宁夏	68.226 16	0.003 6
山东	128.222 4	0.000 0	新疆	100.370 9	0.000 0

主成分四变量主要包含了煤炭消耗占比的信息。从主成分四变量的回归系数估计结果来看，北京和四川的回归系数在10%的显著度下不显著，其余地区的回归系数都显著为正，表明随着煤炭消费比重的上升，各个地区能源二氧化碳均有不同程度的上升。上升量较多的地区包括河北、山西、辽宁、黑龙江、山东和新疆，说明这些地区对煤炭的利用效率不高。因为这些地区普遍都有较为丰富的能源资源，而能源资源贫乏的上海、浙江等地区的煤炭利用效率相对较高，使其回归系数相对较小。北京煤炭资源贫乏，煤炭消耗占比低，并且主要以第三产业为主，直接碳强度高的行业占比较低，造成能源消费结构对能源二氧化碳的影响不显著。而四川天然气资源较为丰富，对煤炭消耗比重不算高，造成能源消费结构对能源二氧化碳的影响也不显著，四川省政府发布的《四川省大气污染防治行动计划实施细则2015年度实施计划的通知》也明确提出了四川的

煤炭消费占比要进一步降低。[①]

（5）主成分五变量和主成分一变量前的回归系数随个体而变的变系数模型

模型形式如下：

$$coe_{it} = \alpha_i + \beta_{1i}L_{1it} + \beta_2 L_{2it} + \beta_3 L_{3it} + \beta_4 L_{4it} + \beta_{5i}L_{5it} + \mu_{it} \qquad (4.25)$$

各变量和回归系数的意义如前所述。估计结果如下：

$$coe_{it} = \alpha_i + \beta_{1i}L_{1it} + 5.37L_{2it} - 105.68L_{3it} + 118.77L_{4it} + \beta_{5i}L_{5it} \qquad (4.26)$$
$$T \qquad\qquad (6.55) \qquad (-6.8) \qquad (5.91)$$
$$P \qquad\qquad\quad 0 \qquad\quad 0 \qquad\quad 0$$

从表 4.19 中的估计结果来看，所有固定回归系数都在 5% 的显著度下通过 T 检验。β_{1i} 为正，表示主成分变量一增加时各个地区能源二氧化碳的平均增加额。β_{2i} 为正，表示当主成分二变量上升时地区能源二氧化碳的平均增加额。β_{3i} 为负，表示当主成分三变量下降时地区能源二氧化碳的平均降低额。β_{4i} 为正，表示当主成分四变量上升时地区能源二氧化碳的平均增加额。

主成分五变量主要涵盖了全要素生产率的大部分信息。从主成分五变量的回归系数估计结果来看，除内蒙古、江苏、广东在 10% 的显著度下未通过 T 检验外，其余地区的回归系数都显著，回归系数有正有负。其中，能源资源较为丰富的山西、新疆、黑龙江等地的回归系数均为正，表明技术进步在促进经济增长的同时并未带动碳投入生产效率的提高，而经济发达地区技术进步对能源二氧化碳有比较明显的抑制作用。江苏和广东的经济规模较大，技术进步水平也处于全国中上水平，技术进一步上升的空间有限，造成主成分五变量前的回归系数不显著。内蒙古的全要素生产率较低，高碳排放行业占比较高，在

---

① 中国产业决策投资网. 四川省煤炭消费比重明显下降［OB/EL］.（2015 -04-02）http：//www. cu-market. com. cn/economy/20150402/2137391911. html.

4. 地区能源二氧化碳排放差异和影响因素的建模分析

68%以上。由于其能源资源丰富,在发展高碳排放优势行业的同时技术进步对碳排放的影响不显著造成主成分五变量前的回归系数不显著。

表 4. 19　　　　　　　变系数估计结果表

地区	β_{1i}	P 值	β_{5i}	P 值	地区	β_{1i}	P 值	β_{5i}	P 值
北京	0. 207 581	0. 000 0	−5 776. 62	0. 000 0	河南	2. 579 433	0. 000 0	4 641. 03	0. 016 8
天津	0. 307 360	0. 000 0	−4 383. 09	0. 000 0	湖北	1. 245 226	0. 000 0	−3 653. 10	0. 004 6
河北	3. 244 434	0. 000 0	5 112. 31	0. 010 0	湖南	1. 339 969	0. 000 0	−4 621. 53	0. 000 0
山西	1. 394 230	0. 000 0	3 415. 31	0. 084 6	广东	1. 479 112	0. 000 0	−1 685. 55	0. 425 8
内蒙古	1. 374 458	0. 000 0	−3 611. 64	0. 140 9	广西	0. 975 351	0. 000 0	5 019. 51	0. 000 0
辽宁	1. 853 846	0. 000 0	4 611. 31	0. 000 0	海南	0. 401 031	0. 002 3	3 657. 36	0. 007 2
吉林	0. 581 157	0. 000 0	−4 907. 39	0. 001 4	重庆	0. 625 091	0. 000 0	4 573. 95	0. 000 0
黑龙江	1. 219 098	0. 000 0	−3 252. 536	0. 008 6	四川	1. 701 646	0. 000 0	5 255. 83	0. 000 0
上海	0. 408 798	0. 000 0	−4 771. 73	0. 000 0	贵州	0. 888 679	0. 000 0	4 388. 51	0. 000 0
江苏	1. 423 414	0. 000 0	−2 913. 52	0. 288 5	云南	1. 437 912	0. 000 0	4 738. 77	0. 000 0
浙江	1. 019 987	0. 000 0	−3 644. 47	0. 007 7	陕西	1. 216 390	0. 000 0	4 520. 79	0. 000 7
安徽	1. 218 656	0. 000 0	−4 802. 188	0. 000 0	甘肃	1. 131 403	0. 000 0	3 787. 94	0. 001 1
福建	0. 800 447	0. 000 0	−4 862. 442	0. 000 0	青海	0. 135 035	0. 439 9	4 974. 00	0. 000 5
江西	0. 962 854	0. 000 0	−4 313. 409	0. 000 0	宁夏	0. 138 311	0. 132 8	4 713. 05	0. 000 0
山东	3. 614 577	0. 000 0	4 798. 52	0. 005 1	新疆	1. 189 561	0. 000 0	3 780. 33	0. 052 8

4.3.5.3　五个面板主成分变系数回归模型对比分析

除了回归系数可变的解释变量外,其余解释变量前的回归系数都表示此变量对地区能源二氧化碳的平均影响程度,代表了全国的平均影响水平。从上面五个模型的估计结果来看,第一主成分(经济发展水平)对地区能源二氧化碳的平均影响水平为 1 万吨左右,第二主成分(规模因素)对地区能源二氧化碳的平均影响水平为 4.5 万吨左右,第三主成分(能源生产力和产业结构)对地区能源二氧化碳的平均影响水平为−101 万吨左右,第四主成分(能源结构)对地区能源二氧化碳的平均影响水平为 125 万吨左右,第五主成分(全面技术进步)对地区能源二氧化碳的平均影响程度为 4 600 万吨左右，并且全要素生产率对各地能源二氧化碳的影响有正有负。但是由于欠发达地区经济基数小增长速度更快，造成全要素生产率对能源二氧化碳的平均影响程度显著为正，表明全要素促进经济增长带来的能源二氧化碳增加并未完全被技术进步带来的能源二氧化碳减少所抵消。

4.3.5.4　回归系数的还原

通过上面的面板主成分变系数回归模型得到了五个主成分变量的回归系数。为了便于分析各个原始变量对地区能源二氧化碳影响程度的差异，要把主成分变量的回归系数转化成原变量的回归系数，转化方法就是把各个主成分与原始变量关系的表达式代入上面估计的随个体而变的回归系数，从而折算出原始变量的回归系数。折算结果见表 4.20。

表 4.20　　　　　　　原始变量回归系数表

地区	β_{gdpi}	β_{rgdpi}	β_{csi}	β_{rki}	β_{rui}	β_{eii}	β_{esi}	β_{ti}
北京	2.58	0.19	86.97	5.88	0.19	−57.29	−70.07	−5 195.05
天津	3.75	0.15	87.42	3.96	0.15	−46.82	71.06	−3 941.82
河北	0.95	1.16	88.25	1.00	1.12	−47.26	101.25	4 597.62
山西	5.98	1.60	76.01	6.31	1.57	−40.71	112.71	3 071.47
内蒙古	3.03	0.82	80.12	3.20	0.81	−42.91	104.07	−3 248.03
辽宁	4.63	1.41	87.68	4.88	1.68	−46.96	107.49	4 147.06
吉林	2.38	0.49	−15.35	2.51	0.48	8.22	100.43	−4 413.33
黑龙江	4.09	0.64	64.00	4.31	0.63	−34.28	102.45	−2 925.08
上海	2.74	0.32	88.62	5.00	0.31	−58.18	87.32	−4 291.33
江苏	−1.05	0.79	107.68	−1.11	0.87	−57.67	89.39	−2 620.20
浙江	2.34	0.80	77.99	4.58	0.78	−41.77	83.92	−3 277.56
安徽	3.81	0.69	77.82	4.02	0.67	−41.68	84.52	−4 318.72
福建	1.23	0.30	72.97	1.30	0.29	−39.08	94.07	−4 372.91
江西	1.33	0.34	76.34	1.40	0.34	−40.89	90.82	−3 879.15

表4.20(续)

地区	β_{gdpi}	β_{rgdpi}	β_{csi}	β_{rki}	β_{rui}	β_{eii}	β_{esi}	β_{ti}
山东	1.93	1.30	97.56	2.03	1.26	−52.25	116.67	4 315.42
河南	−0.73	1.12	68.24	−0.77	1.49	−36.55	96.10	4 173.79
湖北	2.89	1.01	72.94	3.05	0.99	−39.07	98.54	−3 285.32
湖南	2.91	0.75	74.28	3.07	0.74	−18.36	86.14	−4 156.25
广东	1.64	1.15	102.03	1.73	0.83	−54.65	100.01	−1 515.86
广西	0.90	0.39	73.98	0.95	0.39	−39.62	59.74	4 514.17
海南	1.57	0.18	−9.18	1.66	0.37	4.92	89.09	3 289.15
重庆	2.16	0.41	64.36	2.28	0.41	−34.47	85.84	4 113.46
四川	2.06	1.05	69.55	2.17	1.03	−26.54	17.25	4 726.69
贵州	4.41	0.40	9.19	4.65	0.39	−4.92	93.73	3 946.69
云南	2.09	0.70	14.87	2.20	0.69	−7.97	90.90	4 261.69
陕西	4.30	0.78	56.61	4.54	0.77	−30.32	97.62	4 065.66
甘肃	3.63	0.55	54.81	3.83	0.54	−29.36	95.23	3 406.59
青海	3.02	0.54	15.43	3.19	0.53	−8.26	92.55	4 473.24
宁夏	3.98	0.46	53.54	4.20	0.45	−28.68	62.08	4 238.56
新疆	5.21	0.69	68.56	5.49	0.68	−36.72	91.33	3 399.74

从表4.20中的结果可以看出，我们只能还原原始变量的回归系数，但无法判断回归系数是否显著，就是在还原原始变量回归系数的时候无法对回归系数的显著性进行检验，本书也未找到这方面的研究，难以引用。暂时认为主成分变量回归中不显著地区的回归系数在还原后的原始变量的回归系数仍然不显著。

（1）地区生产总值对地区碳排放差异的影响

地区生产总值会引起各个地区能源二氧化碳的显著差异，且地区生产总值每增加一单位引起各地区能源二氧化碳增量差异的原因在于各个地区支撑经济发展的产业结构不同。地区生产总值每增加一单位引起能源二氧化碳增长较多的地区集中在山西、辽宁、黑龙江和新疆等高碳排放行业占比较高的地区。由于这些地区资源丰富，其经济增长更多依赖高碳排放行业。

（2）人均 GDP 对地区碳排放差异的影响

地区人均 GDP 会引起各个地区能源二氧化碳的显著差异，且人均 GDP 每增加一单位引起各地区能源二氧化碳增量差异的原因在于各个地区经济发展阶段不同，产业构成不同。北京、天津、上海等第三产业占比较高地区人均 GDP 增加一单位所依赖的是低碳排放行业的发展，所以其带来的能源二氧化碳增量较少。

（3）高碳排放行业占比对地区碳排放差异的影响

高碳排放行业占比会引起地区能源二氧化碳的显著差异，且高碳排放行业占比变动引起地区能源二氧化碳增量差异的原因在于各个地区的经济规模不同，能源利用效率存在差异。江苏、山东和广东等经济总量较大的地区高碳排放行业每增长一个百分比带来的绝对产出和绝对投入多，那么化石能源消耗更多，能源二氧化碳增量也更多。

（4）地区人口规模对地区碳排放差异的影响

地区人口规模会造成能源二氧化碳的显著差异，且人口规模变动引起地区能源二氧化碳变动量不同的原因在于各地区居民的最终消费结构、人均碳排放存在差异，人均碳强度不同。北京、上海等人均碳强度高的地区每增加一个人口增长的能源二氧化碳会会增加较多，而新疆、山西等能源资源丰富的地区由于人口稀少，人均碳强度也较高，每增长一个人口增长的能源二氧化碳总量也会增加较多。

（5）城镇人口占比对地区碳排放差异的影响

城镇人口占比会造成各个地区能源二氧化碳的显著差异，城镇化率表示了地区的经济发展水平，会影响地区的最终需求结构。对于河北、山西、辽宁、山东、河南、四川等处于工业发达的地区，城镇化进程对工业中高碳排放行业的依赖性比较大，随着农村居民转化为城市居民，需要进行大量的基础设施建设，从而引起能源二氧化碳较大幅度的上升。

（6）能源生产力对地区碳排放差异的影响

能源生产力会造成地区能源二氧化碳的显著差异，主要原因在于各个地区现有的技术发展水平不同，北京、天津、上海、江苏和广东等能源生产力本身较为靠前的地区能源生产力的再增加虽然比较困难，但一点点的技术进步都能更好地抑制能源二氧化碳排放，而欠发达地区在技术水平基础比较低的情况下的进步显然对碳排放的抑制作用较为有限。

（7）煤炭消耗比重对地区碳排放差异的影响

煤炭消耗比重会造成地区能源二氧化碳的显著差异，主要原因在于各个地区煤炭利用效率的差异，对于能源资源丰富的地区可替代能源较多，对煤炭的利用相对浪费，煤炭消耗比重每增加1%带来的能源二氧化碳增加更多，所以山西、内蒙古、黑龙江等能源丰富地区的回归系数相对更大。而对于上海、江苏等地，由于资源匮乏，需要通过进口的方式消耗能源，能源消耗的成本相对更高，所以煤炭消费比重对其碳排放的影响更大。

（8）地区全要素生产率对地区碳排放差异的影响

地区全要素生产率也会造成地区能源二氧化碳的显著差异，能源资源丰富地区全要素生产率带动经济增长而增加的能源二氧化碳并没有完全被技术进步减少的能源二氧化碳抵消，而经济相对发达的地区，全要素生产率对碳排放的抑制作用明显。这说明在资金投入允许的情况下，发达地区更有实力研究碳减排技术，而欠发达地区更多地借鉴发达地区已有的技术水平来发展，这种碳排放的增量和减量之间的净量为正。

4.4 本章小结

地区生产总值、人均 GDP、高碳排放行业占比、人口规模、城镇人口占比、煤炭消耗占比对各个地区的能源二氧化碳排放均为正向影响，能源生产力对各个地区的碳排放均为负向影响，全要素生产率对各个地区的能源二氧化碳影响有正有负。

各个因素对地区的影响程度不同，地区生产总值影响程度不同的原因在于各个地区支撑经济发展的产业结构不同。地区生产总值每增加一单位引起能源二氧化碳增长较多的地区集中在山西、辽宁、黑龙江和新疆等高碳排放行业占比较高的地区。人均 GDP 每增加一单位引起各地区能源二氧化碳增量差异的原因在于各个经济发展阶段不同，产业构成不同。北京、天津、上海、贵州等第三产业占比较高的地区人均 GDP 增加一单位所带来的能源二氧化碳的增量较少。高碳排放行业占比变动引起地区能源二氧化碳增量差异的原因一方面是由于各个地区高碳排放行业对化石能源的使用总量和使用效率存在差异，另一方面是由于各个地区高碳排放行业内部结构有一定差异，而高碳排放行业内部各个行业的直接碳强度也不同。人口规模变动引起地区能源二氧化碳变动量不同的原因在于各地区居民的最终消费结构存在差异，人均碳强度不同。北京、上海等人均碳强度高的地区每增加一个人口增长的能源二氧化碳会比较多，而新疆、山西等能源资源丰富的地区由于人口稀少，人均碳强度也较高，每增长一个人口增加的能源二氧化碳总量也会增加。城镇人口占比影响程度不同的原因在于其影响了地区的最终需求结构，对于河北、山西、辽宁、山东、河南、四川等处于工业发达的地区，城镇化进程对工业中高碳排放行业的依赖性比较大，这会引起能源二氧化碳较大幅度的上升。能源生产力造成地区能源二氧化碳差异的原因在于各个地区现有的技术发展水平不同，北京、天津、上海、江苏和广东等能源生产力本身较为靠前的地区能源生产力的再增加能更好地抑制能源二氧化碳排放。煤炭消耗比重会造成地区能源二氧化碳差异的原因，一方面是各个地区各个行业煤炭消费的比重存在差异，并且各个行业对煤炭的利用效率也各不相同；另一方面是各地区煤炭开采、加工、利用和转换效率存在差异。在煤炭开采、加工、利用转换效率高的地区，煤炭消费占比对地区能源二氧化碳的影响会小一些，而在煤炭开采、加工、利用转换效率低的地区，煤炭消费占比对地区能源二氧化碳的影响相对就会更大。能源资源丰富地区全要素生产率带动了经济增长但并未起到抑制能源二氧化碳排放的作用，而经济相对发达的地区，全要素生产率对碳排放的抑制作用明显。

5. 各地区碳排放转移的特征研究

　　国际上的碳转移成为发展中国家反驳发达国家恶意指责的重要依据。大量学者的研究表明，贸易是发达国家环境污染减少的主要原因，发达经济体的产品消费结构并没有随产品的生产结构发生转变，只不过是污染工业发生了转移，而发展中国家正是这些高污染行业转移出来的承载者。所以，国际上讨论各个国家碳减排责任的时候，从消费的角度来说发达国家应该承担更多的减排责任，即其得到的碳排放权应该相应消减。一国内部由于国内贸易的存在，各个省市间也存在碳转移，国家在确定各个地区的碳减排责任或者是碳排放权时应该把省与省之间的碳转移考虑进去，在国家整体发展战略下，能同时保证碳排放转出地和转入地经济发展的需要。由于数据资料的局限性，本章仅能依据2002年中国地区扩展投入产出表中省际贸易和国际贸易得到各个省市能源二氧化碳排放的省际转入、转出和国际进口、出口数据，再从各个地区贸易产业结构的角度分析其各自的减排责任，为我国二氧化碳总量控制如何进行地区分配打下了基础。

5.1 碳转移的相关研究及述评

在开放经济条件下，自由贸易会带来生产和消费环节的分离，要素流动性加强会促进国家间的产业转移，这虽然会来带资源配置效率的改进，但也会给不同的国家带来不同的福利影响，并把各个国家的二氧化碳排放联系了起来。有学者就提出，贸易与 FDI 是发达国家环境污染减少的主要原因，发达经济体的产品消费结构并没有随产品的生产结构发生转变，只不过是污染工业发生了转移。大量学者的研究也证实了如中国一样的发展中国家为发达国家承载了较多的污染排放。

早在 2006 年，Bin Shuia，Robert C. Harriss（2006）[①] 的研究就表明，中国有 7%~14% 的碳排放是为美国消费者承担的，进口中国的产品使美国自身的碳生产得以减少；Christopher L. Weber，Glen P. Peters，Dabo Guan、Klaus Hubacek（2008）[②] 的研究也说明中国碳排放增加的主要原因就是出口，大约有三分之一的碳排放都是出口带来的；随后，Yan Yunfeng，Yang Laike（2010）[③] 也证明中国年碳排放总量中的 10.3%~26.54% 都是出口产品带来的，并且还有逐年上升的趋势；与此同时，我国学

---

①　Bin Shuia，Robert C. Harriss. The role of CO_2 embodiment in US‒China trade [J]. Energy Policy，2006（34）：4063‒4068.

②　Christopher L. Weber 、Glen P. Peters、Dabo Guan、Klaus Hubacek. The contribution of Chinese exports to climate change [J]. Energy Policy，2008（36）：3572‒3577.

③　Yan Yunfeng，Yang Laike. China's foreign trade and climate change：A case study of CO_2 emissions [J]. Energy Policy，2010（38）：350‒356.

者也展开了大量的研究。张晓平（2009）[①] 通过测算中国货物进出口的载碳量，认为我国出口载碳量随着我国贸易顺差的增大逐年增加；余慧超等人（2009）[②] 利用投入产出法的思想，结合经济、能源与贸易系统，建立了基于国际商品贸易的碳排放转移模型，并预测了1997年与2002年中美商品贸易中各部门的碳转移量，认为美国分别有相当于其相应部门碳排放总量的6.77%与9.32%的碳被泄露到了中国，中国为美国的碳减排做出了很大的贡献；王文举、向其凤（2011）[③] 通过对世界上主要碳排放大国2005年进出口产品隐含碳排放的核算，印证了发展中国家确实为发达国家的消费者承担了数量巨大的二氧化碳；王媛等人（2011）[④] 认为中国在国际分工中的角色在很大程度上影响着贸易隐含碳的转移，中国进口的大部分产品不是用于最终消费而是为了生产，而生产产品中有相当大的部分是用于出口，在总体上中国是在替发达国家排放二氧化碳；张为付、杜运苏（2011）[⑤] 认为中国对外贸易中隐含碳排放失衡主要是由少数几个行业引起的，失衡的行业集中度较高；王媛等人（2011）[⑥] 应用对数平均D氏指数法（LMDI）对影响隐含碳净转移的因素进行了分解，表明中国的高碳强度是造成目前碳转

① 张晓平. 中国对外贸易产生的 CO_2 排放区位转移分析 [J]. 地理学报，2009（2）：234-242.

② 余慧超，王礼茂. 中美商品贸易的碳排放转移研究 [J]. 自然资源学报，2009，24（10）：1837-1846.

③ 王文举，向其凤. 国际贸易中的隐含碳排放核算及责任分配 [J]. 中国工业经济，2011（10）：56-64.

④ 王媛，王文琴，方修琦，等. 基于国际分工角度的中国贸易碳转移估算 [J]. 资源科学，2011（7）：1331-1337.

⑤ 张为付，杜运苏. 中国对外贸易中隐含碳排放失衡度研究 [J]. 中国工业经济，2011（4）：138-147.

⑥ 王媛，魏本勇，方修琦，等. 基于LMDI方法的中国国际贸易隐含碳分解 [J]. 中国人口·资源与环境，2011（2）：141-146.

移增加的主要因素；李珊珊、罗良文（2012）① 认为FDI行业结构是引起中国对外贸易隐含碳排放增加的主导因素。

在一国内部，由于国家整体发展战略的需要，各个地区发展的进程和产业结构存在一定的差异，国内各个地区间的贸易往来不可避免。与发达地区不同，中西部等内陆省市由于对外贸易的规模有限，经济发展更多的是靠对国内其他省市的贸易带动的，国内贸易对内陆省市的经济增长更为重要。而国内各个省市间密切的贸易往来必然带来地区间的碳转移，国际上碳减排责任的"污染者付费"原则对于一国内部也一样适用。也有少数学者对我国内部区域间的碳转移量进行了测算。姚亮等人（2010）② 基于投入产出技术的生命周期模型测算了我国八大区域的碳转移，认为北部沿海区域和中部区域碳排放转入量大于转出量；石敏俊等人（2012）③ 认为中国存在着从能源富集区域和重化工基地向经济发达区域和产业结构不完整的欠发达区域的碳排放空间转移；潘元鸽等人（2013）④ 基于多区域投入产出模型测算了中国2007年八大地区之间贸易流入流出所隐含的碳排放，表明存在着经济相对发达的沿海地区向欠发达内陆地区的"碳泄露"现象。但由于我国区域间产品流动的资料相对缺乏，所以这方面的研究较少，且使用资料较老。

综上所述，学者们都认为我国是碳排放的净出口国，为发达国家的消费者承担了过多的碳排放，在国际碳减排行动中，

---

① 李珊珊，罗良文. FDI行业结构对中国对外贸易隐含碳排放的影响——基于指数因素分解的实证分析 [J]. 资源环境，2012（5）：855-863.

② 姚亮，刘晶茹. 中国八大区域间碳排放转移研究 [J]. 中国人口·资源环境，2010（12）：16-19.

③ 石敏俊，王妍，张卓颖，等. 中国各省区碳足迹与碳排放空间转移 [J]. 地理学报，2012（10）：1327-1338.

④ 潘元鸽，潘文卿，吴添. 中国地区间贸易隐含 CO_2 [J]. 统计研究，2013（9）：21-28.

发达国家应该为中国的碳排放承担更多的责任。由此可知，我国要实现总体减排，调整进出口结构是一个重要途径。从地区实际最终使用的角度来看，在进行地区碳排放权分配和确定地区碳减排责任时，对于碳排放净转入地区，由于其承载了其他地区消费产品产生的碳排放，为了保证该地区的正常发展和对其他地区的支撑作用，应该分配更多的碳排放权，碳减排责任相应消减；对于碳排放净转出地区，由于其消费产生的碳排放由其他地区生产节约下来了，相应应该减少对这些地区分配的碳排放权，碳减排责任相应增加。

5.2 地区的贸易情况分析

地区能源二氧化碳排放的转移是建立在各个地区产品贸易相互流动的基础上的，所以首先从各个地区的贸易情况开始分析，为下一步研究贸易产品载碳量打下基础。

5.2.1 数据来源和整理

与对外贸易不同，省际间的贸易由于没有海关统计，资料的收集相对来说更难，往往采用估计的方法。由于估计工作量比较大，而本书只需要考察地区贸易之间的规律，所以直接使用《2002 年中国地区扩展投入产出表：编制与应用》一书中的数据。虽然此书中的数据相对陈旧，但是从地区产业结构调整升级的长期性来看，对于我们寻求规律还是具有一定的参考价值。

5.2.2 地区贸易总量分析

5.2.2.1 地区总产出的三个去向

一个地区的总产出要满足来自三个方面的需求：第一个是

满足本地的需求（包括本地中间需求和本地最终需求），即省（市）内需求。这个需求作为本地经济社会发展的基本需要，应该首先得到满足。第二个是满足其他省的需求。在国家整体发展战略和合理产业布局的前提下，这种省际间的贸易往来是必需的。第三个是满足国外的需求。这个需求在全球经济一体化和各国国际分工不同的大背景下也越来越重要，但要更多考虑有利于本国的原则。地区总产出可以表达为：

$$X = C_1 + C_2 + C_3 \tag{5.1}$$

其中，X 表示某地区的总产出，C_1 表示某地区总产出中用于本地需求的数量，C_2 表示某地区总产出中用于外省市需求的数量，C_3 表示某地区总产出中用于国外需求的数量。在《2002年中国地区扩展投入产出表：编制与应用》一书中，C_1 使用中间使用合计加最终消费合计加资本形成总额减省外调进减进口，C_2 使用省际调出栏，C_3 使用出口栏。为了便于分析，把三大需求表示成百分比的形式。其结果见表 5.1。

表 5.1　　　　　各省市总产出去向百分比表　　　　单位:%

省市	本地需求	外省需求	国外需求	省市	本地需求	外省需求	国外需求
北京	66.57	26.95	6.48	河南	86.96	11.76	1.28
天津	54.50	30.23	15.27	湖北	86.69	11.72	1.60
河北	67.60	30.15	2.25	湖南	83.38	15.01	1.61
山西	84.48	11.90	3.62	广东	63.11	13.00	23.89
内蒙古	76.74	21.29	1.97	广西	72.10	25.16	2.74
辽宁	78.80	14.93	6.27	海南	66.64	30.22	3.13
吉林	57.14	40.31	2.55	重庆	57.67	40.35	1.98
黑龙江	76.47	20.93	2.59	四川	89.03	8.98	1.98

表5.1(续)

省市	本地需求	外省需求	国外需求	省市	本地需求	外省需求	国外需求
上海	63.19	18.87	17.95	贵州	76.21	22.05	1.75
江苏	78.64	11.35	10.01	云南	84.64	13.69	1.67
浙江	71.27	19.31	9.43	陕西	79.31	20.59	0.10
安徽	61.83	35.81	2.36	甘肃	81.42	14.66	3.92
福建	79.68	8.56	11.76	青海	72.78	23.38	3.83
江西	81.81	16.69	1.50	宁夏	75.06	23.52	1.43
山东	81.78	12.27	5.95	新疆	78.28	19.24	2.48

从表5.1可以看出,总产出中80%以上满足本地需求的地区主要集中在河南、湖北、云南、山西、湖南、江西和甘肃等中西部欠发达地区,并且这些地区总产出中满足外省市需求的占比也都在10%以上,经济发展对省际贸易存在一定程度的依赖性,说明中西部大部分地区属于内向型经济。广东、上海、天津、福建和江苏总产出中国外需求占比均在10%以上,说明沿海地区经济发展较内陆省市来说对国际贸易的依赖性更高些,属于外向型经济。另外,北京和天津总产出中满足外省需求占比也较高,这两个直辖市对省际贸易也存在较大依赖性,而浙江、上海、江苏、福建等沿海地区对省际贸易的依赖性相对较低。

5.2.2.2 地区产品净流入分析

地区产品净流入包括省际净流入和净进口两个方面,使用其占地区总产出的比重进行分析。其结果见表5.2。

表 5.2　　　　　　　　地区产品净流入情况表　　　　单位:%

省市	省际净流入占比	净进口占比	省市	省际净流入占比	净进口占比	省市	省际净流入占比	净进口占比
北京	0.69	0.02	浙江	1.38	-5.43	海南	6.28	0.59
天津	-0.33	-0.91	安徽	0.35	-0.50	重庆	6.03	-0.19
河北	-4.68	-1.17	福建	4.33	-5.62	四川	1.57	-0.46
山西	0.93	-2.49	江西	3.84	-0.30	贵州	6.52	-0.39
内蒙古	-2.65	1.69	山东	-0.71	-0.76	云南	5.18	-0.36
辽宁	-3.38	-1.35	河南	-0.13	-0.46	陕西	2.72	1.87
吉林	2.24	0.94	湖北	0.60	0.51	甘肃	7.38	-2.51
黑龙江	-4.02	-0.01	湖南	-1.69	-0.16	青海	16.86	-3.08
上海	-5.85	3.86	广东	-0.09	-2.31	宁夏	18.62	-0.11
江苏	-1.03	-0.90	广西	5.20	-1.32	新疆	3.04	0.30

从表 5.2 可以看出，省际净流入为正的地区大多为中西部欠发达地区，省际净流入占地区总产出较高的地区包括宁夏、青海、甘肃、贵州、海南、新疆、山西等能源资源丰富的地区。而省际净流入为负，即省际净流出为正的地区包括上海、江苏、广东、天津等发达地区和黑龙江、辽宁、山东等工业强省。

净进口为正的地区包括上海和北京以及部分中西部省份，净进口为负的地区包括浙江、广东、江苏等沿海省份和青海、宁夏、甘肃、山西等能源资源、矿产资源丰富地区以及安徽、四川等农业大省。

综上所述，从总量的角度考察各地区的省际和国际贸易往来情况来看，中西部等欠发达地区对省际贸易的依存度较高，是内向型经济；而沿海地区对国际贸易依存度较高，为外向型经济，并且以净出口为主。下面进一步考察省际和国际贸易的产业结构。

5.2.3 地区分行业贸易情况分析

5.2.3.1 省际贸易往来产业结构分析

为了便于比较，本书采用各地区各行业流入、流出占整个行业省际流入、流出总量百分比形式。限于篇幅，这里仅列出占比排名前两位的省市。其结果见表5.3。

表 5.3 　　　　　　　**省际贸易前两名情况表** 　　　　单位:%

	省际流出				省际流入			
农业	安徽	17.6	河北	11.46	浙江	14.2	吉林	11.24
煤炭开采和洗选业	山西	28.26	河南	17.85	河北	12.95	浙江	10.27
石油和天然气开采业	黑龙江	39.76	山东	16.23	辽宁	23.1	浙江	10.54
金属矿采选业	河北	46.5	安徽	7.43	河南	22.17	河北	11.36
非金属矿采选业	四川	22.17	安徽	17.27	山东	18.68	河北	15.27
食品制造及烟草加工业	山东	33.91	云南	7.53	广东	8.06	浙江	8.04
纺织业	浙江	24.61	河北	11.26	浙江	31.42	广东	10.37
服装、皮革、羽绒及制品业	浙江	50.17	江苏	14.62	福建	13.34	山东	8.58
木材加工及家具制造业	安徽	17.27	黑龙江	16.22	山东	26.48	北京	9.81
造纸印刷及文教用品制造业	河北	22.86	广东	15	广东	50.24	北京	17.67
石油加工、炼焦及核燃料加工业	辽宁	34.08	新疆	8.65	河北	19.25	浙江	8.56
化学工业	广东	14.86	江苏	10.39	浙江	14.9	江苏	10.08
非金属矿物制品业	河北	30.86	安徽	8.9	吉林	11.28	陕西	11.2
金属冶炼及压延加工业	河北	14.32	辽宁	14	浙江	16.91	山东	16.27
金属制品业	江苏	24.07	广东	20.37	山东	11.89	北京	9.57
通用、专用设备制造业	浙江	21.96	河北	16.39	福建	11.43	北京	8.96
交通运输设备制造业	上海	17.41	吉林	14.63	广东	14.13	浙江	7.53
电气机械及器材制造业	广东	25.27	浙江	22.49	广东	13.11	上海	11.32
通信设备、计算机及他电子设备制造业	广东	34.97	北京	15.13	广东	21.16	江苏	14.76

表5.3(续)

	省际流出			省际流入		
仪器仪表及文化、办公用机械制造业	浙江	36.59	广东	14.74	山东	14.73	北京	12.32
其他制造业	浙江	28.21	河北	15.02	山东	18.34	安徽	16.1
电力、热力的生产和供应业	内蒙古	19.18	山西	16.6	北京	21.37	广东	14.82
燃气的生产和供应业	广东	25.95	福建	20.53	江苏	27.35	河北	10.14
水的生产和供应业	江苏	21.54	福建	14.34	重庆	21.94	安徽	19.36
建筑业	重庆	40.72	江苏	13.11	天津	17.94	北京	16.72
交通运输、仓储和邮政业	上海	12.64	河北	9.06	广东	8.75	河北	8.45
批发、零售业和住宿、餐饮业	浙江	14.54	北京	11.28	浙江	15.93	广东	12.11
其他服务业	北京	30.02	上海	12.44	广西	14.64	天津	9.32

从表5.3可以得到以下两个结论：

（1）从省际流出来看，山西、黑龙江、河南、河北、山东、辽宁、新疆和内蒙古等矿产资源或能源资源丰富的地区省际流出占比较高的行业包括煤炭开采和洗选业、石油和天然气开采业、石油加工炼焦及核燃料加工业、非金属矿物制品业、金属冶炼及压延加工业和电力、热力的生产供应业等资源型行业，这些行业的碳强度都比较高。广东、江苏省际流出的化学工业占比较高，广东、福建省际流出的燃气生产和供应业占比较高，化学工业及燃气生产和供应业的行业碳强度也比较高。除此之外，北京、浙江、江苏、上海和广东等发达省市省际流出占比较高的行业大都集中在纺织服装业、机械制造业和第三产业等行业碳强度较低的中下游行业上。

（2）从省际流入来看，调入煤炭开采和洗选业，石油和天然气开采业，石油加工、炼焦及核燃料加工业，化学工业，金属冶炼及压延加工业，电力、热力的生产和供应业，燃气的生产和供应业占比较高的地区主要集中在浙江、江苏和广东三大沿海省份，河北和山东等经济大省，以及辽宁和吉林等工业强省。而中西部欠发达省市各行业的省际流入占比都较低，说明中西部欠发达地区以省际流出为主，也印证了资源丰富的落后地区通过产品的流出支持着其他地区的发展，在我国整体经济发展中起着举足轻重的作用。

5.2.3.2　国际贸易往来产业结构分析

为了便于比较，本书采用各地区各行业进口、出口占整个行业进口、出口总量百分比形式。限于篇幅，这里仅列出占比排名前两位的省市。其结果见表5.4。

表 5.4　　　　　各省市进出口贸易产品情况表　　　　单位:%

	出口			进口		
农业	广东	23.09	吉林	12.15	广东	30.69	江苏	17.63
煤炭开采和洗选业	山西	40.29	山东	32.4	上海	54.24	山东	10.94
石油和天然气开采业	辽宁	77.4	天津	22.59	广东	37.52	上海	20.53
金属矿采选业	广西	25.73	辽宁	19.24	上海	16.26	山东	9.69
非金属矿采选业	辽宁	25.87	山东	14.03	福建	30.06	广东	22.81
食品制造及烟草加工业	山东	27.96	广东	16.43	山东	26.47	广东	26.39
纺织业	浙江	22.3	江苏	17.48	上海	23.69	广东	19.68
服装、皮革、羽绒及其制品业	广东	32.97	江苏	21	广东	45.99	山东	20.82
木材加工及家具制造业	广东	42.85	江苏	10.96	广东	43.02	上海	22.75
造纸印刷及文教用品制造业	广东	59.84	江苏	8.64	广东	57.99	江苏	26.58
石油加工、炼焦及核燃料加工业	辽宁	30.81	天津	24.05	广东	53.98	上海	13.71
化学工业	广东	26.48	上海	15.1	广东	44.15	上海	15.87
非金属矿物制品业	广东	33.13	山东	10.83	广东	29.26	上海	18.01
金属冶炼及压延加工业	广东	36.84	甘肃	9.47	广东	43.55	江苏	14.53
金属制品业	上海	19.92	广东	19.76	上海	44.71	山东	11.3
通用、专用设备制造业	广东	51.99	浙江	13.96	广东	23.95	江苏	14.74

表5.4(续)

	出口			进口		
交通运输设备制造业	广东	25.1	江苏	20.31	上海	23	广东	20.45
电气机械及器材制造业	广东	46.52	浙江	13.55	广东	40.64	江苏	17.89
通信设备、计算机及其他电子设备制造业	广东	41.07	江苏	22.55	广东	41.66	江苏	17.32
仪器仪表及文化、办公用机械制造业	广东	61.71	上海	8.49	广东	61.91	上海	11.03
其他制造业	广东	18.05	山东	13.7	广东	38.85	上海	19.11
电力、热力的生产和供应业	广东	99.86	内蒙古	0.1	广东	95.1	辽宁	4.9
燃气的生产和供应业	天津	92.72	辽宁	6.23	上海	95.96	吉林	2.94
水的生产和供应业	—	—	—	—	—	—	—
建筑业	北京	58.33	上海	22.1	北京	61.51	上海	18.54
交通运输、仓储和邮政业	上海	31.46	广东	26.86	上海	64.92	天津	14.15
批发、零售业和住宿、餐饮业	广东	56.94	浙江	20.68	浙江	59.95	上海	14.84
其他服务业	北京	43.19	上海	35.09	上海	60.77	北京	25.59

注：水的生产和供应业各个地区的进出口均为0。

从表5.4可以得到以下两个结论：

（1）从出口来看，山西、山东、辽宁和广西等矿产资源与能源资源丰富的地区在出口煤炭开采洗选业、石油和天然气开采业、金属矿采选业和非金属矿采选业等资源采掘业行业上占有绝对比重。而广东、江苏、浙江、上海等沿海发达地区在出口中下游工业行业和服务业上占有较大比重。其中，广东出口化学工业、非金属矿物制品业、金属冶炼及压延加工业，以及电力、热力的生产和供应业四大碳强度较高的行业占有较大比重。

（2）从进口来看，广东、上海和江苏三大地区在绝大部分行业的进口上都占有较大比重，而如浙江和福建等沿海地区仅在少量行业的进口上占有较大比重，浙江仅在批发、零售业和住宿、餐饮业上进口比重排名第一，福建仅在非金属矿采选业上进口比重排名第一。这说明我国各大行业的进口主要被广东、上海和江苏三大地区所吸收，内陆省市的进口量只占有很小的部分。

综上所述，从各个地区分行业省际贸易和国际贸易来看，以内向型经济为主的中西部能源资源和矿产资源较丰富的省市向其他省市流出了大量的煤炭开采和洗选业、石油和天然气开采业、石油加工炼焦及核燃料加工业、非金属矿物制品业、金属冶炼及压延加工业和电力、热力的生产和供应业等资源型行业，也向国外出口了较多的煤炭、金属矿和非金属矿资源，而省际调入量和进口量都非常小。发达省市通过省际贸易流入了大量的资源型行业支撑本地经济发展，流出占比较高的行业集中在纺织服装业、机械制造业和第三产业等行业碳强度较低的中下游行业上，并且广东、上海和江苏三大沿海地区大量吸收了我国进口的各个行业。

5.3 地区贸易隐含能源二氧化碳排放量分析

5.3.1 地区贸易隐含能源二氧化碳排放的测量方法

地区贸易隐含能源二氧化碳排放是从最终产品使用的角度进行测量的。其总量的计算公式为：

$$coe = e\left[(I-a)^{-1}Y\right] \tag{5.2}$$

式中，coe 为地区贸易隐含能源二氧化碳排放量，e 为行业直接碳强度行向量，$(I-a)^{-1}$ 为列昂剔夫逆矩阵，Y 为地区贸易最终产品列向量。式（5.2）中的 $e(I-a)^{-1}$ 部分也可以看成行业的完全碳排放系数，用 $\bar{e}$ 表示。所以，地区贸易隐含能源二氧化碳排放量的计算公式也可以表示为：

$$coe = \bar{e}Y \qquad\qquad (5.3)$$

可见，地区贸易隐含能源二氧化碳排放量由行业完全碳排放系数和地区贸易最终产品决定。

地区贸易最终产品列向量有几种形式：第一种是某地区出口产品列向量，第二种是某地区省际调出产品列向量，第三种是某地区进口产品列向量，第四种是某地区省际调入产品列向量。第一种和第二种贸易形式表示的能源二氧化碳排放是由本地生产产品引起的，但是这些产品通过出口或者流出到其他省市，并未在本地消费；而第三种和第四种贸易形式表示的能源二氧化碳排放是由本地进口或者从其他省市流入的贸易产品生产引起的，这种二氧化碳排放并没有留在本地。

5.3.2 数据来源和整理

地区贸易最终产品的数据来自《2002 年中国地区扩展投入产出表：编制与应用》。2002 年行业直接碳强度的数据通过中国能源统计年鉴各行业的各类能源消耗量和各地区 2002 年投入产出表各行业的总产出计算得到，表示各行业总产品的直接碳排放强度，而由直接碳强度与列昂剔夫逆矩阵可以得到各个行业的完全碳排放系数。其结果见表 5.5。

表 5.5 　2002 年各行业总产品的完全碳排放系数

单位：吨/万元

行业	完全碳排放系数
农、林、牧、渔业	2.131 9
煤炭开采和洗选业	6.160 7
石油和天然气开采业	7.902 2
金属矿采选业	5.730 5

表5.5(续)

行业	完全碳排放系数
非金属矿及其他矿采选业	4.530 1
食品制造及烟草加工业	2.451 7
纺织业	3.390 9
纺织服装、鞋帽、皮革、羽绒及其制品业	2.791 2
木材加工及家具制造业	3.460 5
造纸印刷及文教体育用品制造业	3.568 0
石油加工、炼焦及核燃料加工业	21.386 3
化学工业	6.627 6
非金属矿物制品业	7.748 0
金属冶炼及压延加工业	9.546 7
金属制品业	6.099 6
通用、专用设备制造业	4.744 4
交通运输设备制造业	4.196 0
电气机械及器材制造业	4.910 1
通信设备、计算机及其他电子设备制造业	3.427 9
仪器仪表及文化、办公用机械制造业	3.888 8
工艺品及其他制造业	2.748 7
电力、热力的生产和供应业	17.107 6
燃气的生产和供应业	11.424 6
水的生产和供应业	4.650 7
建筑业	4.812 9
交通运输、仓储和邮政业	6.604 1
批发、零售业和住宿、餐饮业	2.163 7
其他行业	2.108 1

从表5.5可以看出，石化行业，电力、热力的生产和供应

业，金属冶炼制品业，采掘业，交通运输、仓储和邮政业仍是高碳排放行业。

5.3.3 省际贸易隐含能源二氧化碳排放分析

5.3.3.1 省际转出最终产品隐含能源二氧化碳排放分析

从省际转出最终产品隐含能源二氧化碳总量和单位产品隐含能源二氧化碳两个角度进行分析，单位产品隐含能源二氧化碳为省际转出最终产品隐含能源二氧化碳总量除以省际调出最终产品。其结果见表5.6。

表5.6　省际转出最终产品隐含能源二氧化碳情况表

地区	省际转出总量（万吨）	单位产品转出（吨/万元）	地区	省际转出总量（万吨）	单位产品转出（吨/万元）	地区	省际转出总量（万吨）	单位产品转出（吨/万元）
浙江	12 754.35	1.79	河南	4 605.78	2.61	山西	1 992.71	3.07
河北	11 324.81	2.38	重庆	3 824.58	2.03	江西	1 896.77	2.02
广东	10 933.55	2.18	黑龙江	3 820.12	2.37	四川	1 661.03	1.68
辽宁	9 449.56	3.99	甘肃	2 641.95	5.79	内蒙古	1 620.74	1.93
江苏	9 252.78	1.95	陕西	2 627.30	2.28	贵州	1 182.61	2.00
山东	8 051.79	2.33	湖南	2 449.19	1.80	云南	1 040.65	1.49
上海	6 228.39	1.86	广西	2 298.15	1.67	天津	1 016.69	0.49
吉林	5 961.63	2.44	湖北	2 207.28	1.86	宁夏	630.97	3.07
北京	5 492.22	1.62	新疆	2 134.71	2.94	海南	560.30	1.35
安徽	4 906.66	1.65	福建	2 091.91	2.16	青海	438.80	2.30

从表5.6可以看出，浙江、广东、江苏、上海和北京等经济发达地区省际转出最终产品隐含能源二氧化碳总量较多。单位产品转出能源二氧化碳排名前四位的地区为甘肃、辽宁、宁夏、山西和新疆，分别为5.79吨/万元、3.99吨/万元、3.07吨/万元、3.07吨/万元和2.94吨/万元，而京津、东部沿海等发达地区单位产品转出能源二氧化碳处于全国中等或中等偏下

的位置。辽宁省无论从总量还是从单位量来看都较为靠前。

这与各个地区省际流出的产业有较大关系，广东和江苏流出了大量的化学工业，分别占到省际流出总量的 14.86% 和 10.39%，浙江流出了大量的服装皮革及羽绒制品业，占到流出总量的 50.17%，上海流出了大量的交通运输、仓储和邮政业，占流出总量的 12.64%，北京流出了大量的批发、零售业和住宿、餐饮业，占流出总量的 11.28%，而化学工业，交通运输、仓储和邮政业，批发、零售业和住宿、餐饮业的行业总产品直接碳强度处于中等偏上水平。而单位产品流出能源二氧化碳较多的地区流出的产业集中在高碳排放行业上，甘肃和辽宁以流出石油加工炼焦及核燃料加工业与金属冶炼及压延加工业为主，山西以流出煤炭开采和洗选业，电力、热力的生产和供应业为主，新疆以流出石油和天然气开采业、石油加工炼焦及核燃料加工业为主。

可见，经济发展水平较高的地区省际转出产品隐含能源二氧化碳总量较高，但由于其主要以流出中下游产品为主，行业直接碳强度不高，使其单位产品转出能源二氧化碳不高。而能源资源或金属矿产资源丰富的地区由于流出的行业以资源型为主，单位产品转出能源二氧化碳水平较高，但由于其人口众多，经济总量有限，省际流出产品隐含能源二氧化碳总量不高。

5.3.3.2 省际转入最终产品隐含能源二氧化碳排放分析

从省际转入最终产品隐含能源二氧化碳总量和单位产品隐含能源二氧化碳两个角度进行分析，单位产品隐含能源二氧化碳为省际转入最终产品隐含能源二氧化碳总量除以省际流入最终产品。其结果见表 5.7。

表 5.7　各省市省际转入最终产品的能源二氧化碳情况表

地区	省际转入总量（万吨）	单位产品转入（吨/万元）	地区	省际转入总量（万吨）	单位产品转入（吨/万元）	地区	省际转入总量（万吨）	单位产品转入（吨/万元）
浙江	16 118.12	2.94	辽宁	4 442.16	2.42	广西	2 138.33	1.29
广东	10 979.07	2.21	河南	3 727.62	2.14	云南	1 596.10	1.65
江苏	10 024.23	2.99	福建	3 230.52	2.21	新疆	1 589.13	1.89
山东	10 003.89	3.07	陕西	2 962.71	2.27	山西	1 073.27	1.53
河北	9 998.15	2.49	湖北	2 813.89	2.26	海南	1 029.18	2.06
上海	7 785.82	3.37	黑龙江	2 775.32	2.13	天津	976.35	0.48
北京	6 591.40	1.89	甘肃	2 576.24	3.76	内蒙古	918.18	1.25
吉林	6 503.10	2.52	四川	2 518.29	2.17	贵州	893.67	1.17
安徽	5 194.59	1.72	湖南	2 410.56	2.00	宁夏	884.25	2.40
重庆	4 939.68	2.28	江西	2 337.02	2.02	青海	547.98	1.67

从表 5.7 可以看出，浙江、广东、江苏、上海和北京等发达地区省际转入最终产品隐含能源二氧化碳总量较多，并且其单位产品转入能源二氧化碳的排名也靠前，上海、江苏和浙江单位产品转入能源二氧化碳分别排名第二、第四和第五位。西部地区省际转入最终产品隐含能源二氧化碳总量普遍较少，单位产品转入能源二氧化碳也较低。

这同样与各个地区流入的产业有较大的关系，北京和广东流入了大量的电力、热力的生产和供应业，分别占到省际流入总量的 21.37% 和 14.82%，广东还流入了大量的造纸印刷及文教用品制造业，占到省际流入总量的 50.24%，江苏流入了大量的燃气生产和供应业，占到省际流入总量的 10.08%，而浙江对大部分高碳排放行业都有较大量的流入，煤炭开采和洗选业，石油和天然气开采业，石油加工、炼焦及核燃料加工业，化学工业，金属冶炼及压延加工业，批发、零售、住宿、餐饮业流入量分别占到省际流入总量的 10.27%、10.54%、8.56%、

14.9%、16.91%和15.93%。正是因为这些地区流入行业的行业直接碳排强度较高，也使这些地区单位产品转入的能源二氧化碳排放较高。而西部地区由于人口众多，产业结构中直接碳强度较高行业占比高，使其需要从外省流入大量的食品制造及烟草加工业、纺织服装业、化学工业、交通运输设备制造业和通用、专用设备制造业等中下游行业满足本地需求。这些行业直接碳强度不高，且流入数量有限，使西部地区省际转入最终产品能源二氧化碳总量和单位产品转入能源二氧化碳都不高。

可见，经济发展水平较高的地区流入了大量的能源资源和资源型高碳排放行业支撑本地经济发展，使其省际转入产品隐含能源二氧化碳总量和单位产品转入能源二氧化碳都较高。而能源资源或金属矿产资源丰富的西部地区由于流入了大量的中下游行业以弥补本地高碳排放产业结构无法满足的多层次需求，使其省际转入产品隐含能源二氧化碳总量和单位产品转入能源二氧化碳都较少。

5.3.3.3 省际贸易净转入能源二氧化碳分析

从前面的分析可以看到一个地区省际碳转出和转入与其资源禀赋和产业结构有较大的关系。对于资源禀赋贫乏、高碳排放行业占比较低的地区，需要从外省市流入大量的资源型行业支撑本地经济发展；对于矿产资源和能源资源较为丰富的西部地区，需要从其他省市流入大量的中下游行业弥补本地高碳排放产业结构无法满足的多层次需求。在此基础上就地区的省际贸易净转入能源二氧化碳量进行分析，为下文碳排放权的地区分解打下基础。其结果见表5.8。

表5.8　　　　省际贸易能源二氧化碳净转入表　　单位：万吨

地区	省际净转入	地区	省际净转入	地区	省际净转入
浙江	3 363.77	吉林	541.46	甘肃	−65.71

表5.8(续)

地区	省际净转入	地区	省际净转入	地区	省际净转入
山东	1 952.11	海南	468.87	广西	−159.82
上海	1 557.43	江西	440.25	贵州	−288.94
福建	1 138.61	陕西	335.41	新疆	−545.58
重庆	1 115.11	安徽	287.92	内蒙古	−702.56
北京	1 099.18	宁夏	253.28	河南	−878.16
四川	857.26	青海	109.18	山西	−919.44
江苏	771.46	广东	45.52	黑龙江	−1 044.80
湖北	606.61	湖南	−38.63	河北	−1 326.66
云南	555.45	天津	−40.34	辽宁	−5 007.40

　　从表5.8可以看出，省际贸易能源二氧化碳净转入量为负的地区都拥有较为丰富的能源资源或者是矿产资源，河北拥有丰富的煤炭和石油资源，山西有丰富的煤炭资源，内蒙古的天然气和硫铁矿较为丰富，辽宁的矿产资源丰富多样，黑龙江的石油和天然气资源丰富，河南的金属矿资源丰富，广西的金属矿和非金属矿资源丰富，贵州的有色金属矿资源丰富，甘肃和新疆的石油资源丰富。正是因为这些地区的资源丰富使其优势行业多以资源型行业为主，产业结构中高碳排放行业占比较高，山西和甘肃的高碳排放行业占比都在80%以上，黑龙江、内蒙古、河北和贵州的高碳排放行业占比在60%以上，而辽宁、河南、新疆和广西的高碳排放行业占比都在50%以上。而省际贸易能源二氧化碳净转入为正的地区高碳排放行业占比相对较低。可见，省际贸易能源二氧化碳净转入与一个地区的高碳排放行业占比关系密切。

5.3.3.4　各区域省际碳排放转移总量分析

将我国各省市分为八大区域进行省际碳转移的分析，可以进一步分析碳转移的方向和结构。

（1）东北区域

从表 5.9 可以看出，东北区域转移出去的碳排放总计是 2 540.58 万吨。其中：转移给中部地区的碳排放最多，占比为 38.79%；转移至北部沿海和东部沿海区域，占比分别为 21.14% 和 21.04%；转移给西北区域和西南区域的碳排放较少，占比合计为 5.08%。从东北区域碳转移的行业结构来看，食品制造烟草加工业和纺织服装业等轻工业和其他服务业碳转移量较大，分别为 520 万吨、347.63 万吨和 440.28 万吨，合计占比 51.48%。落实到具体行业，东北农业、造纸印刷及文教用品制造业、机械工业、其他制造业和商业运输业向北部沿海转出的碳排放量最多；纺织服装业、木材加工及家具制造业、化学工业和电气机械及电子通信设备制造业向东部沿海转移的碳排放量最多；食品制造机烟草加工业、非金属矿物制品业和交通运输设备制造业向中部转移的碳排放量最多；东北采选业、金属冶炼及制品业向西北转移的碳排放量最多。

表 5.9　　　　东北区域的碳转移情况表　　　单位：万吨

	东北转移给京津	东北转移给北部沿海	东北转移给东部沿海	东北转移给南部沿海	东北转移给中部	东北转移给西北	东北转移给西南	行业合计
农业	4.05	55.00	23.14	10.23	36.78	2.35	4.67	136.21
采选业	0.06	10.47	0.10	0.07	11.01	30.32	0.45	52.48
食品制造及烟草加工业	34.69	141.31	98.50	57.48	157.14	5.50	25.38	520.00
纺织服装业	13.53	93.43	115.85	61.22	53.23	1.05	9.30	347.63
木材加工及家具制造业	1.50	6.84	9.67	6.07	6.76	0.35	2.75	33.96
造纸印刷及文教用品制造业	0.62	6.79	4.84	4.08	4.00	2.06	0.58	22.98

表5.9(续)

	东北转移给京津	东北转移给北部沿海	东北转移给东部沿海	东北转移给南部沿海	东北转移给中部	东北转移给西北	东北转移给西南	行业合计
化学工业	11.75	48.72	54.95	6.15	19.77	0.29	2.81	144.43
非金属矿物制品业	0.31	5.07	1.64	1.88	5.53	-1.06	0.43	13.82
金属冶炼及制品业	-1.37	-5.34	-6.84	-0.02	-3.74	6.26	-1.05	-12.09
机械工业	3.60	48.88	43.96	3.86	34.67	1.50	3.11	139.58
交通运输设备制造业	7.17	12.28	60.26	6.37	159.47	5.60	2.76	253.92
电气机械及电子通信设备制造业	17.54	36.37	90.05	64.80	18.21	0.56	5.31	232.85
其他制造业	0.87	8.19	5.74	5.50	5.57	3.22	0.66	29.75
电气蒸汽热水、煤气自来水生产和供应业	0.00	22.43	0.00	0.00	0.00	0.00	0.00	22.43
建筑业	0.00	0.00	0.00	0.00	0.00	0.00	0.00	0.00
商业、运输业	11.85	46.53	32.56	20.56	36.88	9.39	4.57	162.33
其他服务业	0.00	0.00	0.00	0.00	440.28	0.00	0.00	440.28
区域合计	106.18	536.98	534.44	248.28	985.55	67.40	61.75	2 540.58

（2）京津区域

从表5.10可以看出,京津区域转移出去的碳排放量总计是
893.92万吨。其中:转出给北部沿海地区的碳排放量最多,占
比为41.22%;转出给西南区域的碳排放量较少,占比仅为
2.01%。从京津区域碳转移行业结构来看,食品制造烟草加工
业和纺织服装业等轻工业,以及电气蒸汽热水、煤气自来水生
产供应业的碳转移量较大,分别为157.86万吨、116.09万吨和
107.09万吨,合计占比为42.63%。从具体行业来看,京津区域
的17个行业中有12个行业向北部沿海区域转出的碳排放量最
多,包括农业,采选业,食品制造及烟草加工业,纺织服装业,
木材加工及家具制造业,造纸印刷及文教用品制造业,化学工
业,非金属矿物制品业,机械工业,电气机械及电子通信设备

制造业,电气蒸汽热水、煤气自来水生产和供应业,商业、运输业;交通运输设备制造业向东部沿海区域转出的碳排放量最多;其他制造业向中部区域转出的碳排放量最多。

表5.10　　　　　　京津区域的碳转移情况表　　　　单位:万吨

	京津转移给东北	京津转移给北部沿海	京津转移给东部沿海	京津转移给南部沿海	京津转移给中部	京津转移给西北	京津转移给西南	行业合计
农业	7.23	27.00	6.61	2.84	15.23	12.30	1.69	72.90
采选业	0.60	6.36	0.71	0.09	4.23	1.77	0.20	13.96
食品制造及烟草加工业	14.04	58.44	16.34	8.50	40.11	15.08	5.35	157.86
纺织服装业	6.52	51.09	23.54	14.10	14.82	3.41	2.62	116.09
木材加工及家具制造业	5.98	9.64	3.51	2.53	5.24	1.86	1.28	30.04
造纸印刷及文教用品制造业	0.50	5.09	1.44	1.07	1.92	0.28	0.22	10.52
化学工业	3.64	19.96	10.03	1.74	8.22	2.49	0.97	47.05
非金属矿物制品业	5.39	27.35	3.72	4.19	18.53	3.36	1.18	63.73
金属冶炼及制品业	-2.26	-4.10	-2.00	0.05	-3.08	-2.62	-0.52	-14.52
机械工业	7.92	28.89	10.53	0.84	13.86	3.04	1.01	66.09
交通运输设备制造业	6.48	13.09	23.24	2.37	9.97	1.68	1.64	58.47
电气机械及电子通信设备制造业	6.76	36.08	23.58	13.38	10.28	3.90	1.54	95.50
其他制造业	0.84	14.94	3.37	2.69	6.78	0.77	0.62	30.01
电气蒸汽热水、煤气自来水生产和供应业	0.00	59.34	0.00	0.00	47.75	0.00	0.00	107.09
建筑业	0.00	0.00	0.00	0.00	0.00	0.00	0.00	0.00
商业、运输业	3.71	15.38	4.22	2.39	8.61	4.08	0.78	39.15
其他服务业	0.00	0.00	0.00	0.00	0.00	0.00	0.00	0.00
区域合计	67.34	368.53	128.84	56.78	202.47	51.40	18.55	893.92

（3）北部沿海区域

从表5.11可以看出,北部沿海区域转移出去的碳排放量总计是2 560.3万吨。其中:转移给东部沿海地区的碳排放最多,占比为 51.65%；转移给西北区域和西南区域的碳排放较少，占比合计仅为 5.39%。从北部沿海区域碳转移行业结构来看，交通运输设备制造业和电气机械及电子通信设备制造业，以及食品制造和烟草加工业的碳转出量较大，分别为 805.7 万吨、329.69 万吨和 451.46 万吨，占比合计为 61.98%。从具体行业来看，北部沿海的 17 个大行业中有 10 个行业都向东部沿海区域转出的碳排放量最多，包括纺织服装业，木材加工及家具制造业，造纸印刷及文教用品制造业，化学工业，机械工业，交通运输设备制造业，电气机械及电子通信设备制造业，其他制造业，电气蒸汽热水、煤气自来水生产和供应业，商业、运输业；而农业、采选业、食品制造及烟草加工业和非金属矿物制品业向中部转出的碳排放量最多。

表 5.11　　　　　　北部沿海区域的碳转移情况表　　　　单位：万吨

	北部沿海转移给东北	北部沿海转移给京津	北部沿海转移给东部沿海	北部沿海转移给南部沿海	北部沿海转移给中部	北部沿海转移给西北	北部沿海转移给西南	行业合计
农业	14.71	7.38	27.81	11.29	50.35	13.45	4.92	129.90
采选业	−0.52	−0.22	0.20	0.04	4.62	0.38	0.30	4.79
食品制造及烟草加工业	27.37	37.46	156.47	35.72	156.64	19.71	18.08	451.46
纺织服装业	8.22	12.82	127.20	36.63	39.40	2.95	5.85	233.07
木材加工及家具制造业	8.80	5.82	36.24	8.95	24.29	2.76	4.96	91.82
造纸印刷及文教用品制造业	0.95	1.18	11.84	4.34	7.33	0.45	0.73	26.82
化学工业	12.39	19.57	67.75	8.98	56.30	7.04	5.46	177.48
非金属矿物制品业	5.37	3.35	11.20	8.28	40.98	1.90	2.49	73.56
金属冶炼及制品业	−12.29	−9.55	−22.13	−0.95	−38.64	−10.82	−4.70	−99.07
机械工业	5.19	1.92	32.09	1.16	18.52	1.47	1.15	61.50
交通运输设备制造业	37.11	14.84	579.41	30.54	116.76	8.98	18.05	805.70
电气机械及电子通信设备制造业	10.71	26.17	191.16	56.98	28.07	10.71	5.90	329.69

表5. 11(续)

	北部沿海转移给东北	北部沿海转移给京津	北部沿海转移给东部沿海	北部沿海转移给南部沿海	北部沿海转移给中部	北部沿海转移给西北	北部沿海转移给西南	行业合计
其他制造业	2.13	4.82	38.88	15.34	38.02	1.60	3.01	103.81
电气蒸汽热水、煤气自来水生产和供应业	2.39	2.00	17.95	0.00	15.98	1.44	0.00	39.75
建筑业	0.00	0.00	0.00	0.00	0.00	0.00	0.00	0.00
商业、运输业	8.71	12.37	46.46	12.08	40.65	6.52	3.22	130.00
其他服务业	0.00	0.00	0.00	0.00	0.00	0.00	0.00	0.00
区域合计	131.24	139.94	1 322.52	229.8	599.26	68.54	69.41	2 560.30

（4）东部沿海区域

从表5.12可以看出，东部沿海区域转移出去的碳排放量总计是2 942万吨。其中：转出给中部地区的碳排放量最多，为1 147.6万吨，占比为39%；转出给京津区域、西北区域和西南区域的碳排放量较少，占比合计仅为9.46%。从东部沿海区域碳转移行业结构来看，机械工业和食品制造及烟草加工业的碳转出量较大，分别为686.2万吨和691.84万吨，占比合计为46.84%。从具体行业来看，东部沿海区域17个行业中有11个行业向中部区域转出的碳排放量最多，包括：农业，采选业，食品制造及烟草加工业，木材加工及家具制造业，化学工业，非金属矿物制品业，机械工业，交通运输设备制造业，其他制造业，电气蒸汽热水、煤气自来水生产和供应业，商业、运输业；纺织服装业、造纸印刷及文教用品制造业和电气机械及电子通信设备制造业向南部沿海转出的碳排放量最多。

表 5.12   东部沿海区域的碳转移情况表   单位：万吨

	东部沿海转移给东北	东部沿海转移给京津	东部沿海转移给北部沿海	东部沿海转移给南部沿海	东部沿海转移给中部	东部沿海转移给西北	东部沿海转移给西南	行业合计
农业	9.88	2.74	53.25	26.20	67.50	10.40	8.02	177.98
采选业	−1.42	−0.21	5.97	−1.04	14.27	0.23	1.02	18.81

表5.12(续)

	东部沿海转移给东北	东部沿海转移给京津	东部沿海转移给北部沿海	东部沿海转移给南部沿海	东部沿海转移给中部	东部沿海转移给西北	东部沿海转移给西南	行业合计
食品制造及烟草加工业	24.55	19.44	155.20	121.95	307.53	21.21	41.95	691.84
纺织服装业	5.43	4.94	60.96	78.83	63.83	2.74	10.00	226.74
木材加工及家具制造业	1.60	0.58	5.72	8.34	12.98	0.35	3.01	32.59
造纸印刷及文教用品制造业	0.19	0.14	2.83	3.20	3.08	0.13	0.40	9.97
化学工业	11.24	14.29	71.15	35.21	84.75	9.79	9.92	236.34
非金属矿物制品业	5.72	1.37	39.59	31.27	75.52	2.44	6.16	162.06
金属冶炼及制品业	−5.09	−2.18	−10.64	9.13	−35.27	−6.73	−8.47	−59.25
机械工业	44.53	9.19	266.58	36.58	289.60	15.90	23.82	686.20
交通运输设备制造业	11.97	5.14	40.08	38.18	99.03	4.50	17.43	216.33
电气机械及电子通信设备制造业	5.58	8.06	39.49	104.96	33.12	9.93	6.82	207.95
其他制造业	1.23	1.51	28.52	31.86	43.54	1.14	4.10	111.91
电气蒸汽热水、煤气自来水生产和供应业	0.00	0.00	15.90	23.69	32.70	0.00	0.00	72.28
建筑业	0.00	0.00	0.00	0.00	0.00	0.00	0.00	0.00
商业、运输业	6.38	5.22	38.77	32.51	55.44	5.77	6.16	150.24
其他服务业	0.00	0.00	0.00	0.00	0.00	0.00	0.00	0.00
区域合计	121.79	70.22	813.37	580.86	1 147.6	77.81	130.34	2 942.00

（5）南部沿海区域

从表5.13可以看出，南部沿海区域转移出去的碳排放量总计是2 769.71万吨。其中：转移给东部沿海和中部地区的碳排放量较多，占比为69.5%，转移给东北、京津和西北区域的碳排放量较少，占比合计为6.66%。从南部沿海区域碳转移行业结构来看，农业、食品制造及烟草加工业和电气机械及电子通信设备制造业的碳转出量较大，分别为433.47万吨、444.68万吨和479.18万吨，合计占比为49.01%。从具体行业来看，南部沿海区域的纺织服装业、化学工业、机械工业、交通运输设备制造业和电气机械及电子通信设备制造业向东部沿海转出的碳排放量最多;而农业、采选业、食品制造及烟草加工业、木材加工及家具制造业、造纸印刷及文教用品制造业、非金属矿物制品业、其他制造业和商业运输业向中部转出的碳排放量最多。

表 5.13　　　　南部沿海区域的碳转移情况表　　　单位:万吨

	南部沿海转移给东北	南部沿海转移给京津	南部沿海转移给北部沿海	南部沿海转移给东部沿海	南部沿海转移给中部	南部沿海转移给西北	南部沿海转移给西南	行业合计
农业	8.66	6.72	59.70	104.43	191.81	24.52	37.62	433.47
采选业	-1.40	-0.06	2.87	0.01	16.19	-0.32	3.32	20.60
食品制造及烟草加工业	10.18	12.33	56.98	88.60	196.93	9.71	69.95	444.68
纺织服装业	3.38	5.07	35.76	108.71	57.76	1.89	27.03	239.60
木材加工及家具制造业	2.71	1.37	13.57	54.37	55.29	1.20	26.88	155.39
造纸印刷及文教用品制造业	0.51	0.58	7.04	12.38	12.99	0.39	4.81	38.70
化学工业	7.11	13.94	40.76	160.96	85.56	8.36	30.95	347.64
非金属矿物制品业	2.28	0.57	17.22	14.00	49.66	1.43	12.20	97.37
金属冶炼及制品业	-2.47	-1.47	12.29	-25.22	-34.64	-4.35	-19.64	-75.50
机械工业	3.79	1.18	19.13	39.26	35.40	1.52	7.40	107.67
交通运输设备制造业	3.05	11.66	9.65	118.24	40.38	1.26	14.85	199.09
电气机械及电子通信设备制造业	9.10	10.24	67.22	255.97	94.59	15.02	27.04	479.18
其他制造业	1.03	2.02	26.50	35.78	73.45	1.16	17.23	157.17
电气蒸汽热水、煤气自来水生产和供应业	0.00	0.00	0.00	3.90	5.82	0.00	0.00	9.72
建筑业	0.00	0.00	0.00	0.00	0.00	0.00	0.00	0.00
商业、运输业	3.24	4.05	18.16	29.70	43.58	3.31	12.90	114.94
其他服务业	0.00	0.00	0.00	0.00	0.00	0.00	0.00	0.00
区域合计	51.17	68.22	386.84	1 001.09	924.76	65.10	272.53	2 769.71

（6）中部区域

从表 5.14 可以看出，中部区域转移出去的碳排放量总计是
5 188.45 万吨。其中：转出给东部沿海地区的碳排放量较多，
占比为 43.47%，转移给东北和京津区域的碳排放量较少，占比
合计为 4.93%。从中部区域碳转移行业结构来看，电气机械及
电子通信设备制造业、交通运输设备制造业、机械工业、化学
工业等重工业和纺织服装业、食品制造和烟草加工业等轻工业
的碳转移量较大，分别为 1 033.63 万吨、810.2 万吨、838.2 万
吨、596.82 万吨、796.04 万吨和 594.88 万吨。从具体行业来
看，中部区域的农业、采选业、食品制造及烟草加工业、造纸
印刷及文教用品制造业、其他制造业、非金属矿物制品业和商
业、运输业向北部沿海转移的碳排放量最多，而纺织服装业、
木材加工及家具制造业、化学工业、机械工业、交通运输设备
制造业、电气机械及电子通信设备制造业以及电气蒸汽热水、
煤气自来水生产和供应业向东部沿海转移的碳排放量最多。

表 5.14　　　　中部沿海区域的碳转移情况表　　　单位：万吨

	中部转移给东北	中部转移给京津	中部转移给北部沿海	中部转移给东部沿海	中部转移给南部沿海	中部转移给西北	中部转移给西南	行业合计
农业	7.84	2.37	57.26	39.90	18.67	20.29	14.06	160.40
采选业	-0.49	-0.29	6.66	0.43	0.16	-2.23	2.34	6.59
食品制造及烟草加工业	23.12	19.55	183.92	167.31	86.00	42.01	72.98	594.88
纺织服装业	12.65	12.82	201.16	327.10	182.42	11.32	48.56	796.04
木材加工及家具制造业	1.34	1.03	11.46	18.10	10.45	0.78	6.93	50.08
造纸印刷及文教用品制造业	0.83	0.66	16.59	15.70	11.36	1.16	3.29	49.60
化学工业	21.14	19.67	169.49	280.05	47.40	28.72	30.34	596.82
非金属矿物制品业	2.14	0.78	22.33	9.85	11.62	1.77	3.50	51.99
金属冶炼及制品业	-4.81	-3.13	-16.02	-19.26	2.71	-9.37	-8.24	-58.13

表5.14(续)

	中部转移给东北	中部转移给京津	中部转移给北部沿海	中部转移给东部沿海	中部转移给南部沿海	中部转移给西北	中部转移给西南	行业合计
机械工业	40.36	10.17	320.08	359.29	28.40	32.68	47.23	838.20
交通运输设备制造业	23.91	4.90	96.30	539.38	56.02	17.84	71.86	810.20
电气机械及电子通信设备制造业	16.75	27.31	159.87	440.27	277.53	66.86	45.05	1 033.63
其他制造业	0.35	0.38	7.66	7.35	6.01	0.52	1.55	23.81
电气蒸汽热水、煤气自来水生产和供应业	0.00	0.00	10.90	13.98	9.83	2.12	3.59	40.42
建筑业	0.00	0.00	0.00	0.00	0.00	0.00	0.00	0.00
商业、运输业	7.69	7.02	61.97	56.19	31.41	14.93	14.70	193.92
其他服务业	0.00	0.00	0.00	0.00	0.00	0.00	0.00	0.00
区域合计	152.81	103.23	1 309.63	2 255.64	779.99	229.40	357.76	5 188.45

（7）西北区域

从表5.15可以看出，西北区域转移出去的碳排放总计是2 701.02万吨。其中：转移给中部和东部沿海区域的碳排放量较多，占比合计为49.64%；转移给京津区域的碳排放量较少，占比仅为3.73%。从中部区域碳转移行业结构来看，纺织服装业、食品制造及烟草加工业等轻工业和机械工业、交通运输设备制造业等重工业的碳转出量较多，占比合计为63.6%。从具体行业来看，西北的17个行业中有10个行业向中部转出的碳排放量最多，包括农业、采选业、食品制造及烟草加工业、木材加工及家具制造业、造纸印刷及文教用品制造业、非金属矿物制品业、机械工业、其他制造业以及电气蒸汽热水、煤气自来水生产和供应业与商业、运输业；化学工业和金属冶炼及制品业向北部沿海转出的碳排放量最多，纺织服装业、交通运输设备制造业和电气机械及电子通信设备制造业向东部沿海转出的碳排放量最多。

表 5.15　　　　　　西北沿海区域的碳转移情况表　　　单位：万吨

	西北转移给东北	西北转移给京津	西北转移给北部沿海	西北转移给东部沿海	西北转移给南部沿海	西北转移给中部	西北转移给西南	行业合计
农业	3.48	0.83	16.08	6.75	3.95	29.14	4.90	65.12
采选业	0.37	0.01	3.10	0.10	0.31	6.02	1.06	10.97
食品制造及烟草加工业	20.65	13.23	65.21	43.36	27.24	130.53	42.68	342.91
纺织服装业	20.85	16.49	139.59	154.09	110.16	129.52	52.47	623.16
木材加工及家具制造业	4.26	1.15	7.09	7.24	6.75	12.96	5.73	45.19
造纸印刷及文教用品制造业	1.20	0.72	9.68	6.21	6.11	10.16	2.71	36.78
化学工业	19.38	41.73	69.00	59.71	10.80	56.00	23.07	279.70
非金属矿物制品业	3.23	0.47	11.51	3.52	6.69	28.24	4.63	58.29
金属冶炼及制品业	-1.61	-0.59	7.62	0.03	5.60	-8.49	-2.18	0.38
机械工业	32.09	6.04	95.64	80.21	8.15	127.83	27.07	377.02
交通运输设备制造业	26.32	2.14	42.46	142.30	22.86	93.52	45.03	374.64
电气机械及电子通信设备制造业	8.93	8.27	36.00	59.65	49.84	31.38	17.70	211.76
其他制造业	2.04	1.83	23.36	13.34	13.85	27.89	6.90	89.21
电气蒸汽热水、煤气自来水生产和供应业	1.31	0.00	0.00	0.00	0.00	8.72	2.18	12.22
建筑业	0.00	0.00	0.00	0.00	0.00	0.00	0.00	0.00
商业、运输业	12.12	8.32	39.65	24.70	18.21	56.13	14.54	173.67
其他服务业	0.00	0.00	0.00	0.00	0.00	0.00	0.00	0.00
区域合计	154.63	100.63	565.97	601.22	290.53	739.57	248.47	2 701.02

（8）西南区域

从表 5.16 可以看出，西南区域转移出去的碳排放量总计是 2 975.28 万吨。其中：转出给东部沿海、南部沿海和中部区域的碳排放量较多，占比合计为 76.86%；转移给东北和京津地区的碳排放量较少，占比合计为 3.68%。从中部区域碳转移行业结构来看，纺织服装业、机械工业、电气机械及电子通信设备制造业和食品制造及烟草加工业转出的碳排放量较高，分别为723.58万吨、576.77万吨、399.35万吨和382.78万吨。从具体行业来看，西南的化学工业和交通运输设备制造业向东部沿海转出的碳排放量最多；纺织服装业、造纸印刷及文教用品制造业、金属冶炼及制品业、电气机械及电子通信设备制造业和其他制造业向南部沿海转出的碳排放量最多；农业、采选业、食品制造及烟草加工业、木材加工及家具制造业、非金属矿物制品业、机械工业以及电气蒸汽热水、煤气自来水生产和供应业与商业、运输业中部转出的碳排放量最多。

表 5.16　　　　西南沿海区域的碳转移情况表　　　单位：万吨

	西南转移给东北	西南转移给京津	西南转移给北部沿海	西南转移给东部沿海	西南转移给南部沿海	西南转移给中部	西南转移给西部	行业合计
农业	4.58	1.21	19.08	12.97	15.73	57.30	28.66	139.54
采选业	0.16	0.01	3.32	0.03	0.30	5.64	1.01	10.47
食品制造及烟草加工业	10.50	6.95	51.76	51.16	67.07	169.90	25.44	382.78
纺织服装业	9.18	8.22	103.05	168.58	267.48	153.96	13.11	723.58
木材加工及家具制造业	0.39	0.14	1.27	2.67	2.33	2.80	0.23	9.83
造纸印刷及文教用品制造业	0.31	0.20	4.01	4.06	8.13	6.78	0.61	24.10
化学工业	5.49	5.79	28.08	73.30	36.20	70.45	22.39	241.71
非金属矿物制品业	1.34	0.37	11.84	4.34	15.96	28.15	2.48	64.48
金属冶炼及制品业	−0.42	0.19	3.46	0.28	9.82	0.43	−2.76	11.00
机械工业	23.35	4.77	114.19	150.27	30.17	226.43	27.58	576.77
交通运输设备制造业	5.76	2.23	14.04	95.64	24.94	55.86	4.89	203.36
电气机械及电子通信设备制造业	5.48	6.05	35.30	101.96	171.69	51.01	27.87	399.35
其他制造业	0.43	0.34	5.94	6.00	13.42	12.17	1.01	39.32
电气蒸汽热水、煤气自来水生产和供应业	0.00	0.00	0.00	0.00	9.58	11.58	1.57	22.74
建筑业	0.00	0.00	0.00	0.00	0.00	0.00	0.00	0.00

表5.16(续)

	西南转移给东北	西南转移给京津	西南转移给北部沿海	西南转移给东部沿海	西南转移给南部沿海	西南转移给中部	西南转移给西北	行业合计
商业、运输业	3.73	2.68	19.39	19.05	28.49	42.56	10.33	126.24
其他服务业	0.00	0.00	0.00	0.00	0.00	0.00	0.00	0.00
区域合计	70.30	39.15	414.74	690.32	701.32	895.02	164.43	2 975.28

（9）八大区域碳转移总结

从表5.17可以看出，转出碳排放量中部区域，为5 188.4万吨；西南区域，为2 975.2万吨；东部沿海区域，为2 942.0万吨；转出碳排放量最少的是京津区域，仅为893.9万吨。

表 5.17　　　　　中国八区域碳转移总量情况表

		转出方（消费方）							转入方合计	人均碳转入（吨/人）
		东北	京津	北部沿海	东部沿海	南部沿海	中部	西北	西南		
转入方（生产方）	东北	—	67.3	131.2	121.8	51.2	152.8	154.6	70.3	749.2	0.07
	京津	106.2	—	139.9	70.2	68.2	103.2	100.6	39.2	627.5	0.29
	北部沿海	537.0	368.5	—	813.4	386.8	1 309.6	566.0	414.7	4 396.0	0.29
	东部沿海	534.4	128.8	1 322.5	—	1 001.1	2 255.6	601.2	690.3	6 533.9	0.50
	南部沿海	248.3	56.8	229.3	580.9	—	780.0	290.5	701.3	2 887.1	0.26
	中部	985.6	202.5	599.3	1 147.6	924.8	—	739.6	895.0	5 494.4	0.16
	西北	67.4	51.4	68.5	77.8	65.1	229.4	—	164.4	724.0	0.07
	西南	61.8	18.6	61.4	130.3	272.5	357.8	248.5	—	1 150.9	0.05
转出方合计		2 540.7	893.9	2 552.1	2 942.0	2 769.7	5 188.4	2 701.0	2 975.2	22 563.0	—
人均碳转出（万吨/万人）		0.24	0.41	0.17	0.23	0.25	0.15	0.24	0.12	—	—

中部、西南和东部沿海三大区域之所以转出碳排放量较多主要在于转出的行业结构。对于中部区域来说，转出碳排放量较多的行业集中在化学工业和商业、运输业等碳强度较高的行业上，两个行业的碳强度分别为5.39吨/万元和1.39吨/万元；西南地区的金属冶炼及制品业转出的碳排放量较多，金属冶炼

及制品业的碳强度为3.8吨/万元；而东部沿海区域的碳转出行业集中在非金属矿物制品业这一碳强度较高的行业上，碳强度为2.52吨/万元。承接碳转移最多的是东部沿海区域（为6 533.9万吨），其次是中部区域（为5 494.4万吨）。这也与转入行业结构有关。对于东部沿海区域来说，有五个区域的化学工业都向东部沿海区域转移最多的碳排放，化学工业作为碳强度第二的行业会造成东部沿海区域承接碳排放总量较高，而中部地区集中了大量的煤炭资源，承接的产业主要集中在采选业和非金属矿物制品业等碳强度较高的行业上，造成中部承接了较多的碳排放。

碳排放净转出地包括了东北区域、京津区域、西北区域和西南区域，而碳排放净转入地包括了北部沿海、东部沿海、南部沿海和中部区域。由于资料的局限，本章在计算区域碳转移时仅考虑了产品和服务消费转移的角度，而未考虑能源转移的角度。实际上，各个区域除了产品和服务的流动外，也存在生产要素的流动。特别是化石能源，能源贫瘠的地区必然需要输入能源密集地区的能源来支持本地区的生产，而生产出来的最终产品和服务可能又反过来输送给能源贫瘠的地区使用，这样能源贫瘠的地区就会消费掉能源密集地生产的碳排放。所以，从这个角度可以解释为什么碳净转入地包括了东部沿海和南部沿海等发达地区，而碳净转入地区却包括西北地区和西南地区等欠发达地区。

在人均碳转移量方面，人均碳转出最多的是京津地区，为0.41万吨/万人；人均碳转出最少的是西南地区，为0.12万吨/万人；东部沿海、南部沿海、东北和西北地区的人均碳转出也较高。人均碳转入最多的是东部沿海地区，为0.5万吨/万人；人均碳转入最少的是西南地区，为0.05万吨/万人。

从表5.18可以看出，在转出碳排放方面，南部沿海区域在农业和木材加工及家具制造业上转出了最多的碳排放,两大行业的碳强度都较低,转出的碳排放量分别为 433.47 万吨和 155.39 万吨;东北区域在采选业上转出的碳排放量最多,采选业的碳强度较高,为 4.54 吨/万元,碳转出量为 52.48 万吨;东部沿海区域在食品制造及烟草加工业和非金属矿物制品业上转出的碳排放量最多,其中非金属矿物制品业的碳强度较高;中部区域在纺织服装业、造纸印刷及文教用品制造业、化学工业、机械工业、交通运输设备制造业和商业、运输业上转出的碳排放量最多,其中化学工业和商业、运输业的碳强度较高;西南区域在金属冶炼及制品业上转出的碳排放量最多;京津区域在电气蒸汽热水、煤气自来水生产和供应业转出的碳排放量最多,此行业为碳强度第一的行业。

表 5.18　　　　八大区域分行业碳转移情况表　　单位:万吨

行业	转出碳排放最多的区域		转入碳排放最多的区域	
农业	南部沿海	433.47	中部	448.11
采选业	东北	52.48	中部	61.98
食品制造及烟草加工业	东部沿海	691.84	中部	1 158.78
纺织服装业	中部	796.04	东部沿海	1 025.07
木材加工及家具制造业	南部沿海	155.39	东部沿海	131.8
造纸印刷及文教用品制造业	中部	49.6	东部沿海	56.47
化学工业	中部	596.82	东部沿海	706.75
非金属矿物制品业	东部沿海	162.06	中部	246.61
金属冶炼及制品业	西南	11	南部沿海	26.34

表5.18(续)

行业	转出碳排放 最多的区域		转入碳排放 最多的区域	
机械工业	中部	838.2	北部沿海	893.39
交通运输设备制造业	中部	810.2	东部沿海	1 558.47
电气机械及电子通信 设备制造业	中部	1 033.63	东部沿海	1 162.64
电气蒸汽热水、煤气 自来水生产和供应业	京津	107.09	中部	122.55
商业、运输业	中部	193.92	中部	283.85

在转入碳排放方面,中部区域在农业、采选业、食品制造及烟草加工业、非金属矿物制品业、电气蒸汽热水、煤气自来水生产和供应业与商业、运输业上转入的碳排放量最多,其中,采选业、非金属矿物制品业和电气蒸汽热水、煤气自来水生产和供应业的碳强度较高,分别为4.54万吨/亿元、2.53万吨/亿元和18.89万吨/亿元,转入的碳排放量分别为61.98万吨、246.61万吨和122.55万吨;而东部沿海区域在纺织服装业、木材加工及家具制造业、造纸印刷及文教用品制造业、化学工业、交通运输设备制造业和电气机械及电子通信设备制造业上转入了最多的碳排放量,其中,化学工业的碳强度较高,为5.39万吨/亿元,转入的碳排放量为706.75万吨;北部沿海在机械工业上转入的碳排放量最多,为893.39万吨;南部沿海在金属冶炼及制品业上转入的碳排放量最多,为26.34万吨,其余七大区域此行业的碳转入量都为负。

可见,东北区域需要大量使用其他区域的采选业来发展本地的重工业;京津区域的能源资源较为贫乏,需要从其他区域大量进口以满足生产生活所需;北部沿海机械工业向其他区域输送了大量最终产品；东部沿海的纺织服装业、化学工业、交通运输设备制造业和电气机械及电子通信设备制造业向其他区域提供了大量最终产品，而食品及烟草加工业和非金属矿物制品业却需要向其他区域大量进口；南部沿海的金属冶炼及制品业向其他区域输送了大量最终产品；中部区域的农业、采选业、食品制造及烟草加工业、非金属矿物制品业和电气蒸汽热水、煤气自来水生产和供应业向其他区域输送了大量最终产品，而纺织服装业、化学工业、机械工业、交通运输设备制造业和电气机械及电子通信设备制造业等却需要从其他区域大量进口。

5.3.4 国际贸易载碳量分析

5.3.4.1 出口产品载碳分析

从出口产品载碳总量和单位出口产品载碳量两个角度进行分析，单位出口产品载碳量为出口产品载碳总量除以出口总量。其结果见表 5.19。

表 5.19　　　　　　各省市出口载碳量情况表

地区	出口产品载碳总量（万吨）	单位出口产品载碳量（吨/万元）	地区	出口产品载碳总量（万吨）	单位产品出口载碳量（吨/万元）	地区	出口产品载碳总量（万吨）	单位出口产品载碳量（吨/万元）
广东	18 532.18	2.01	山西	677.73	3.44	云南	191.23	2.24
上海	7 302.84	2.29	甘肃	658.61	5.40	重庆	189.98	2.06
江苏	6 646.17	2.04	河南	401.39	2.09	新疆	150.55	1.61
浙江	6 096.01	2.44	四川	394.97	1.81	江西	149.92	1.77
山东	4 118.21	2.45	黑龙江	308.02	1.54	青海	98.00	3.14
辽宁	2 661.22	2.68	安徽	304.28	1.55	内蒙古	91.40	1.18
天津	2 388.88	2.29	湖南	276.58	1.90	贵州	85.44	1.83
福建	2 005.70	1.51	广西	265.11	1.77	海南	51.29	1.19
北京	1 185.98	1.45	吉林	258.36	1.67	宁夏	46.04	3.69
河北	749.70	2.11	湖北	252.46	1.56	陕西	12.44	2.21

从表 5.19 可以看出，广东、上海、江苏、浙江四大沿海省

市出口产品载碳总量排名前四位，单位出口产品载碳量少。这些地区都以外向型经济为主，出口贸易成为拉动其经济发展的重要力量，2002年这四个地区各自的出口产品载碳量分别占总产出的23.89%、17.95%、10.01%和9.43%。而甘肃、宁夏、山西和青海等内陆地区单位出口产品载碳量排名前四位，出口载碳总量处于中等或中等偏下水平，与沿海地区的差异较大。

这与各个地区出口产业有密切关系，上海出口了大量的化学工业与交通运输、仓储和邮政业，分别占出口总量的15.1%和31.46%，浙江出口了大量的批发、零售业和住宿、餐饮业，占到出口总量的20.68%，江苏出口了大量的纺织服装及机械制造业等，广东出口的高碳排放行业较多，包括化学工业、非金属矿物制品业、金属冶炼压延加工业、电力、热力的生产和供应业等，分别占出口总量的26.48%、23.13%、36.84%和99.86%。而内陆省市中能源资源和矿产资源丰富的地区主要出口石油和天然气开采业、金属矿采选业和非金属矿采选业等行业碳强度较高的资源采掘业，其中山西的煤炭资源丰富，甘肃的金属矿资源丰富，宁夏的煤炭、石油和天然气能源资源较为丰富，而青海具有丰富的有色金属矿资源和石油天然气资源，虽然出口量有限，但这些行业碳强度普遍较高，造成内陆地区出口载碳总量不高，但单位出口产品载碳量高。

综上所述，沿海经济总量和经济发展水平较高的地区出口了大量的中下游工业行业和服务业，造成其出口产品载碳总量大，单位出口产品载碳量小，而内陆能源资源和矿产资源丰富的地区出口了大量的煤炭、石油天然气、金属框非金属矿资源和上游工业行业，使其单位出口产品载碳量大，而出口载碳总量小。

5.3.4.2 进口产品载碳分析

从进口产品载碳总量和单位进口产品载碳量两个角度进行

分析，单位进口产品载碳量为进口产品载碳总量除以进口总量。其结果见表 5.20。

表 5.20 各省市进口载碳情况表

地区	进口产品载碳总量（万吨）	单位进口产品载碳量（吨/万元）	地区	进口产品载碳总量（万吨）	单位进口产品载碳量（吨/万元）	地区	进口产品载碳总量（万吨）	单位进口产品载碳量（吨/万元）
广东	20 954.88	2.52	湖北	380.39	1.78	内蒙古	193.34	1.34
上海	9 520.10	2.46	黑龙江	374.25	1.88	重庆	166.55	2.00
江苏	7 559.70	2.55	河北	360.18	2.10	山西	151.33	2.45
山东	3 872.55	2.64	四川	316.98	1.90	云南	128.99	1.93
浙江	3 304.14	3.12	安徽	301.30	1.94	江西	127.85	1.88
天津	2 113.64	2.15	新疆	284.11	2.71	海南	113.37	2.22
辽宁	1 733.83	2.22	陕西	277.07	2.52	广西	110.73	1.42
福建	1 213.18	1.74	河南	239.99	1.96	贵州	54.30	1.49
北京	1 144.48	1.40	湖南	214.75	1.63	宁夏	31.00	2.70
吉林	583.27	2.75	甘肃	208.10	4.74	青海	12.13	1.97

从表 5.20 可以看出，广东、上海、江苏、浙江等沿海地区进口产品载碳总量较大，并且单位进口产品载碳量也处于中上水平，而西部地区普遍进口载碳总量较小，但甘肃、新疆、宁夏、山西等资源丰富地区单位进口产品载碳量仍然较大。

进口载碳量与各个地区进口产业有密切关系，沿海地区进口了大量碳强度较高的行业，比如上海进口了大量的煤炭开采洗选业、石油和天然气开采业，以及燃气生产和供应业，分别占到进口总量的 54.24%、20.53% 和 95.96%，浙江进口了大量的批发、零售业和住宿、餐饮业，占进口总量的 59.95%，广东对大部分高碳排资源型行业进口量的排名都靠前，从而使这些地区进口产品载碳总量和单位进口产品载碳量都比较大。而内陆地区进口的产业也包含了大量的化学工业、金属冶炼及压延加工业等高碳排放行业，但由于量不大，使其单位进口产品载碳量大，而进口载碳总量小。

综上所述，吸收我国进口产品的地区主要集中在沿海地区，而各个省市进口产品的行业都包含了大量的资源和能源型行业，使我国无论是内陆还是沿海，单位进口产品载碳量都较大。

5.3.4.3 国际贸易净进口载碳量分析

从前面的分析可以看到一个地区出口载碳量不仅与地区的资源禀赋有关系，并且与地区所处的地理位置的关系密切。沿海地区由于交通便利，出口了大量的中下游工业行业和服务业的产品，而内陆地区虽然地处内陆，但其丰富的能源资源和矿产资源仍然有一定程度的出口。而地区进口产品载碳量更多的是与地区所处的地理位置相关，我国进口产品大部分都被广东等沿海城市吸收了。在此基础上就地区的国际贸易净进口能源二氧化碳量进行分析，为各地区实现减排目标打下基础。其结果见表 5.21。

表 5.21　　　　**国际贸易能源二氧化碳净进口表**　　　单位：万吨

地区	净进口产品载碳量	地区	净进口产品载碳量	地区	净进口产品载碳量
广东	2 422.70	安徽	-2.98	广西	-154.37
上海	2 217.27	宁夏	-15.04	河南	-161.40
江苏	913.53	江西	-22.07	山东	-245.66
吉林	324.91	重庆	-23.43	天津	-275.23
陕西	264.64	贵州	-31.14	河北	-389.52
新疆	133.56	北京	-41.50	甘肃	-450.51
湖北	127.93	湖南	-61.83	山西	-526.40
内蒙古	101.94	云南	-62.24	福建	-792.52
黑龙江	66.23	四川	-77.98	辽宁	-927.39
海南	62.08	青海	-85.86	浙江	-2 791.87

从表 5.21 可以看出，能源二氧化碳净进口产品为正的前三位地区为：广东、上海和江苏，净进口能源二氧化碳分别为 2 422.7 万吨、12 217.27 万吨和 913.53 万吨，净进口产品载碳量远高于其他地区，且三个地区净进口产品的化学工业、金属冶炼及压延加工业和石油天然气开采业较多。净进口产品为负的前两个地区为浙江、辽宁，净出口产品能源二氧化碳分别为 2 791.87 万吨和 927.39 万吨，净出口产品载碳量也远高于其他地区，浙江的纺织服装业净出口产品量非常大，辽宁的石油加工炼焦及核燃料加工业和非金属矿物制品业净出口量较大。这说明地区进出口产品载碳量取决于地区所处的地理位置和进出口行业结构，沿海发达地区除了要从外省市调入大量的资源类高碳排放行业外，也从国外进口了大量的高碳排放行业。从这一点来说，对我国的碳减排是有利的，而部分能源资源和矿产资源丰富的省份在满足外省市资源型行业需求的同时，也出口了一定量的高碳排放行业的产品，这些地区仍然可以通过调整出口来实现部分减排目标。

5.4 地区排放权分配应考虑地区间的碳转移

5.4.1 理论分析

国际社会在分摊碳减排责任的时候有一个原则，即"谁污染，谁负责"，这也成为发展中国家在反驳发达国家恶意指责时候的重要依据，发展中国家为发达国家的能源二氧化碳买单了。从消费的角度来说，发达国家更应该承担碳减排责任。在一个国家内部进行碳排放权分配时也应该采用此原则。从一个国家整体发展战略来说，不但保证了碳排放净调入地区经济发展对资源型中上游行业的需求，又降低了碳排放净调出地的碳减排压力。

在确定我国内部各个省市碳排放权的时候，应考虑各个地区的产业优势和国家整体的发展战略。从前面的分析来看，如东部沿海、南部沿海的全部省市和其他区域的部分省市都为省际贸易隐含能源二氧化碳净调入地，也就是说这些地区通过向外省输出产品而产生的二氧化碳排放不足以抵消其从外省输入产品而为本地节约的二氧化碳多。而如中西部部分能源和矿产自然资源较为丰富的地区都为省际贸易隐含能源二氧化碳的净调出地。也就是说，这些地区向外省输送了大量的资源型高碳强度产品而产生的二氧化碳比其从外省输入中下游行业产品而节约的二氧化碳多。

对于中西部能源资源和矿产资源丰富的地区，其产业优势正是在于资源开采和中上游资源型工业产业上，碳强度相对较高，但是这些行业是支撑其他省市经济发展和全国总体经济增长不可或缺的。实质上它们为沿海发达地区的消费承担了过多的二氧化碳排放，如果给这些地区分配少量的碳排放权，施加过大的减排压力将不利于外省市和全国的发展。而对于如东部沿海和南部沿海以及北京等经济较为发达的地区，资源相对匮乏，需要从中西部调入大量资源类行业的产品支撑本地经济增长。它们消费产品产生的二氧化碳排放量超过了生产产品产生的二氧化碳排放量，而节约下来的二氧化碳排放量转移给了其他地区。

所以，中西部等能源二氧化碳净调出的地区应该分得更多的碳排放权，而对于东部和南部沿海等能源二氧化碳净调入的地区应该分配较少的碳排放权，并促使它们通过对其隐含碳排放来源省份进行资金、技术、人才上的支持，以帮助这些省市提高能源利用水平和产业生产效率，促进节能工艺的研发、推广，从而达到全国碳减排的目的。

5.4.2　省际碳转移影响因素分析及预测

既然在进行地区碳排放权分配的时候必须要把地区碳转移考虑进去，则必须对我国未来的地区碳转移进行预测，在这之前必须建立省际碳转移的影响因素模型。

5.4.2.1　省际碳转移影响因素理论分析

影响省际碳转移的因素主要从碳转移产生的原因进行寻找，地区间碳转移最直接的原因就是在全国整体产业布局的情况下，产业结构和需求结构的分离会在地区间形成产品的流动。能源资源和矿产资源较为丰富的地区，由于其天然的便利性和成本的低廉性，其产业结构中资源型中上游行业占比会比较高，这些恰恰都是直接碳强度较高的行业。而对于资源相对贫乏且经济发展水平较高的地区，中下游工业行业和服务业相对比较发达。

从前面的分析可以看出，各个地区产业结构存在的明显差异会造成其产品流动的差异，经济发展水平较高且资源禀赋条件较差的地区主要以调出中下游产品为主，为了支撑本地的经济发展，又必须调入大量的能源资源和中上游资源型高碳排放行业。而资源禀赋较为丰富的地区以调出资源型行业为主，为了弥补本地高碳排产业结构无法满足的多层次需求，又必须从外省市调入大量的中下游行业。这就造成省际贸易能源二氧化碳净调入量为负的地区都集中在拥有较为丰富的能源资源或者是矿产资源的省市，这些地区的高碳排产业占比都相对较高。

可见，省际碳转移直接来自于地区产业结构的差异，而产业结构的差异又取决于地区产业发展的比较优势。产业发展比较优势来自于一个地区的资源禀赋条件，资源型产业的直接碳强度都相对较高，所以，可以认为一个地区能源二氧化碳的省际净调入直接受到地区高碳排放行业占比的影响，间接受到资源禀赋的影响。

5.4.2.2 截面模型的建立

由于地区间碳转移只有 2002 年的数据，所以通过建立 30 个省市的截面数据模型来寻求地区高碳排放行业占比和地区碳转移的关系。为了得到各个省市高碳排放行业变动 1% 引起能源二氧化碳省际净转入和转出变动的百分比，需要用到半对数模型。由于因变量取对数的时候不能为负值，所以根据因变量的正负情况把数据分为两组。第一组，因变量为地区能源二氧化碳省际净转入量，自变量为高碳排放行业占比；第二组，因变量为地区能源二氧化碳省际转出量，自变量为高碳排放行业占比。结果如下：

$$LOG\ (ex) = -0.032 \times cs + 7.12 \tag{5.4}$$

$$T \qquad\qquad -2.147\ 225$$

$$P \qquad\qquad 0.047\ 4$$

$$LOG\ (em) = 0.036 \times cs + 4.24 \tag{5.5}$$

$$T \qquad\qquad 3.651\ 396$$

$$P \qquad\qquad 0.004$$

其中，ex 为各个省市的二氧化碳净转入量，em 为各个省市的二氧化碳净转出量，cs 为各个省市高碳排放行业总产值与工业总产值之比。从上面的一元回归模型结果来看，地区高碳排放行业占比每升高 1%，各个省市的二氧化碳净转入量会降低 3.23 个百分点，二氧化碳净转出量会升高 3.72 个百分点。

5.4.2.3 省际碳转移的预测

通过上述的一元回归模型对各个省市 2020 年的能源二氧化碳净转入量进行预测，首先必须要对各个省市 2020 年高碳排放产业占比情况进行预测。预测方法采用邓聚龙教授 20 世纪 70 年代提出的灰色预测模型。灰色理论认为系统的行为现象尽管是朦胧的，数据是复杂的，但它毕竟是有序的，是有整体功能的。同时，灰色理论建立的是生成数据模型，不是原始数据模型，因此，灰色预测是一种对含有不确定因素的系统进行预测的方法。由于影响产业结构的因素比较多，而且有些因素是不完全确定的，所以采用此方法预测比较合理。预测结果见表 5.22。

表 5.22 2020 年各省市高碳排放行业占比预测结果表 单位:%

地区	高碳排放行业占比	地区	高碳排放行业占比	地区	高碳排放行业占比
北京	36.44	浙江	34.35	海南	63.20
天津	33.58	安徽	32.38	重庆	28.21
河北	44.91	福建	32.43	四川	35.65
山西	74.83	江西	40.59	贵州	69.94
内蒙古	68.28	山东	37.22	云南	65.07
辽宁	36.67	河南	36.14	陕西	57.53
吉林	24.41	湖北	31.78	甘肃	60.92
黑龙江	36.37	湖南	27.64	青海	81.63
上海	25.33	广东	24.13	宁夏	74.88
江苏	25.44	广西	34.30	新疆	59.11

从表 5.22 可以看出，到 2020 年高碳排放行业占比比较多的仍然是山西、内蒙古、贵州等资源丰富地区。在对各个省市 2020 年高碳排放行业占比预测的基础上，利用上一步的一元回归模型可以得到 2020 年各个省市能源二氧化碳的省际净转入量和净转出量占比的变动情况。预测结果见表 5.23。

表 5.23　　　2020 年各省市能源二氧化碳省际
净转入和净转出变动百分比表　　　单位:%

地区	净转入占比 降低百分比	地区	净转出占比 升高百分比
浙江	0.78	湖南	-0.01
山东	0.57	天津	0.41
上海	0.27	甘肃	0.09
福建	0.64	广西	0.50
重庆	0.41	贵州	1.22
北京	0.43	新疆	-0.26
四川	0.34	内蒙古	0.82
江苏	0.40	河南	-1.57
湖北	0.37	山西	0.35
云南	1.29	黑龙江	-0.78
吉林	0.29	河北	0.30
海南	1.64	辽宁	-0.26
江西	0.16	—	—
陕西	0.76	—	—
安徽	0.18	—	—
宁夏	0.89	—	—
青海	0.39	—	—
广东	0.02	—	—

5.5　本章小结

通过对各个地区产品的流进、流出、进口、出口以及载碳量的分析，可以得到以下结论：

5.5.1　国内省际间碳转移的行业构成差异较大

东北区域需要大量使用其他区域的采选业来发展本地的重工业；京津区域的能源资源较为贫乏，需要从其他区域大量进口满足生产生活所需；北部沿海机械工业向其他区域输送了大量最终产品；东部沿海的纺织服装业、化学工业、交通运输设备制造业和电气机械及电子通信设备制造业向其他区域提供了大量最终产品，而食品及烟草加工业和非金属矿物制品业却需要向其他区域大量进口；南部沿海的金属冶炼及制品业向其他区域输送了大量最终产品；中部区域的农业、采选业、食品制造及烟草加工业、非金属矿物制品业和电气蒸汽热水、煤气自来水生产和供应业向其他区域输送了大量最终产品，而纺织服装业、化学工业、机械工业、交通运输设备制造业和电气机械及电子通信设备制造业等却需要从其他区域大量进口。

5.5.2　省际和国际碳转移与地区的资源禀赋和产业结构关系密切

经济发展水平较高的地区主要以流出中下游产品为主，流入了大量的能源资源和资源型高碳排放行业支撑本地经济发展；能源资源或金属矿产资源丰富的地区由于流出的行业以资源型为主，流入了大量的中下游行业以弥补本地高碳排放行业结构无法满足的多层次需求。所以，经济发展水平较高的地区省际转出产品隐含能源二氧化碳总量较多，单位产品转出能源二氧化碳总量少，而经济欠发达地区由于经济规模有限，省际转入产品隐含能源二氧化碳总量和单位产品转入能源二氧化碳总量都较少。由于沿海省市便利的交通条件，进出口载碳量都比较大，而内陆能源资源和矿产资源丰富地区出口了大量的煤炭、石油天然气、金属矿非金属矿资源和上游工业行业，承担了部分国际碳转移。

5.5.3 各个地区产业结构的不同造成其在国家整体经济发展过程中的地位有所差异

东部沿海和南部沿海资源较为匮乏，从外省和国外输入了能源资源型高碳排放的中上游行业支撑本地经济发展，应该承担更多的碳减排责任，分配更少的碳排放权。东北的辽宁和黑龙江，中部的山西、河南，西北的甘肃、内蒙古和新疆，以及西南的广西和贵州由于矿产资源或者是能源资源丰富，向外省输出了大量的基础性工业行业，承担了过多的二氧化碳排放，减排潜力相应有限，应分配更多的碳排放权。

5.5.4 在进行国家碳排放总量区域分解时应把省际碳转移量考虑在内

本章通过各个地区高碳排放行业占比的变动预测了 2020 年各个地区碳转移占比的变动，为下文的分析打下了基础。

6. 全国二氧化碳排放总量控制目标的地区分解研究

在国际碳减排舆论压力和本国可持续发展的双重背景下，我国于 2009 年提出到 2020 年碳强度较 2005 年降低 40%~45% 的目标，这就要求能源二氧化碳增长速度以比经济增长速度更慢的方式增长。由于我国幅员辽阔，全国整体碳减排目标的实现就离不开各个区域的努力，所以为了实现整体减排目标，应该选择分区减排的方式，那么在国家碳排放总量目标确定后，就面临着如何将该目标分摊到各个省市的问题。从前面的分析可以看到，造成各个地区能源二氧化碳排放差异的因素包括经济因素、人口因素、能源因素和技术因素四个方面，而这些因素都与最终需求相联系。所以本章从最终需求的角度出发，利用投入产出与计量经济模型相结合的分析方法进行全国能源二氧化碳总量目标的地区分配，探索科学合理地进行地区碳减排责任分摊的途径。

6.1 我国二氧化碳总量控制目标地区分解的依据

6.1.1 满足居民消费需求的公平性

影响人消费需求的因素包括人口规模和人口结构。人口规模和人口结构会通过影响消费规模和消费结构进而影响到能源二氧化碳排放。从公平的角度来说，应该使每个人都拥有消费相同类型和相同数量产品和服务的权利，即是说每个人都应该拥有相同的能源二氧化碳排放权。每个人都有基本的需求，无论所处区域如何。而这种基本的需求应该全部得以满足，基本需求所需要的排放权也应该得以满足。居民消费需求的公平性即是说在进行能源二氧化碳地区分配时，应该保证每个人分得的二氧化碳排放权都是相等的，所以，在进行能源二氧化碳排放地区分解时应该考虑各个地区的人口规模的差异。从表 6.1可以看出，2013 年我国各省市人口规模的差异非常巨大，人口较多的是河北、江苏、山东、河南、广东、四川，分别为 7 333万人、7 939 万人、9 733 万人、9 413 万人、10 644 万人和 8 107万人，而人口较少的海南、青海和宁夏，分别为 895 万人、578万人和 654 万人。人口大省相应应该得到更多的二氧化碳排放权，而人口稀少地区的二氧化碳排放权也应较少。

表 6.1　　　各地区 2013 年人口规模情况表　　单位：万人

省市	年末人口数	省市	年末人口数
北京	2 115	河南	9 413
天津	1 472	湖北	5 799

表6.1(续)

省市	年末人口数	省市	年末人口数
河北	7 333	湖南	6 691
山西	3 630	广东	10 644
内蒙古	2 498	广西	4 719
辽宁	4 390	海南	895
吉林	2 751	重庆	2 970
黑龙江	3 835	四川	8 107
上海	2 415	贵州	3 502
江苏	7 939	云南	4 687
浙江	5 498	陕西	3 764
安徽	6 030	甘肃	2 582
福建	3 774	青海	578
江西	4 522	宁夏	654
山东	9 733	新疆	2 264

注：暂未考虑西藏地区。

6.1.2 满足地区经济发展需求的公平性

地区经济发展水平最具代表性的指标就是人均 GDP。从表 6.2 可以看出，像北京、上海、江苏等发达省市 2013 年人均 GDP 分别达到了 93 213 元/人、90 092 元/人和 74 607 元/人，远远超过了西部的贵州、云南、甘肃等地，这三个地区的人均 GDP 仅分别为 22 922 元/人、25 083 元/人和 24 296 元/人。人均 GDP 能够排除经济规模的影响真实地反映一个地区的经济发展水平，所展示的结果是我国各个省市经济发展阶段和发展水平存在较大的差异。那么在进行碳排放地区分解时，就应该要保证低人均 GDP 的地区有赶超高人均 GDP 地区的机会和时间，不能让碳减排较大程度地影响了落后地区的经济发展，因为对于它们来说，发展才是当务之急。所以，在进行能源二氧化碳排放地区分解时应该考虑各个地区经济发展水平的差异，给落后地区更多的发展空间和时间，使我国各区域的经济发展更为均衡。从碳减排分配指标的角度来看就应该考虑各个地区的人均 GDP。

表 6.2　　　　　各地区 2013 年人均 GDP 情况表　　　单位：元

省市	人均 GDP	省市	人均 GDP
北京	93 213	河南	34 174
天津	99 607	湖北	42 613
河北	38 716	湖南	36 763
山西	34 813	广东	58 540
内蒙古	67 498	广西	30 588
辽宁	61 686	海南	35 317
吉林	47 191	重庆	42 795
黑龙江	37 509	四川	32 454
上海	90 092	贵州	22 922
江苏	74 607	云南	25 083
浙江	68 462	陕西	42 692
安徽	31 684	甘肃	24 296
福建	57 856	青海	36 510
江西	31 771	宁夏	39 420
山东	56 323	新疆	37 181

注：暂未考虑西藏地区。

6.1.3 考虑区域碳转移的公平性

地区间之所以会存在碳转移是因为各个地区的资源禀赋不一样，国家产业布局的需要不同，造成各个地区的产业结构存在差异，如山西、内蒙古、黑龙江、甘肃、新疆等能源资源和矿产资源丰富的地区资源型行业丰富，高碳排放行业占比都较高。从表6.3可以看出，前述这些地区的高碳排放行业占比都达到了50%以上。作为全国产业链中的上游，其流向其他省市的也主要是以煤炭开采业、石油天然气开采业、石油炼焦及核燃料加工业和金属冶炼加工业等高碳排放行业为主，在支撑其他地区经济发展的同时，也造成这些地方承担了其他地区的碳排放，产品消费让给了别人，而污染却留给了自己。而能源资源较为贫乏的地区，由于产业发展的需要，也必须从其他地区调入大量的中上游高碳排放支撑行业，造成产品使用了，但没有承担相应的环境污染的成本。这不仅对于碳排放净调入地的节能减排不利，而且对于碳排放净调出地的节能减排考核也不公平。所以，在进行能源二氧化碳排放地区分解的时候应该从消费的角度进行调整，对于能源二氧化碳省际净转入的地区，相应消减其分得的排放权，从消费的角度限制其碳调入，防止其通过调入碳排放来达到节能减排的目标；而对于能源二氧化碳省际净转出的地区，相应增加其分得的碳排放权，从生产的角度保护其作为全国经济发展的支撑者地位。

表6.3　各地区2013年高碳排放行业占比情况表　单位:%

省市	高碳排放行业占比	省市	高碳排放行业占比
北京	37.61	河南	50.68
天津	51.39	湖北	41.67

表6.3(续)

省市	高碳排放行业占比	省市	高碳排放行业占比
河北	60.80	湖南	44.17
山西	89.00	广东	26.19
内蒙古	69.71	广西	48.06
辽宁	36.91	海南	55.57
吉林	38.26	重庆	34.89
黑龙江	51.86	四川	40.28
上海	27.16	贵州	73.31
江苏	33.22	云南	73.54
浙江	33.98	陕西	64.16
安徽	43.20	甘肃	78.51
福建	32.53	青海	81.26
江西	54.24	宁夏	74.52
山东	38.87	新疆	59.83

注：暂未考虑西藏地区。

6.1.4 考虑碳资源使用的效率性

效率性是指要用最小的投入带来最大的产出。二氧化碳排放权作为一种重要的生产要素，地区配置应该使其带来最大的经济产出，即是说在分配时要考虑碳生产力，对碳排放权利用效率越高的地区应该分得越多的排放权；而对碳排放权利用效率越低的地区少分得排放权，能够使碳排放资源流向使用效率最高的地区，在投入相同的情况下带来更多的产出。碳生产力可以用碳强度的倒数来表示，是单位二氧化碳投入带来的 GDP。由于二氧化碳排放是化石能源消耗产生的，碳生产力的高低也折射出各个地区能源生产力的差异。所以，在进行地区碳排放权分配的时候也应该考虑能源生产力指标。从表 6.4 中各省市的碳生产力来看，北京、江苏、湖南和广东均超过 1 万元/吨二氧化碳排放，而绝大部分的中西部省份碳生产力排名靠后，像海南、宁夏和新疆的碳生产力仅有 0.269 万元/吨二氧化碳排放、0.256 1 万元/吨二氧化碳排放和 0.222 8 万元/吨二氧化碳排放。从这个角度说，发达地区应该分得更多的排放权，而落后地区分得的排放权相应较少。

表 6.4　　　　各地区 2013 年碳生产力占比情况表

单位：万元/吨

省市	碳生产力	省市	碳生产力
北京	1.497 0	河南	0.734 2
天津	0.918 3	湖北	0.911 6
河北	0.352 1	湖南	1.472 8
山西	0.385 8	广东	1.071 8
内蒙古	0.355 0	广西	0.843 9
辽宁	0.485 4	海南	0.269 0
吉林	0.930 2	重庆	0.750 8
黑龙江	0.404 7	四川	0.742 9
上海	0.838 9	贵州	0.658 3
江苏	1.083 4	云南	0.522 2
浙江	0.886 5	陕西	0.442 9
安徽	0.609 4	甘肃	0.396 8
福建	0.807 8	青海	0.478 7
江西	0.993 0	宁夏	0.256 1
山东	0.489 7	新疆	0.222 8

6.1.5 小结

国家能源二氧化碳总量分配应该考虑的公平性有三个方面：居民消费需求的公平性、经济发展的公平性和碳转移的公平性。而效率性仅从碳排放权的使用效率上加以限定。且这些因素都与最终需求相关。其中，人口因素包含的人口规模和人口结构差异会直接影响各个地区最终需求总量和结构，人口规模大的地区会有更多的最终需求量，城镇人口占比高的地区在最终需求结构上服务类行业占比相应更高。经济因素中的人均 GDP 直接与地区投资挂钩。投资作为推动经济发展的最重要力量，历来都受到各个地方政府的重视，加大投资能够有效地促进地区的经济增长，带动居民收入水平的提高。而碳转移与国家的整体产业布局有关，正是因为各个地区生产和最终需求的部分脱节才引起了碳转移，所以这个指标实际也与最终需求有关。所以，本章考虑从最终需求的角度出发进行碳排放的地区分配是合理的。

6.2 中国能源二氧化碳总量的区域分解

6.2.1 总体思路

我国碳排放总量地区分解的时候首先需要考虑的原则就是公平性。如前所述，公平性是从三个方面考虑的。一是使每个人都有消费相同产品结构和产品总量的权利；二是保证各个地区经济发展的权利，使落后地区有赶超发达地区的时间和空间；三是地区间的碳转移，承担过多其他地区转移过来的碳排放的地区也应取得更多的排放权。结合上文所述，第一个方面是消费需求的公平性。第二个方面是投资需求的公平性，因为地区经济的发展和投资水平密切相关。第三个方面是利用区域碳转移以预测并进行调整，以保证碳转移公平性，在第五章中详细论述了省际间的碳转移量、碳转移的原因。正因为这三个方面的需求是全国各地区居民生活、经济社会正常发展所必须得到满足的，所以公平性碳排放权应该首先得到满足，以维持各地区居民正常生活和经济健康发展，在此基础上再根据全国的碳排放控制目标，将多余的碳排放权从效率的角度进行分解。所以本书的思路是，碳减排很重要，但是正常需要的碳排放量应该得以满足。只有超常发展所需要的碳排放权才应该加以控制，我国在提出碳强度减排目标时也是基于这样的考虑。

从投入产出的角度来看，最终需求实际包括最终消费、投资和净出口三个部分。其中，消费和投资都是地区经济发展不可或缺的部分，而净出口需求并不是刚性的，出口是为了进口本国所需要的产品。从表 6.5 可以看出，除了北京、上海、浙江、广东经济增长中消费的推动力大于投资外，其余所有省市的投资对经济增长的拉动力都大于消费。可见，投资仍然是各个地区经济增长的主要推动力。除了河北、上海、江苏、浙江、福建、江西、山东、广东的进出口对经济推动力为正外，其余省市进出口的推动力均为负，说明进出口对经济的影响力正在逐步降低。总之，只有消费和投资才是地区经济发展的持久动力。

表 6.5　　　　2013 年各地区经济增长动力分析表　　　单位:%

地区	消费率	投资率	进出口率	地区	消费率	投资率	进出口率
北京	61.30	40.30	-1.60	河南	47.50	77.20	-24.70
天津	39.20	76.90	-16.10	湖北	43.90	56.00	0.10

表6.5(续)

地区	消费率	投资率	进出口率	地区	消费率	投资率	进出口率
河北	42.00	57.90	0.10	湖南	46.00	57.10	-3.10
山西	49.10	72.80	-21.90	广东	51.79	41.91	6.30
内蒙古	40.90	93.40	-34.30	广西	51.50	70.50	-22.00
辽宁	41.40	62.60	-4.00	海南	50.50	73.90	-24.40
吉林	39.44	69.61	-9.05	重庆	47.40	54.60	-2.00
黑龙江	55.40	65.60	-21.00	四川	50.40	51.40	-1.80
上海	57.90	38.70	3.40	贵州	56.60	65.70	-22.30
江苏	44.70	48.30	6.90	云南	62.80	84.90	-47.70
浙江	47.20	45.50	7.30	陕西	44.00	68.80	-12.80
安徽	48.30	52.10	-0.40	甘肃	58.80	60.20	-19.00
福建	38.60	58.80	2.60	青海	49.90	119.90	-69.80
江西	49.10	49.90	1.00	宁夏	52.20	91.00	-43.20
山东	41.30	56.60	2.10	新疆	55.00	86.00	-41.00

从能源二氧化碳总量控制的角度来说，为了减少国家的碳排放总量，应该减少净出口产品载碳量，甚至可以通过增加高碳排放行业的进口量来满足本国的需求，而减少本国高碳排放行业的生产达到减排的目的。所以可以假设，在未来，各个地区出口隐含的能源二氧化碳排放量与进口隐含的能源二氧化碳排放量会倾向于持平，通过结构调整来达到减排目的除了要调整本国的产业结构外，很大一部分就是调整进出口结构。国家应该限制地区为了通过出口拉动本地经济发展而承担大量国际能源二氧化碳排放的情况，若地区希望通过出口拉动本地经济而增加的能源二氧化碳则必须通过进口节约的能源二氧化碳来抵消，或者通过技术进步的方式使节约出来的能源二氧化碳排

放用作出口需求。所以，本书在通过最终需求进行碳排放地区分配的时候暂不考虑各个地区的净出口。

分配的总体思路如下：

第一步，测算出全国能源二氧化碳总量控制目标下的公平性碳排放总量和效率性碳排放总量，为地区分解奠定基础。通过2020年全国的最终消费规模、投资规模、最终消费产品结构、投资结构，以及行业完全碳排放系数计算出全国公平性能源二氧化碳排放总量，包括全国最终消费需求能源二氧化碳排放和投资需求能源二氧化碳排放，进而根据全国的碳控制目标得到效率性能源二氧化碳总量。

第二步，对全国公平性能源二氧化碳总量进行地区分配。公平性能源二氧化碳总量又分为消费需求碳排放总量、投资需求碳排放总量和地区间碳转移的调整量。对全国最终消费需求的能源二氧化碳总量进行地区分配的时候应该以各个省市2020年的人口规模占比作为权重，保证人人均等。对全国投资的能源二氧化碳总量进行地区分配的时候应该考虑两方面：一方面是经济规模。给予经济规模大的地区更多的碳排放权，可以以2020年各地区地区生产总值占比作为权重进行分配。另一方面是经济发展水平。应保证发展水平低的地区有更多的碳排放权，所以可以以2020年地区人均GDP倒数的归一化值作为权重进行分配，再把两种分配结果进行平均。用2020年各地区的能源二氧化碳省际净转出和省际净转入对最终需求分得的碳排放权进行调整就可以得到各个地区2020年从公平性原则出发应该分得的能源二氧化碳总量。

第三步，对效率性能源二氧化碳总量进行地区分配。依据各个地区2020年能源生产力的归一化值为权重，保证碳资源流向效率最高的地区。

第四步，各个地区在全国能源二氧化碳总量目标下分得的碳排放权就等于公平性分得的排放权加效率性分得的排放权之和。

从整个分配思路可以看到，需要预测 2020 年各地区的人口规模、地区生产总值、人均 GDP、能源生产力和 2020 年全国的最终消费规模、投资规模、最终消费产品结构、投资结构，以及行业完全碳排放系数。

6.2.2 全国公平性碳排放权和效率性碳排放权总量的测定

6.2.2.1 全国公平性碳排放权的测定

（1）全国 2020 年最终消费规模和投资规模的预测

党的十八大提出到 2020 年我国的 GDP 总量在 2010 年的基础上翻一番，2010 年我国的 GDP 为 401 202 亿元，则 2020 年我国的 GDP 将达到 802 404 亿元。要把 2020 年的 GDP 总量分成最终消费规模和资本形成规模，则需要测算出 2020 年我国的消费率和投资率。

从图 6.1 中的历年消费率和投资率的变动情况来看，两者倾向于持平。消费率随时间的推移呈现降低趋势，资本形成率随时间的推移呈现上升趋势，最终两者相当。

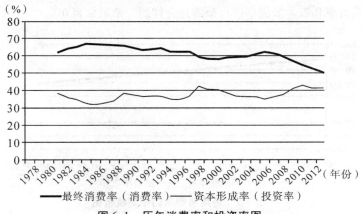

图 6.1　历年消费率和投资率图

所以，本书认为可以把时间作为自变量，消费率和资本形成率分别作为因变量建立一元线性回归模型进行预测，样本数据为 1978—2013 年。

得到的回归模型如下：

$CL = -0.53 \times T + 68.93$

T -12.91

P 0

$R^2 = 0.83$ 其中，CL 表示最终消费率，T 表示时间。

$IL = 0.30 \times T + 32.44$

T 7.99

P 0

$R^2 = 0.65$ 其中，IL 表示资本形成率，T 表示时间。

从两个模型的估计结果来看，斜率项均显著，整个回归模型的拟合也比较好。

从图 6.2、图 6.3 中的预测结果来看，最终消费率和资本形成率的真实值均围绕预测值上下波动，且预测值的趋势基本能够反映真实值的趋势，所以本书以这两个模型对 2020 年的最终消费率和资本形成率进行预测是合理的，结果见表 6.6。

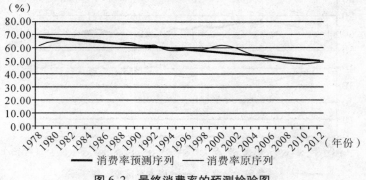

图 6.2　最终消费率的预测检验图

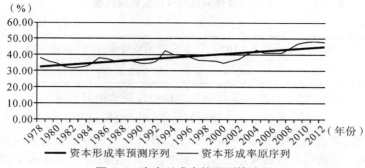

图 6.3 资本形成率的预测检验图

表 6.6 2020 年最终消费率和资本形成率预测结果表

单位:%

最终消费率	资本形成率
45.85	47.74

从表 6.6 中的预测结果可以看出,到 2020 年,最终消费率和资本形成率已经比较接近了,分别占到了 45.85% 和 47.74%。2020 年全国最终消费规模和资本形成规模的计算公式如下:

$$C = GDP \times CL$$

$$I = GDP \times IL$$

其中,C 和 I 分别表示 2020 年的消费规模和投资规模。

从表 6.7 中的结果来看,到 2020 年投资规模仍然是高于消费规模的,差额为 15 165 亿元。对比消费规模和投资规模的绝对值来说,这种差异比较小。

表 6.7　　　　2020 年最终消费规模和投资规模表

单位：亿元

时间	GDP	最终消费规模	投资规模
2020	802 404	367 902.2	383 067.7

（2）全国 2020 年最终消费结构和投资结构的预测

党的十八在提出经济总量目标的同时也提出了实现 2020 年居民收入比 2010 年翻一番的目标，居民收入目标的实现必须要与一定的经济发展水平挂钩。而要达到一定的经济发展水平就必须有产业结构的调整升级，产业结构的调整升级来自于最终消费结构和投资结构的变化，所以最终消费结构和投资结构与经济发展水平紧密相连。所以，本书在预测 2020 年全国最终消费结构和投资结构的时候以现在人均 GDP 与全国 2020 年人均 GDP 差距最小的地区的最终消费结构和投资结构做参考。

为了使分解出来的最终消费结构和投资结构与投入产出表的行业结构相对应，本书选择 2010 年人均 GDP 与全国 2020 年人均 GDP 差距最小的地区作为参照。在这里要排除北京、天津、上海和重庆，因为这四个地区是直辖市，由于区域范围较小，并且国家对其有更多的优惠政策，参考价值较低。从 2020 年人均 GDP 较 2010 年翻一翻可以得到 2020 年全国人均 GDP 为 60 030 元，最后选择浙江省作为参考标准。以浙江省 2010 年最终消费结构和投资结构为依据得到的 2020 年全国各行业最终消费额和投资额见表 6.8。

表 6.8　　　　42 部门最终消费和投资情况表

行业	浙江最终消费结构（％）	浙江投资结构（％）	全国行业最终消费规模（亿元）	全国行业投资规模（亿元）
农、林、牧、渔业	5.39	1.96	19 843.30	7 503.03

表6.8(续)

行业	浙江最终消费结构（％）	浙江投资结构（％）	全国行业最终消费规模（亿元）	全国行业投资规模（亿元）
煤炭开采和洗选业	0.02	0.00	85.84	0.96
石油和天然气开采业	0.00	0.00	0.00	0.00
金属矿采选业	0.00	0.08	0.00	293.45
非金属矿及其他矿采选业	0.00	0.00	0.00	2.05
食品制造及烟草加工业	8.78	0.15	32 315.35	556.44
纺织业	0.60	0.43	2 217.93	1 631.95
纺织服装鞋帽皮革羽绒及其制品业	4.61	0.26	16 965.34	1 013.50
木材加工及家具制造业	0.69	0.70	2 555.45	2 673.84
造纸印刷及文教体育用品制造业	0.81	0.06	2 994.52	231.95
石油加工、炼焦及核燃料加工业	1.43	0.16	5 244.30	620.18
化学工业	2.72	0.69	10 016.03	2 654.95
非金属矿物制品业	0.86	0.02	3 148.35	88.30
金属冶炼及压延加工业	0.15	0.42	545.37	1 624.61
金属制品业	0.18	1.66	645.43	6 372.75
通用、专用设备制造业	0.02	25.19	65.19	96 490.51
交通运输设备制造业	3.51	2.49	12 925.33	9 529.17
电气机械及器材制造业	0.69	4.40	2 555.49	16 837.48
通信设备、计算机及其他电子设备制造业	1.48	0.41	5 437.86	1 562.06
仪器仪表及文化办公用机械制造业	0.20	1.04	723.86	3 998.49
工艺品及其他制造业	1.30	0.15	4 784.85	562.47
废品废料	0.00	0.10	0.00	378.00

表6.8(续)

行业	浙江最终消费结构（%）	浙江投资结构（%）	全国行业最终消费规模（亿元）	全国行业投资规模（亿元）
电力、热力的生产和供应业	1.87	0.00	6 865.64	0.00
燃气生产和供应业	0.38	0.00	1 383.22	0.00
水的生产和供应业	0.25	0.00	937.50	0.00
建筑业	0.36	52.92	1 339.73	202 717.07
交通运输及仓储业	2.57	0.47	9 463.26	1 782.81
邮政业	0.11	0.00	406.14	0.00
信息传输、计算机服务和软件业	3.49	1.22	12 823.67	4 666.46
批发和零售业	4.58	1.22	16 845.96	4 676.22
住宿和餐饮业	5.06	0.00	18 598.44	0.00
金融业	8.89	0.00	32 707.29	0.00
房地产业	8.78	3.77	32 307.30	14 438.17
租赁和商务服务业	1.58	0.00	5 797.25	0.00
研究与试验发展业	0.20	0.00	745.71	0.00
综合技术服务业	0.33	0.04	1 200.16	160.85
水利、环境和公共设施管理业	1.34	0.00	4 924.29	0.00
居民服务和其他服务业	1.12	0.00	4 137.83	0.00
教育	7.12	0.00	26 208.19	0.00
卫生、社会保障和社会福利业	5.12	0.00	18 819.13	0.00
文化、体育和娱乐业	0.97	0.00	3 553.95	0.00
公共管理和社会组织	12.44	0.00	45 767.76	0.00

从表6.8可以看出，到2020年我国居民的消费消费结构逐

步向服务业转移，服务业消费占比提高到 63.7%，而农业和第二产业消费仅占 5.39% 和 30.91%。其中：工业消费中以食品制造业、纺织服装制造业和交通运输设备制造业为主，消费占比分别为 8.78%、4.61% 和 3.51%；服务业消费中以金融业、房地产业、教育、卫生、社会保障和社会福利业与公共管理和社会组织为主，消费占比分别为 8.89%、8.78%、7.12%、5.12% 和 12.44%。而投资以通用、专用设备制造业，电气机械及器材制造业和建筑业为主。由此可见，我国的消费结构和投资结构存在一定差异。为了与全书统一，现将表中的 42 个行业合并为 28 个行业，结果见表 6.9。

表 6.9   28 部门最终消费规模和投资规模测算表

单位：亿元

行业	全国各产品最终消费规模（万元）	全国各行业投资规模（万元）
农、林、牧、渔业	19 843.30	7 503.03
煤炭开采和洗选业	85.84	0.96
石油和天然气开采业	0.00	0.00
金属矿采选业	0.00	293.45
非金属矿及其他矿采选业	0.00	2.05
食品制造及烟草加工业	32 315.35	556.44
纺织业	2 217.93	1 631.95
纺织服装鞋帽皮革羽绒及其制品业	16 965.34	1 013.50
木材加工及家具制造业	2 555.45	2 673.84
造纸印刷及文教体育用品制造业	2 994.52	231.95
石油加工、炼焦及核燃料加工业	5 244.30	620.18

表6.9(续)

行业	全国各产品最终消费规模（万元）	全国各行业投资规模（万元）
化学工业	10 016.03	2 654.95
非金属矿物制品业	3 148.35	88.30
金属冶炼及压延加工业	545.37	1 624.61
金属制品业	645.43	6 372.75
通用、专用设备制造业	65.19	96 490.51
交通运输设备制造业	12 925.33	9 529.17
电气机械及器材制造业	2 555.49	16 837.48
通信设备、计算机及其他电子设备制造业	5 437.86	1 562.06
仪器仪表及文化、办公用机械制造业	723.86	3 998.49
工艺品及其他制造业	4 784.85	940.47
电力、热力的生产和供应业	6 865.64	0.00
燃气的生产和供应业	1 383.22	0.00
水的生产和供应业	937.50	0.00
建筑业	1 339.73	202 717.07
交通运输、仓储和邮政业	9 869.40	1 782.81
批发、零售业和住宿、餐饮业	35 444.40	4 676.22
其他服务业	188 992.53	19 265.48

（3）2020年行业完全碳排放系数的预测

行业完全碳排放系数的计算公式为：

$$\bar{e} = e(I - a)^{-1}$$

其中，$\bar{e}$ 表示行业完全碳排放系数行向量，e 为行业直接碳强度行向量，$(I-a)^{-1}$ 为列昂剔夫逆矩阵。

从表 6.10 可以看出，所有行业的完全碳排放系数都有明显的降低，这说明在我国节能减排政策的推动下，我国各行业的碳排放利用效率都有了比较明显的上升。其中，石化行业、能源生产供应业的完全碳排放系数下降得最为明显，石油加工、炼焦及核燃料加工业 2002—2007 年和 2007—2010 年年平均增速分别为 -11.32% 和 -12.98%，燃气的生产和供应业 2002—2007 年和 2007—2010 年年平均增速分别为 -14.36% 和 9.53%，远超其他行业，说明这两大高耗能行业的碳排放控制得相对较好。

表 6.10 　　　　　　行业完全碳排放系数情况表

	2002 年行业完全碳排放系数（吨/万元）	2007 年行业完全碳排放系数（吨/万元）	2002—2007 年的年均增速（%）	2010 年行业完全碳排放系数（吨/万元）	2007—2010 年的年均增速（%）
农、林、牧、渔业	2.131 9	1.469 1	-7.18	1.294 0	-4.14
煤炭开采和洗选业	6.160 7	5.480 3	-2.31	5.047 3	-2.71
石油和天然气开采业	7.902 2	5.247 6	-7.86	4.707 9	-3.55
金属矿采选业	5.730 5	4.346 9	-5.38	3.954 3	-3.11
非金属矿及其他矿采选业	4.530 1	3.561 6	-4.70	2.893 3	-6.69
食品制造及烟草加工业	2.451 7	1.763 1	-6.38	1.373 1	-8.00
纺织业	3.390 9	2.688 5	-4.54	2.027 9	-8.97
纺织服装鞋帽皮革羽绒及其制品业	2.791 2	2.221 4	-4.46	2.077 5	-2.21
木材加工及家具制造业	3.460 5	2.619 3	-5.42	2.141 8	-6.49

表6.10(续)

	2002 年行业完全碳排放系数（吨/万元）	2007 年行业完全碳排放系数（吨/万元）	2002—2007 年的年均增速（%）	2010 年行业完全碳排放系数（吨/万元）	2007—2010 年的年均增速（%）
造纸印刷及文教体育用品制造业	3.568 0	3.155 2	−2.43	2.722 3	−4.8
石油加工、炼焦及核燃料加工业	21.386 3	11.728 9	−11.32	7.728 9	−12.98
化学工业	6.627 6	4.891 6	−5.89	4.045 2	−6.14
非金属矿物制品业	7.748 0	5.148 7	−7.85	4.186 6	−6.66
金属冶炼及压延加工业	9.546 7	6.678 4	−6.90	5.547 1	−6.00
金属制品业	6.099 6	4.574 9	−5.59	4.069 1	−3.83
通用、专用设备制造业	4.744 4	3.810 7	−4.29	2.869 2	−9.03
交通运输设备制造业	4.196 0	3.325 7	−4.54	2.723 3	−6.44
电气机械及器材制造业	4.910 1	4.056 8	−3.75	3.502 1	−4.78
通信设备、计算机及其他电子设备制造业	3.427 9	2.753 9	−4.28	2.639 2.	−1.41
仪器仪表及文化、办公用机械制造业	3.888 8	2.889 1	−5.77	2.654 8	−2.78
工艺品及其他制造业	2.748 7	2.004 8	−6.12	1.466 4	−9.9
电力、热力的生产和供应业	17.107 6	12.455 8	−6.15	9.703 6	−7.99
燃气、生产和供应业	11.424 6	5.263 3	−14.36	3.897 2	−9.53
水的生产和供应业	4.650 7	3.611 3	−4.93	2.848 9	−7.6
建筑业	4.812 9	3.951 6	−3.87	2.860 7	−10.21

表6.10(续)

	2002 年行业完全碳排放系数（吨/万元）	2007 年行业完全碳排放系数（吨/万元）	2002—2007 年的年均增速（%）	2010 年行业完全碳排放系数（吨/万元）	2007—2010 年的年均增速（%）
交通运输、仓储和邮政业	6.604 1	5.142 9	−4.88	4.188 2	−6.62
批发、零售业和住宿、餐饮业	2.163 7	1.539 2	−6.58	1.247 8	−6.76
其他行业	2.108 1	1.600 3	−5.36	1.337 3	−5.81

预测时应该充分利用最近的信息，所以在对 2020 年行业完全碳排放系数进行预测的时候可以参考 2007—2010 年的年均增速但是必须要做调整。因为随着碳排放利用效率水平的上升，要想在进一步提高效率会更难，行业完全碳排放系数的降低速度是会越来越慢的。

在"十一五"规划中提出能耗强度降低 20% 的目标，而在"十二五"规划中提出的能耗强度降低目标就下降为 16%。国家在做出能耗强度降低目标的时候做了多方面的考虑，由于化石能源的使用直接带来碳排放，所以能耗利用效率高不高也会直接影响碳排放利用效率高不高。因此，行业完全碳排放系数与能耗强度存在直接的相关性，所以行业完全碳排放系数的增速调整可以参考能耗强度目标的变化。按能耗强度降低 20% 的目标来计算，能耗强度的年均增速为−4.36%，按能耗强度降低 16% 的目标来计算，能耗强度的年均增速为−3.43%，表明能耗强度增速以五年为间隔减少了 0.93%。可以假设行业完全碳排放系数增速的变动幅度也以此差距来调整。2007—2010 年各个行业完全碳排放系数的年均增速如表 6.10 所示，每隔五年增速就以−0.93% 调整一次，由此可以得到 2011—2020 年各年行业完全碳排放系数的增速（见表 6.11）。

表 6.11　　　　行业完全碳排放系数的年均增速表　　　单位:%

行业	2007—2010	2011—2015	2016—2020
农、林、牧、渔业	-4.14	-3.21	-2.28
煤炭开采和洗选业	-2.71	-1.78	-0.85
石油和天然气开采业	-3.55	-2.62	-1.69
金属矿采选业	-3.11	-2.18	-1.25
非金属矿及其他矿采选业	-6.69	-5.76	-4.83
食品制造及烟草加工业	-8.00	-7.07	-6.14
纺织业	-8.97	-8.04	-7.11
纺织服装鞋帽皮革羽绒及其制品业	-2.21	-1.28	-0.35
木材加工及家具制造业	-6.49	-5.56	-4.63
造纸印刷及文教体育用品制造业	-4.8	-3.87	-2.94
石油加工、炼焦及核燃料加工业	-12.98	-12.05	-11.12
化学工业	-6.14	-5.21	-4.28
非金属矿物制品业	-6.66	-5.73	-4.8
金属冶炼及压延加工业	-6.00	-5.07	-4.14
金属制品业	-3.83	-2.9	-1.97
通用、专用设备制造业	-9.03	-8.1	-7.17
交通运输设备制造业	-6.44	-5.51	-4.58
电气机械及器材制造业	-4.78	-3.85	-2.92
通信设备、计算机及其他电子设备制造业	-1.41	-0.48	0.45
仪器仪表及文化、办公用机械制造业	-2.78	-1.85	-0.92
工艺品及其他制造业	-9.9	-8.97	-8.04
电力、热力的生产和供应业	-7.99	-7.06	-6.13

表6.11(续)

行业	2007—2010	2011—2015	2016—2020
燃气的生产和供应业	-9.53	-8.6	-7.67
水的生产和供应业	-7.6	-6.67	-5.74
建筑业	-10.21	-9.28	-8.35
交通运输、仓储和邮政业	-6.62	-5.69	-4.76
批发、零售业和住宿、餐饮业	-6.76	-5.83	-4.9
其他行业	-5.81	-4.88	-3.95

从表6.11可以看出，行业碳利用效率提高得越来越慢也是情理之中。所以利用2010年各行业完全碳排放系数和年均增速就可以计算出2020年各行业的完全碳排放系数（见表6.12）。

表6.12 **2020年各行业的完全碳排放系数表**

单位：吨/万元

行业	完全碳排放系数	行业	完全碳排放系数	行业	完全碳排放系数	行业	完全碳排放系数
农、林、牧、渔业	0.979 5	纺织服装鞋帽皮革羽绒及其制品业	1.914 1	金属制品业	3.179 7	电力、热力的生产和供应业	4.904 3
煤炭开采和洗选业	4.421 0	木材加工及家具制造业	1.269 5	通用、专用设备制造业	1.296 5	燃气的生产和供应业	1.668 0
石油和天然气开采业	3.785 9	造纸印刷及文教体育用品制造业	1.925 0	交通运输设备制造业	1.622 6	水的生产和供应业	1.501 1
金属矿采选业	3.325 8	石油加工、炼焦及核燃料加工业	2.255 9	电气机械及器材制造业	2.481 6	建筑业	1.136 7

表6.12(续)

行业	完全碳排放系数	行业	完全碳排放系数	行业	完全碳排放系数	行业	完全碳排放系数
非金属矿及其他矿采选业	1.679 1	化学工业	2.487 5	通信设备、计算机及其他电子设备制造业	2.635 0	交通运输业和仓储、邮政业	2.448 6
食品制造及烟草加工业	0.693 2	非金属矿物制品业	2.437 3	仪器仪表及文化办公用机械制造业	2.308 9	批发、零售业和住宿、餐饮业	0.718 8
纺织业	0.922 3	金属冶炼及压延加工业	3.461 5	工艺品及其他制造业	0.602 8	其他行业	0.851 3

从表6.12可以看出，到2020年采掘业、石化业、金属冶炼加工制品业、电力、热力的生产和供应业仍是高碳排放行业。

（4）2020年全国最终消费能源二氧化碳排放总量和投资能源二氧化碳排放总量

全国最终消费的能源二氧化碳总量的计算公式为：

$$coe_C = EX_C = \begin{bmatrix} e_1 & \cdots & e_n \end{bmatrix} \begin{bmatrix} x_{c1} \\ \cdots \\ x_{cn} \end{bmatrix}$$

$$= \begin{bmatrix} e_1 & \cdots & e_n \end{bmatrix} \begin{bmatrix} 1-a_{11} & \cdots & a_{1n} \\ \cdots & \cdots & \cdots \\ a_{n1} & \cdots & 1-a_{nn} \end{bmatrix}^{-1} \begin{bmatrix} C_1 \\ \cdots \\ C_n \end{bmatrix} = \bar{E}C$$

其中，coe_C表示最终消费带来的能源二氧化碳总量，E表示行业的直接碳强度行向量，X_C表示由最终消费需求产生的总产出列向量，a_{11}表示直接消耗系数，C_i表示行业I的最终消费需求，$\bar{E}$表示行业的完全碳排放系数行向量，C表示行业最终消费需求列向量。

全国投资的能源二氧化碳总量的计算公式为：

$$coe_I = EX_I = \begin{bmatrix} e_1 & \cdots & e_n \end{bmatrix} \begin{bmatrix} x_{i1} \\ \cdots \\ x_{in} \end{bmatrix}$$

$$= \begin{bmatrix} e_1 & \cdots & e_n \end{bmatrix} \begin{bmatrix} 1-a_{11} & \cdots & a_{1n} \\ \cdots & \cdots & \cdots \\ a_{n1} & \cdots & 1-a_{nn} \end{bmatrix}^{-1} \begin{bmatrix} I_1 \\ \cdots \\ I_n \end{bmatrix} = \overline{E}I$$

其中，eoe_I 表示投资带来的能源二氧化碳总量，E 表示行业的直接碳强度向量，X_I 表示由投资需求产生的总产出列向量，I_i 表示对行业 I 的投资，$\overline{E}$ 表示行业的完全碳排放系数行向量，I 表示行业投资需求列向量。

通过上面的公式和前面测算的数据可以得到 2020 年全国最终消费的能源二氧化碳排放和投资的能源二氧化碳排放，两者之和即为全国公平性碳排放总量，结果见表 6.13。

表 6.13　2020 年全国最终消费需求碳排放和投资需求碳排放表

单位：万吨

全国最终消费碳排放	全国投资碳排放	全国公平性碳排放总量
657 408. 7	362 242. 3	1 019 651

6.2.2.2　全国效率性碳排放权的测定

从上面公平性的分配加总结果来看，到 2020 年全国的公平性碳排放权为 1 019 651 万吨。结合前面的全国能源二氧化碳总量目标来看，全国目标控制为 1 491 669 万吨，差距为 472 018 万吨，这部分碳排放权可以通过效率的方式进行地区配置。

6.2.3 全国公平性碳排放权的地区分配

6.2.3.1 2020年各省人口规模、地区生产总值和人均GDP的预测

（1）2020年各省市地区生产总值预测

各个省的地区生产总值会受到诸如经济发展基础、政策导向、地区规划等各种因素的影响，若对每个省分别进行预测，工作量是非常巨大的。鉴于本书的研究目的和研究主线并不是对地区人口和地区生产总值的具体预测，而是提出利用投入产出法进行碳排放权地区更加合理分配的一种思路和方法，所以对各省地区生产总值的预测进行了简化。

预测的依据是"十二五"规划提出全国经济增速为7%，同时根据我国2020年经济总量较2010年翻一番的目标得到我国经济在未来只需要保持7%左右的增速就可以实现目标。本书对各个省市的地区生产总值的预测都以此速度为依据。当然，为了实现国家的整体目标，各个地区的经济增速虽然会存在一定程度的差异，但是，本书研究的目的是在正常的经济增长下进行合理的碳排放量的分配。某些地区经济超常增长所需要的碳排放不应该通过额外分配碳排放指标去解决，而应该通过技术进步减少碳排放强度去解决。某些地区主动控制人口和经济增长的增速，由此所控制的碳排放量是该地区应当获得的资源，也不应该"鞭打快牛"而减少碳排放的合理分配。所以，这种以全国经济平均增速作为各个省市经济增速的简化方式一定程度上是合理的。于是，可以推算出到2020年各个省市的地区生产总值。各个省市地区生产总值之和与2020年较2010年翻一番的全国GDP目标值存在一定偏差。为了保证经济总量翻一番的目标，需要将此预测结果进行调整，调整方式就是以各个地区预测的地区生产总值占比对2020年全国GDP的目标值进行分配，最后的结果见表 6.14。

表 6.14 　　　**2020 年各省市地区生产总值预测表** 　单位：亿元

地区	地区生产总值	地区	地区生产总值	地区	地区生产总值
北京	24 887.81	浙江	47 947.20	海南	4 015.70
天津	18 340.08	安徽	24 298.57	重庆	16 153.24
河北	36 119.99	福建	27 770.98	四川	33 515.60
山西	16 083.75	江西	18 299.67	贵州	10 218.75
内蒙古	21 482.51	山东	69 791.48	云南	14 958.94
辽宁	34 558.15	河南	41 039.27	陕西	20 477.88
吉林	16 567.73	湖北	31 483.43	甘肃	7 999.61
黑龙江	18 356.37	湖南	31 270.53	青海	2 681.48
上海	27 569.94	广东	79 337.46	宁夏	3 273.68
江苏	75 505.84	广西	18 350.08	新疆	10 669.85

从表 7.14 中的预测结果来看，到 2020 年，江苏、山东、广东仍是经济大省，其地区生产总值分别为 75 505.84 亿元、69 791.48 亿元和 79 339.46 亿元，排前三名。

（2）2020 年各省市人口规模预测

在预测各省市 2020 年人口规模时采用灰色预测模型 GM（1，1）。灰色预测模型是邓聚龙教授于 20 世纪 70 年代首先提出的，以灰色理论为基础，认为系统的行为现象虽然是模糊的，数据是复杂的，但毕竟是有序的，所以可以从杂乱中寻找规律。这种预测方法是一种对含有不确定因素的系统进行预测的方法。由于影响人口规模变化的因素有很多，除了政策控制外，还有许多是个人因素，而且有些因素是不完全确定的，所以用此方法进行人口规模预测比较合适。通过对影响城市人口规模变化因素的历史资料进行统计分析，探讨其在时间上的变化规律，从而对未来的变化进行预测，以实现对含有已知信息又含有不确定因素的系统进行预测的目的。在预测的时候要以历年各省市的年平均人口数为基础，实现对各省市年平均人口数的预测，以便为预测人均 GDP 奠定基础。其结果见表 6.15。

表 6.15　　　　2020 年年末各省市人口预测数　　单位：万人

地区	人口	地区	人口	地区	人口
北京	2 107	浙江	6 800	海南	946
天津	1 755	安徽	5 514	重庆	3 096
河北	7 971	福建	4 035	四川	7 868
山西	4 139	江西	4 773	贵州	2 851
内蒙古	2 971	山东	10 268	云南	4 877
辽宁	4 905	河南	9 637	陕西	3 709
吉林	2 804	湖北	5 805	甘肃	2 425
黑龙江	3 859	湖南	7 193	青海	593
上海	2 438	广东	12 013	宁夏	706
江苏	8 655	广西	4 259	新疆	2 478

从表 6.15 中的预测结果可以看出，江苏、山东、河南、广东和四川仍是我国人口大省，到 2020 年其人口规模分别达到 8 655 万人、10 268 万人、9 637 万人、14 014 万人和 7 868 万人。

（3）2020 年各省市人均 GDP 预测

各省市 2020 年地区生产总值除以各自的年平均人口数则可计算出各地 2020 年的人均 GDP。其结果见表 6.16。

表 6.16　　　　　　　各省市 2020 年人均 GDP　　　单位：元/人

地区	地区人均GDP	地区	地区人均GDP	地区	地区人均GDP
北京	118 115	浙江	70 512	海南	42 432
天津	104 502	安徽	44 067	重庆	52 166
河北	45 312	福建	68 828	四川	42 599
山西	38 858	江西	38 341	贵州	35 840
内蒙古	72 297	山东	67 971	云南	30 675
辽宁	70 457	河南	42 586	陕西	55 210
吉林	59 086	湖北	54 237	甘肃	32 985
黑龙江	47 568	湖南	43 472	青海	45 236
上海	113 102	广东	66 040	宁夏	46 351
江苏	87 238	广西	43 085	新疆	43 056

从表 6.16 可以看出，到 2020 年，北京、天津和上海的人均GDP 将超过 10 万元/人，人均 GDP 较低的地区为江西、贵州、云南、甘肃等地。

6.2.3.2　全国最终消费碳排放和投资碳排放的地区分配

（1）全国最终消费碳排放权的地区分配

在把全国最终消费带来的能源二氧化碳进行地区分配的时候要从消费需求的公平性出发，影响地区最终消费需求的主要因素是地区的人口规模。从公平的角度出发应该保证每个人都有消费相同类型和相同数量的产品与服务的权利，保证各个地区的人均碳排放相等，所以可以按照各省市 2020 年人口规模占全国人口的比重作为权重把全国最终消费能源二氧化碳进行分配。其结果见表 6.17。

表 6.17　2020 年各省市最终消费需求能源二氧化碳分配结果

地区	人口比重 （%）	分得的 排放权 （万吨）	地区	人口比重 （%）	分得的 排放权 （万吨）
北京	1.49	9 792.89	河南	6.81	44 788.04
天津	1.24	8 156.53	湖北	4.10	26 978.54
河北	5.64	37 048.17	湖南	5.09	33 431.14
山西	2.93	19 236.88	广东	8.49	55 834.09
内蒙古	2.10	13 809.96	广西	3.01	19 794.45
辽宁	3.47	22 795.90	海南	0.67	4 398.42
吉林	1.98	13 031.76	重庆	2.19	14 391.22
黑龙江	2.73	17 935.03	四川	5.56	36 565.79
上海	1.72	11 329.06	贵州	2.02	13 251.19
江苏	6.12	40 225.79	云南	3.45	22 664.06
浙江	4.81	31 602.84	陕西	2.62	17 238.37
安徽	3.90	25 627.07	甘肃	1.71	11 271.49
福建	2.85	18 752.18	青海	0.42	2 755.01
江西	3.37	22 182.26	宁夏	0.50	3 282.48
山东	7.26	47 720.83	新疆	1.75	11 517.26

从表 6.17 可以看出，江苏、山东、河南、湖南、广东和四川等人口大省分得了较多的排放权，分别为 40 225.79 万吨、47 720.83 万吨、44 788.04 万吨、33 431.14 万吨、55 834.09 万吨和 36 565.79 万吨。

（2）全国投资碳排放权的地区分配

在把全国投资带来的能源二氧化碳进行地区公平性分配的时候要从两方面进行考虑。一方面要考虑各个地区经济规模的差异。由于经济规模不同需要支撑经济发展的投资规模会存在差异，经济规模大的地区分得更多的投资碳排放权，经济规模小的地区分得更少的碳排放权，以保证不同规模的经济体都得以健康发展。另一方面要考虑经济发展水平的差异。按照国家西部大开发的策略，应该加快西部地区的经济发展，缩小其与东部沿海发达省市的差距。人均 GDP 是衡量地区经济发展水平最具代表性的指标，对于人均 GDP 较低的中西部地区应该给予其更多的投资需求碳排放权，以加快其经济发展。而对于人均 GDP 较高的东部地区应分配较少的投资需求碳排放权，保证落后地区有追赶发达地区经济的时间和条件，对其的限制作用相应更少，目的是使全国各地区的经济发展更为均衡。所以，全国投资需求碳排放的地区分配步骤如下：

第一步，按照 2020 年地区生产总值的占比作为权重对全国投资需求能源二氧化碳排放总量进行地区分配，得到各个地区基于经济规模的投资需求碳排放权。

从表 6.18 可以看出，经济规模较大的江苏、浙江、山东、广东分得了最多的碳排放权，分别为 34 060.44 万吨、21 628.83 万吨、31 482.72 万吨和 35 788.87 万吨。

表 6.18   根据经济规模不同进行的排放权分配结果

单位：万吨

地区	分得的排放权	地区	分得的排放权
北京	11 226.81	河南	18 512.69
天津	8 273.15	湖北	14 202.08
河北	16 293.61	湖南	14 106.04
山西	7 255.33	广东	35 788.87
内蒙古	9 690.69	广西	8 277.66

表6.18(续)

地区	分得的排放权	地区	分得的排放权
辽宁	15 589.07	海南	1 811.47
吉林	7 473.65	重庆	7 286.68
黑龙江	8 280.50	四川	15 118.78
上海	12 436.71	贵州	4 609.65
江苏	34 060.44	云南	6 747.93
浙江	21 628.83	陕西	9 237.51
安徽	10 961.01	甘肃	3 608.60
福建	12 527.40	青海	1 209.61
江西	8 254.92	宁夏	1 476.75
山东	31 482.72	新疆	4 813.13

第二步，以2020年各个地区人均GDP倒数的归一化值作为权重对全国投资需求的能源二氧化碳总量进行地区分配，得到各个地区基于经济发展水平的投资需求碳排放权。

从表6.19可以看出，经济相对落后的中西部地区分得了更多的碳排放权，而经济发达的北京、上海等地分得的碳排放权却很少。

表6.19　根据经济发展水平不同的排放权分配结果

单位：万吨

地区	分得的排放权	地区	分得的排放权
北京	5 201.28	河南	14 426.09
天津	5 878.83	湖北	11 327.21
河北	13 558.31	湖南	14 131.96

表6.19(续)

地区	分得的排放权	地区	分得的排放权
山西	15 810.07	广东	9 302.67
内蒙古	8 497.55	广西	14 259.09
辽宁	8 719.52	海南	14 478.43
吉林	10 397.44	重庆	11 776.72
黑龙江	12 915.22	四川	14 421.63
上海	5 431.81	贵州	17 141.28
江苏	7 042.23	云南	20 027.34
浙江	8 712.63	陕西	11 127.50
安徽	13 941.34	甘肃	18 625.09
福建	8 925.80	青海	13 581.06
江西	16 023.19	宁夏	13 254.14
山东	9 038.41	新疆	14 268.47

第三步，认为经济规模和发展水平对地区分得投资需求的能源二氧化碳同等重要，所以对上两步得到的结果进行算术平均就可以得到各个地区公平性投资需求的能源二氧化碳排放。其结果见表6.20。

表6.20 2020年各省市投资需求能源二氧化碳分配结果

单位：万吨

地区	分得的排放权	地区	分得的排放权
北京	8 214.05	河南	16 469.39
天津	7 075.99	湖北	12 764.64
河北	14 925.96	湖南	14 119.00

表6. 20(续)

地区	分得的排放权	地区	分得的排放权
山西	11 532.70	广东	22 545.77
内蒙古	9 094.12	广西	11 268.38
辽宁	12 154.30	海南	8 144.95
吉林	8 935.55	重庆	9 531.70
黑龙江	10 597.86	四川	14 770.21
上海	8 934.26	贵州	10 875.46
江苏	20 551.34	云南	13 387.64
浙江	15 170.73	陕西	10 182.50
安徽	12 451.18	甘肃	11 116.85
福建	10 726.60	青海	7 395.33
江西	12 139.06	宁夏	7 365.44
山东	20 260.56	新疆	9 540.80

从表6.20可以看出，经济规模较大且发展水平落后的中西部地区分得的碳排放权比较多。

最后，把各省市基于最终消费需求分得的能源二氧化碳排放和基于投资需求分得的能源二氧化碳排放加总可以得到各地最终需求分得的能源二氧化碳排放总量。其结果见表6.21。

表 6. 21　2020 年各省市最终需求分得的碳排放总量

单位：万吨

地区	碳排放量	地区	碳排放量	地区	碳排放量
北京	18 006.94	浙江	46 773.57	海南	12 543.37
天津	15 232.51	安徽	38 078.24	重庆	23 922.92

表6.21(续)

地区	碳排放量	地区	碳排放量	地区	碳排放量
河北	51 974.13	福建	29 478.78	四川	51 336.00
山西	30 769.58	江西	34 321.32	贵州	24 126.65
内蒙古	22 904.09	山东	67 981.39	云南	36 051.70
辽宁	34 950.20	河南	61 257.43	陕西	27 420.88
吉林	21 967.30	湖北	39 743.18	甘肃	22 388.34
黑龙江	28 532.89	湖南	47 550.13	青海	10 150.34
上海	20 263.32	广东	78 379.86	宁夏	10 647.92
江苏	60 777.13	广西	31 062.82	新疆	21 058.06

从表6.21可以看出,按照经济健康发展所需投资和消费碳排放权全部得到满足的思路,河北、江苏、山东、河南、广东和四川分得了较多的排放权。因为这些地区要么是人口大省,要么是经济大省。2013年这六个省份的人口数占全国的40%左右,而地区生产总值占全国的46%左右。

6.2.3.2 利用地区碳转移进行调整

从公平的角度来看,在得到了各个地区最终需求能源二氧化碳排放总量后,应该用省际碳转移量进行调整。省际能源二氧化碳净转入地其消费碳排放超过了生产碳排放,应该在最终需求能源二氧化碳总量上减去省际碳净转入量;省际能源二氧化碳净转出地生产碳排放超过了消费碳排放,应该在最终需求能源二氧化碳总量上加上省际碳净转出量,以保证碳排放权分配更加公平。

在前文的分析中,通过高碳排放行业占比与省际能源二氧化碳净调入和净调出的半对数模型分析得到了高碳排放行业占比变动1%引起的省际能源二氧化碳净调入和净调出变动百分比,通过对 2020 年各个省市高碳排放行业占比的预测得到了 2020 年各省市能源二氧化碳省际净调入和净调出较 2010 年的变动百分比。其结果见表 6.22。

表 6.22　2020 年省际能源二氧化碳净调入和净调出测算表

单位:%

地区	2010 年净转入占比	2020 年净转入占比较 2010 年降低百分比	2020 年净转入占比	地区	2010 年净转出占比	2020 年净转出占比较 2010 年升高百分比	2020 年净转出占比
浙江	9.01	0.78	8.23	湖南	0.17	-0.01	0.16
山东	2.15	0.57	1.58	天津	0.24	0.41	0.65
上海	6.07	0.27	5.8	甘肃	0.45	0.09	0.54
福建	5.88	0.64	5.24	广西	1.14	0.5	1.64
重庆	10.17	0.41	9.76	贵州	1.75	1.22	2.97
北京	8.75	0.43	8.32	新疆	2.37	-0.26	2.11
四川	3.43	0.34	3.09	内蒙古	1.62	0.82	2.44
江苏	1.42	0.40	1.02	河南	1.98	-1.57	0.41
湖北	2.11	0.37	1.74	山西	1.94	0.35	2.29
云南	3.03	1.29	1.74	黑龙江	3.67	-0.78	2.89
吉林	2.76	0.29	2.47	河北	2.12	0.3	2.42
海南	8.72	1.64	7.08	辽宁	8.07	-0.26	7.81
江西	3.17	0.16	3.01	—	—	—	—
陕西	1.20	0.76	0.44	—	—	—	—
安徽	1.24	0.18	1.06	—	—	—	—
宁夏	2.73	0.89	1.84	—	—	—	—
青海	3.61	0.39	3.22	—	—	—	—
广东	0.09	0.02	0.07	—	—	—	—

从表 6.22 可以看出，碳排放净转入占比较高的地区是浙江、上海、福建等沿海发达地区和海南等产业结构不完整地区，而碳排放净转出占比较高的地区是辽宁、黑龙江等工业发达地区和山西、新疆等资源丰富地区。

通过上一步得到的 2020 年各省市最终需求能源二氧化碳排放总量和表 6.22 得到的各个省市能源二氧化碳省际净转移量占比相乘可以得到 2020 年各个地区省际能源二氧化碳净转移量。其结果见表 6.23。

表 6.23　　2020 年省际能源二氧化碳净转移量表

单位：万吨

地区	2020 年净转入	地区	2020 年净转出
北京	1 498.17	天津	99.01
吉林	542.59	河北	1 257.77
上海	1 175.27	山西	704.62
江苏	619.92	内蒙古	558.85
浙江	3 849.46	辽宁	2 727.61
安徽	403.62	黑龙江	824.60
福建	1 544.68	河南	251.15
江西	1 033.07	湖南	76.08
山东	1 074.1	广西	509.43
湖北	691.53	贵州	716.56
广东	54.86	甘肃	120.89
海南	888.07	新疆	444.32
重庆	2 334.87	—	—
四川	1 586.28	—	—

表6.23(续)

地区	2020 年净转入	地区	2020 年净转出
云南	627.29	—	—
陕西	120.65	—	—
青海	326.84	—	—
宁夏	195.92	—	—

从表 6.23 可以看出，全国的省际能源二氧化碳净转入和能源二氧化碳净转出之和本应该为零，但表 6.23 中的结果表明省际能源二氧化碳净转入量要大于净转出量。其原因是本书在计算各个省市能源二氧化碳转入、转出的时候都使用的是同一个地区的消耗系数，比如在计算北京的能源二氧化碳转入、转出量的时候，转出量使用北京的直接消耗系数是合理的。因为转出的二氧化碳是北京生产产品产生的，而转入的二氧化碳却来自各个地区，准确的计算应该用转入地的直接消耗系数进行计算，但由于所需详细资料并没有，所以转入碳排放仍以北京的直接消耗系数为准。而实际上，碳净转入的地区多是能源资源贫乏的地区，以调入资源型中上游高碳排放行业为主。从各个省市的直接消耗系数来看，资源丰富的欠发达地区在生产这类行业上的中间投入相对更少，所以会高估北京的碳转入量，净转入量也被高估。而对于省际能源二氧化碳净转出的地区，转入的行业以中下游为主。这类行业发达地区的生产效率相对更高，所以净转出地中的碳转入量又被高估了，净转出量被低估了，正因为如此才造成了碳净转入量合计要大于碳净转出量合计。由于净转入量被高估了、净转出量被低估了，所以以两者的算术平均数作为净转入量和净转出量，各个省市的碳净转移量以各自占比作为权重进行分配，从而得到新的省际碳净转移

结果，见表 6.24。

表 6.24 调整后 2020 年省际能源二氧化碳净转移量表

单位：万吨

地区	2020 年净转入	地区	2020 年净转出
北京	1 083.58	天津	160.37
吉林	392.44	河北	2 037.25
上海	850.03	山西	1 141.30
江苏	448.37	内蒙古	905.19
浙江	2 784.19	辽宁	4 418.00
安徽	291.93	黑龙江	1 335.63
福建	1 117.22	河南	406.80
江西	747.19	湖南	123.23
山东	776.86	广西	825.14
湖北	500.16	贵州	1 160.64
广东	39.68	甘肃	195.81
海南	642.31	新疆	719.68
重庆	1 688.73	——	——
四川	1 147.30	——	——
云南	453.70	——	——
陕西	87.26	——	——
青海	236.39		
宁夏	141.70		

经过省际碳转移调整后各个地区分得的公平性能源二氧化碳排放总量的计算公式如下：

省际能源二氧化碳净转入地区分得的碳排放权 = 最终需求

碳排放权-调整后 2020 年省际碳净转入量

省际能源二氧化碳净转出地区分得的碳排放权＝最终需求碳排放权+调整后 2020 年省际碳净转出量

测算结果见表 6.25。

表 6.25　2020 年各省市公平性碳排放权分配结果

单位：万吨

地区	公平性碳排放量	地区	公平性碳排放量	地区	公平性碳排放量
广东	78 340.18	安徽	37 786.31	甘肃	22 584.15
山东	67 204.53	云南	35 598.00	重庆	22 234.19
河南	61 664.23	江西	33 574.13	新疆	21 777.74
江苏	60 328.76	山西	31 910.88	吉林	21 574.86
河北	54 011.38	广西	31 887.96	上海	19 413.29
四川	50 188.70	黑龙江	29 868.52	北京	16 923.36
湖南	47 673.36	福建	28 361.56	天津	15 392.88
浙江	43 989.38	陕西	27 333.62	海南	11 901.06
辽宁	39 368.20	贵州	25 287.29	宁夏	10 506.22
湖北	39 243.02	内蒙古	23 809.28	青海	9 913.95

从表 6.25 可以看出，从公平角度来看，人口大省河北、江苏、山东、河南和广东等地分得的碳排放权都比较多，并且这些地区的经济总量也比较大，人均 GDP 比较低的贵州、云南和广西等地也分得了较多的碳排放权，山西、黑龙江、辽宁等碳排放净转出的地区也分得了相应较多的碳排放权。可见，这种分配结果充分考虑了人口消费需求、经济发展需求和碳转移的公平性，比较合理。

6.2.4 全国效率性碳排放权的地区分配

从前面的分析可知，效率性原则应该要使相同碳投入带来更多产出的地区分得更多的碳排放权。也就是说，要使单位碳排放的产出最大化，碳排放直接与化石能源消耗挂钩，在能源的二氧化碳排放因子不变的情况下，效率性也是要使能源生产力高的地区分得更多的碳排放权，所以全国效率性碳排放权总量可以按照各个地区能源生产力的归一化值作为权重进行分配。

首先需要对各个省市 2020 年的能源生产力进行预测，发展和改革委员会参考各地区经济发展的阶段、东中西部经济发展的地区差异以及各地区"十一五"节能目标完成的情况，把 31 个省市分为 5 类：

第一类地区包括天津、上海、江苏、浙江和广东，其单位 GDP 能耗降低率最高，为 18%；

第二类地区包括北京、河北、辽宁和山东，其单位 GDP 能耗降低率为 17%；

第三类地区包括山西、吉林、黑龙江、安徽、福建、江西、河南、湖北、湖南、重庆、四川和陕西，其单位 GDP 能耗降低率为 16%；

第四类地区包括内蒙古、广西、贵州、云南、甘肃和宁夏，其单位 GDP 能耗降低率为 15%；

第五类地区包括海南、青海和新疆，其单位 GDP 能耗降低率为 10%。

根据各个地区的能耗降低目标可以算得能耗强度的年均增速，以此速度对 2020 年各地区能耗强度进行推算，再通过取倒数的方式可以得到各个地区的能源生产力，以其归一化值为权重对全国效率性碳排放总量进行分配。其结果见表 6.26。

表 6.26　　2020 年各省市效率性碳排放权分配结果

单位：万吨

地区	碳排放量	地区	碳排放量	地区	碳排放量
北京	31 184.73	海南	16 866.94	四川	13 660.08
广东	28 780.02	广西	15 777.22	云南	11 429.41
浙江	27 239.32	吉林	15 415.01	河北	11 170.56
上海	26 571.00	黑龙江	15 138.50	甘肃	9 135.58
江苏	25 007.77	河南	14 551.90	内蒙古	8 700.93
福建	23 120.75	湖北	14 315.14	贵州	7 021.08
天津	22 069.91	湖南	14 251.98	山西	7 003.85
江西	19 934.21	陕西	13 842.50	新疆	6 820.10
安徽	18 266.29	辽宁	13 833.67	青海	5 110.66
山东	17 055.99	重庆	13 799.66	宁夏	4 943.25

从表 6.26 中的分配结果来看，能源生产力较高的京津地区、东部沿海地区以及南部沿海地区的福建和广东分得的效率性碳排放权更多，而中西部能源生产力相对低的地区分得的效率性碳排放权比较少，结果比较合理。

6.2.5　各个地区 2020 年分得的能源二氧化碳排放总量

各个地区 2020 年分得的碳排放权总量＝公平性碳排放权＋效率性碳排放权。其结果见表 6.27。

表 6.27　2020 年全国能源二氧化碳总量地区分配结果

单位：万吨

地区	碳排放量	地区	碳排放量	地区	碳排放量
广东	107 120.20	江西	53 508.34	天津	37 462.80

表6.27(续)

地区	碳排放量	地区	碳排放量	地区	碳排放量
江苏	85 336.52	辽宁	53 201.87	吉林	36 989.88
山东	84 260.52	福建	51 482.31	重庆	36 033.85
河南	76 216.13	北京	48 108.08	内蒙古	32 510.20
浙江	71 228.69	广西	47 665.18	贵州	32 308.37
河北	65 181.95	云南	47 027.41	甘肃	31 719.72
四川	63 848.78	上海	45 984.29	海南	28 768.00
湖南	61 925.34	黑龙江	45 007.02	新疆	28 597.84
安徽	56 052.61	陕西	41 176.12	宁夏	15 449.47
湖北	53 558.16	山西	38 914.74	青海	15 024.61

从表6.27中的分配结果来看，因为广东省的人口数量排名在全国靠前，所以分得的能源二氧化碳总量排名全国第一；山东、河北、河南和四川等地由于人口数量排名全国前列而分得了较多的碳排放权；云南、广西、山西等地因为人均 GDP 比较低，为保证其经济发展空间也给予了其较多的碳排放权；上海、天津、北京由于经济发展水平较高在公平性碳排放权的分配上较少，但北京和上海的人口还是不少，所以，最终分得的碳排放权在全国处于中等水平；而海南、青海、宁夏等地由于人口非常稀少也分得了较少的碳排放权。可见，分配的结果比较合理，充分地考虑了公平性和效率性。

6.3　本章小结

在前文研究的基础上，本章从最终需求的角度出发，利用投入产出法和计量经济模型相结合的手段对国家能源二氧化碳总量目标进行了地区分配，充分考虑了消费需求的公平性、经济发展需求的公平性、碳转移的公平性，以及能源生产力的效率性。从分配结果来看，因为广东省的人口数量排名在全国靠前，所以分得的能源二氧化碳总量排名全国第一；河北、河南和山东由于人口数量排名全国前列而分得了较多的碳排放权；云南、广西、山西等地因为人均GDP比较低，为保证其经济发展空间也给予了其较多的碳排放权；上海、天津、北京由于经济发展水平较高在公平性碳排放权的分配上较少，但北京和上海的人口还是不少，所以，最终分得的碳排放权在全国处于中等水平；而海南、青海、宁夏等地由于人口稀少也分得了较少的碳排放权，分配的结果比较合理。

7. 总结与展望

7.1 本书的主要结论

7.1.1 全国碳排放总量目标的实现离不开地区的努力

从我国碳排放的历史演变规律来看，虽然碳排放总量仍然增长，但总量增速已经明显减缓，各行业的碳强度也已明显降低，说明我国积极努力的碳减排已经初见成效。为了实现国际碳减排合作，我国在 2009 年承诺到 2020 年我国碳强度较 2005 年降低 40%~45% 的目标。这个目标实际是总量控制目标的过渡阶段和软约束，也是对我国未来的碳排放总量在自然增长的基础上加以控制。所以，碳强度目标可以转换成碳排放总量目标，要求我国在经济快速增长的基础上，能源二氧化碳排放总量以较低的速度增加。根据预测结果，2020 年我国碳排放总量应该为 1 491 669.03 万吨。而我国幅员辽阔，各个地区发展的基础和条件存在较大差异，所以分区减排、分区设定碳排放总量目标对全国减排目标的实现意义重大。

7.1.2 规模扩张是我国碳排放增加的主要原因

结构调整对碳减排的作用还未明显体现，技术进步是碳减排的重要手段。

（1）经济规模扩张是我国能源消耗二氧化碳总量增加的主要原因，经济规模包括投资规模、最终消费规模和净出口规模，其总共引起能源二氧化碳总量较基期增加了108.16%。2005年我国国内生产总值为158 020.7亿元，比2000年增长了0.6倍，这期间能源消费增长了0.62倍，能源二氧化碳排放增长了0.61倍；2013年我国国内生产总值为568 845.2亿元，比2005年增长了2.1倍，能源消费增长了0.67倍，能源二氧化碳排放增长了0.82倍。可见，能源二氧化碳排放的增长是随着建立在能源消费基础上的经济增长而产生的。伴随中国经济的快速发展，能源消费也随之迅速增长。早在2010年，国际能源署就发布了中国已经超过美国成为全球第一能源消费国的消息，受到我国国家能源局的质疑。到2014年，随着我国经济发展对能源消费的新一轮扩张后，我国已经成为世界第一大能源消费国和二氧化碳排放国。并且对建筑业的大量投资和服务业最终消费规模的大幅度扩大是引起我国能源二氧化碳总量上升的主要因素。

（2）结构因素对我国能源二氧化碳的总体影响程度较小，结构因素包括最终消费结构、投资结构和净出口结构，其总共引起能源二氧化碳上升了14.98%。这说明我国结构调整对碳减排的作用还未体现，在长期中我国仍需要通过结构调整来实现碳减排。但由于最终消费结构、投资结构和净出口结构在短期内难以实现较大的变动，且对某些中上游基础性行业的需求不减反增造成结构变动难以对能源二氧化碳总量产生较大影响。随着我国经济进入新常态，经济结构调整成为主要发展方向。在未来，通过结构调整将是实现我国碳减排的重要途径。

（3）行业完全碳排放系数减小是抑制我国能源二氧化碳的主要原因。行业完全碳排放系数衡量了行业碳排放权的生产利用水平，行业完全碳排放系数的降低是我国实现节能减排的重要途径。从本章的研究可以看出，70%左右的行业都是由于技术进步而实现了碳减排，但采掘业、石化业和金属冶炼加工业技术仍未起到提高生产率的作用，而且这三大行业都是高碳排放行业。在未来，应该在国家的扶持下，淘汰落后产能，提高其生产效率。

7.1.3 经济因素、人口因素、能源因素和技术因素影响程度的不同是造成地区碳排放差异的主要原因

（1）地区生产总值影响程度不同的原因在于各个地区支撑经济发展的产业结构不同。地区生产总值每增加一单位引起能源二氧化碳增长较多的地区集中在山西、辽宁、黑龙江和新疆等高碳排放行业占比较高的地区。

（2）人均 GDP 每增加一单位引起各地区能源二氧化碳增量差异的原因在于各个地区经济发展阶段不同、产业构成不同。北京、天津、上海、贵州等第三产业占比较高的地区人均 GDP 增加一单位所带来的能源二氧化碳增量较小。

（3）高碳排放行业占比变动引起地区能源二氧化碳增量差异的原因一方面是由于各个地区高碳排放行业对化石能源的使用总量和使用效率存在差异；另一方面是由于各个地区高碳排放行业内部结构有一定差异，而高碳排放行业内部各个行业的直接碳强度也不同。

（4）人口规模变动引起地区能源二氧化碳变动量不同的原因在于各地区居民的最终消费结构存在差异，人均碳强度不同。北京、上海等人均碳强度高的地区每增加一个人口增长的能源二氧化碳会比较多，而新疆、山西等能源资源丰富的地区由于人口稀少，人均碳强度也较高，每增长一个人口增长的能源二氧化碳总量也会较多。

（5）城镇人口占比影响程度不同的原因在其影响了地区的

最终需求结构，河北、山西、辽宁、山东、河南、四川等地区城镇化进程对工业中高碳排放行业的依赖性比较大，引起能源二氧化碳较大幅度的上升。

（6）能源生产力造成地区能源二氧化碳差异的原因在于各个地区现有的技术发展水平不同，北京、天津、上海、江苏和广东等能源生产力本身较为靠前的地区能源生产力的再增加能更好地抑制能源二氧化碳排放。

（7）煤炭消耗比重造成地区能源二氧化碳差异的原因是：一方面，各个地区各个行业煤炭消费的比重存在差异，并且各个行业对煤炭的利用效率也各不相同；另一方面，各个地区煤炭开采、加工、利用和转换效率存在差异。在煤炭开采、加工、利用转换效率高的地区，煤炭消费占比对地区能源二氧化碳的影响会小一些；而在煤炭开采、加工、利用转换效率低的地区，煤炭消费占比对地区能源二氧化碳的影响相对就会更大。能源资源丰富地区全要素生产率带动了经济增长增加的能源二氧化碳并未完全被技术进步减少的二氧化碳抵消，而经济相对发达的地区，全要素生产率对碳排放的抑制作用明显。

7.1.4 资源禀赋和产业结构的不同带来国际和省际间的碳转移

我国的碳排放呈现出由落后地区向发达地区转移，由资源丰富地区向资源贫乏地区转移，由产业结构完整地向产业结构相对欠缺地区转移的特点。

（1）省际和国际碳转移与地区的资源禀赋和产业结构有一定的关系，并且国际碳转移与地区所处的地理位置也有较大的关系。经济发展水平较高的地区主要以流出中下游产品为主，流入了大量的能源资源和资源型高碳排放行业支撑本地经济发展，而能源资源或金属矿产资源丰富的地区由于流出的行业以资源型为主，流入了大量的中下游行业以弥补本地高碳排放产业结构无法满足的多层次需求。所以，经济发展水平较高的地区省际转出产品隐含能源二氧化碳总量较多，单位产品转出能源二氧化碳总量少；经济欠发达地区由于经济规模有限，省际转入产品隐含能源二氧化碳总量和单位产品转入能源二氧化碳总量都较少。由于沿海省市便利的交通条件，进出口产品载碳量都比较多，而内陆能源资源和矿产资源丰富地区出口了大量的煤炭、石油天然气、金属矿非金属矿资源等，承担了部分国际碳转移。

（2）各个地区产业结构的不同造成其在国家整体经济发展过程中的地位有所差异。东部沿海和南部沿海资源较为匮乏，从外省和国外输入了能源资源型高碳排放的中上游行业支撑本地经济发展，应该承担更多的碳减排责任、分配更少的碳排放权。东北的辽宁和黑龙江，中部的山西、河南，西北的甘肃、内蒙古和新疆，以及西南广西和贵州由于矿产资源或者是能源资源丰富，向外省输出了大量的基础性工业行业，承担了过多的二氧化碳排放，碳减排潜力相应有限，应分配更多的碳排放权。

（3）从国内区域碳转移的行业构成来看，东北区域需要大量使用其他区域的采选业来发展本地的重工业；京津区域的能源资源较为贫乏，需要从其他区域大量进口满足生产和生活所需；北部沿海机械工业向其他区域输送了大量最终产品；东部沿海的纺织服装业、化学工业、交通运输设备制造业和电气机械及电子通信设备制造业向其他区域提供了大量最终产品，而食品及烟草加工业和非金属矿物制品业却需要向其他区域大量进口；南部沿海的金属冶炼及制品业向其他区域输送了大量最终产品；中部区域的农业、采选业、食品制造及烟草加工业、非金属矿物制品业和电气蒸汽热水、煤气自来水生产和供应业向其他区域输送了大量最终产品，而纺织服装业、化学工业、机械工业、交通运输设备制造业和电气机械及电子通信设备制造业等却需要从其他区域大量进口。

（4）国家在进行能源二氧化碳总量地区分配的时候需要站在地区消费的角度考虑省际间的碳转移，各个地区的二氧化碳减排也可以从出口产业结构的角度进行调整。对于资源禀赋高、产业结构以基础性工业行业为主的地区，由于其向外省市输出了大量的资源型行业，在全国经济发展中处于基础性地位，在进行能源二氧化碳总量分配的时候应该给予其更多的碳排放权力；而对于资源禀赋低，以发展第三产业为主的地区，能源二氧化碳通过输入产品更多地转移给了其他地区，应该分得较少的排放权。

7.1.5 碳排放权的最终分配兼顾了消费公平性、投资公平性、碳转移公平性和效率性

本书在最后结合前面引起地区能源二氧化碳排放差异的因素和地区碳转移，从最终需求的角度出发对国家能源二氧化碳总量控制目标进行了地区分解，充分考虑了消费需求的公平性、经济发展需求的公平性、碳转移的公平性，以及能源生产力的效率性。从分配结果来看，因为广东省人口众多，所以分得的能源二氧化碳总量排名全国第一；河北、河南和山东由于人口排名全国前列而分得了较多的碳排放权；云南、广西、山西等地因为人均 GDP 比较低，为保证其经济发展空间也给予了其较多的碳排放权；上海、天津、北京由于人口较少而在公平性碳排放权的分配上也较少。而海南、青海、宁夏等地由于人口稀少也分得了较少的碳排放权，分配的结果比较合理。

7.2 若干政策建议

（1）国家在进行碳排放总量控制的时候必须根据各个省市的发展差异分配差异化的碳减排考核目标。对于东部沿海、南部沿海、京津等发达地区，其能源资源和矿产资源较为贫乏，产业结构以中下游工业行业和服务业为主，但在经济发展过程中对能源、矿产等基础性工业行业的需求又是必不可少的。于是通过进口或者从外省市调入的方式输入了大量的资源型中上游高碳排放行业。而对于中西部部分经济欠发达、资源丰富、产业结构以高碳排放行业为主导的地区，却通过向外省市输出产品的方式承担了过多的碳排放。在全国整体经济发展战略下，为了保证各个地区健康发展的权利，国家在进行碳排放总量控制的时候，必须从公平和效率两个角度出发，充分考虑各个地区的经济发展水平、产业结构、能源利用效率和人口状况的差异，使各个地区分配的碳排放目标与自身碳减排责任和碳减排潜力相适应。只有这样，各个地区才能通过自身的努力实现全国的碳减排目标。

（2）国家还应该通过引导省际碳排放净调入的地区对向其输送产品的主要省市提供资金或技术支持的形式以实现全国减排的目标。碳排放省际净调入的地区包括东部沿海和南部沿海等大部分发达地区。与欠发达地区相比，这些地区通过把自身的碳排放转移给了其他地区而达到了碳减排的目的。并且由于其经济较为发达，科技水平较高，生产效率也更高，国家应该引导这些地区在调入其他地区产品的时候通过资金和技术的支持来帮助生产水平落后地区达到碳排放控制，从而通过区域间的相互推动更好地实现全国的碳减排。

（3）充分发挥技术进步在碳减排中的作用。碳排放作为一种重要的促进经济增长的投入要素，其产出效率直接影响了国家碳排放，所以应该通过制度规范、资源优化配置以及提高碳生产力的方式来充分发挥全要素生产率在全国碳排放控制中的作用，并提高各种非能源产品投入的使用效率。

（4）统筹全国的产业布局，并提高高碳排放行业的能源利用效率。国家应该根据各个地区的资源禀赋优势支持其优势行业的发展，比如中西部资源较为丰富的地区多以煤炭、石油、金属等高碳排放行业为优势，而北京、上海等资源匮乏的地区以服务业为优势，各个层次的行业对整个国家经济的健康发展的作用巨大，应该根据不同的产业发展条件来引导各地区的优势产业发展。但是在这个过程中，对于电力、热力的生产和供应业，石油加工炼焦及核燃料加工业，金属冶炼及压延加工业，交通运输、仓储和邮政业，煤炭开采和洗选业，非金属矿物制品业和化学工业等重点减排行业，也应该努力提高其能源使用效率，进行产业升级。

（5）进一步完善国家与碳排放相关的数据编制方法，建立碳排放统计核算体系，充分发挥国家统计体系在碳排放总量控制中的作用。要实现国家碳排放总量的控制，首先应该对国家碳排放总量有一个比较精确的计算，这个需要基础数据的支持。在进行地区碳排放权分配的时候，也需要对各个省市间的贸易往来，以及各个省市各类能源消耗数据有一个比较统一和详细的记载。只有完善了与碳排放相关的数据资料，才能有更精确的数据，也才能从中寻求数量规律，便于对碳排放总量控制方法的改进。

7.3　本研究的不足

　　本书的主要不足主要表现在两个方面：一是由于缺乏更近期的投入产出表数据，本书的研究只能利用可以获得的 2007 年和 2010 年的投入产出数据。特别是在利用地区碳转移对各个地区分得的能源二氧化碳排放总量进行调整的时候，由于数据资料的局限，我国只编制了 2002 年中国地区扩展投入产出表，所以只能利用 2002 年的截面数据进行预测。这种预测的准确性还有待进一步验证。二是本书为了解决多重共线性问题采用了主成分面板回归，虽然得到的结论从理论上解释比较合理，但是由于主成分回归分析的缺陷，无法对原始变量的显著性进行统计检验。

参考文献

中文文献

［1］刘兰翠. 我国二氧化碳减排问题的政策建模与实证研究［D］. 合肥：中国科学技术大学，2006.

［2］庄贵阳. 气候变化挑战与中国经济低碳发展［J］. 国际经济评论，2007（5）：50-52.

［3］夏堃堡. 发展低碳经济，实现城市可持续发展［J］. 环境保护，2008（3）：33-35.

［4］袁男优. 低碳经济的概念内涵［J］. 环境保护，2010（2）：43-46.

［5］陈柳钦. 低碳经济新次序：中国的选择［J］. 节能与环保，2010（2）：5-7.

［6］姚逊. 新时期低碳经济的内涵与发展趋势分析［J］. 山西财经大学学报：哲学社会科学版，2011（4）：140-144.

［7］曹莹. 论我国发展低碳经济的策略选择［J］. 现代商贸工业，2012（4）：40.

［8］吴开亚，王文秀，张浩，等. 上海市居民消费的间接碳排放及影响因素分析［J］. 华东经济管理，2013，27（1）：1-7.

［9］姚亮，刘晶茹，王如松. 中国城乡居民消费隐含的碳排放对比分析［J］. 中国人口·资源与环境，2011，21（4）：

25-29.

[10] 朱勤，彭希哲，吴开亚. 基于投入产出模型的居民消费品载能碳排放测算与分析 [J]. 自然资源学报，2012，27 (12)：2018-2029.

[11] 安玉发，彭科，包娟. 居民食品消费碳排放测算及其因素分解研究 [J]. 农业技术经济，2014 (3)：74-82.

[12] 范玲，汪东. 我国居民间接能源消费碳排放的测算及分解分析 [J]. 生态经济，2014，31 (7)：28-32.

[13] 刘兰翠. 我国二氧化碳减排问题的政策建模与实证研究 [D]. 合肥：中国科学技术大学，2006.

[14] 智静，高吉喜. 中国城乡居民食品消费碳排放对比分析 [J]. 地理科学进展，2009，28 (3)：429-434.

[15] 吴燕，王效科，逯非. 北京市居民事物消费碳足迹 [J]. 生态学报，2012 (5)：1570-1577.

[16] 张晓平. 中国对外贸易产生的 CO_2 排放区位转移效应分析 [J]. 地理学报，2009，64 (2)：234-242.

[16] 张为付，杜运苏. 中国对外贸易中隐含碳排放失衡度研究 [J]. 中国工业经济，2011 (4)：138-147.

[17] 闫云凤，赵忠秀. 消费碳排放与碳溢出效应：G7、BRIC 和其他国家的比较 [J]. 国际贸易问题，2014 (1)：99-107.

[18] 姚亮，刘晶茹. 中国八大区域间碳排放转移研究 [J]. 中国人口·资源与环境，2010 (12)：16-19.

[19] 石敏俊，王妍，张卓颖，等. 中国各省区碳足迹与碳排放空间转移 [J]. 地理学报，2012，67 (10)：1327-1338.

[20] 潘元鸽，潘文卿，吴添. 中国地区间贸易隐含 CO_2 [J]. 统计研究，2013 (9)：21-28.

[21] 刘强，庄幸，姜克隽，等. 中国出口贸易中的载能量

及碳排放量分析 [J]. 中国工业经济, 2008 (8): 46-55.

[22] 陈红敏. 包含工业生产过程碳排放的产业部门隐含碳研究 [J]. 中国人口·资源与环境, 2009, 19 (3): 25-30.

[23] 蒋金荷. 中国碳排放量测算及影响因素分析 [J]. 资源科学, 2011, 33 (4): 597-604.

[24] 谢守红, 王利霞, 邵珠龙. 中国碳排放强度的行业差异与动因分析 [J]. 环境科学研究, 2013 (11): 1252-1258.

[25] 王兰会, 符颖佳, 许双. 中国林产品行业隐含碳的计量研究 [J]. 中国人口·资源与环境, 2014 (S₂): 28-31.

[26] 曲建升, 王莉, 邱巨龙. 中国居民住房建筑固定碳排放的区域分析 [J]. 兰州大学学报: 自然科学版, 2014, 50 (2): 200-207.

[27] 马忠海. 中国几种主要能源温室气体排放系数的比评价研究 [D]. 北京: 中国原子能科学研究院, 2002.

[28] 于飞天. 碳排放权交易的市场研究 [D]. 南京: 南京林业大学, 2007.

[29] 王伟中. "京都议定书" 和碳排放权分配问题 [J]. 清华大学学报, 2002 (6): 835-842.

[30] 陈文颖. 全球未来碳排放权 "两个趋同" 的分配方法 [J]. 清华大学学报: 自然科学版, 2005 (6): 850-857.

[31] 潘家华, 郑艳. 基于人际公平的碳排放概念及其理论含义 [J]. 世界经济与政治, 2009 (10): 6-16.

[32] 宋玉柱, 高岩, 宋玉成. 关联污染物的初始排污权的免费分配模型 [J]. 上海第二工业大学学报, 2006, 23 (3): 194-199.

[33] 胡鞍钢. 通向哥本哈根之路俄全球减排路线图 [J]. 当代亚太, 2008 (6): 22-38.

[34] 苏利阳, 王毅, 汝醒君, 等. 面向碳排放权分配的衡

量指标的公正性评价［J］. 生态环境学报，2009，18（4）：1594-1598.

［35］王伟中，陈滨，鲁传一，等. "京都议定书"和碳排放权分配问题［J］. 清华大学学报，2002，17（6）：81-85.

［36］赵文会，高岩，戴天晟. 初始排污权分配的优化模型［J］. 系统工程，2007，25（6）：57-61.

［37］王丽梅. 一种排污权初始分配和定价策略［J］. 专题研究，2010，17（1）：26-27.

［38］杨殊影，蔡博峰，曹淑艳，等. 二氧化碳总量控制区域份额方法研究［M］. 北京：化学工业出版社，2012.

［39］王锋，冯根福. 中国经济低碳发展的影响因素及其对碳减排的作用［J］. 中国经济问题，2011，3（5）：62-69.

［40］韩贵锋，徐建华，苏方林，等. 环境库兹涅茨曲线研究评述［J］. 环境与可持续发展，2006（1）：1-3.

［41］徐玉高，郭元，吴宗鑫. 经济发展、碳排放和经济演化［J］. 环境科学进展，1999，2（4）：54-64.

［42］杜婷婷. 中国经济增长与 CO_2 排放演化探悉［J］. 中国人口·资源与环境，2007，17（2）：94-99.

［43］宋涛，郑挺国，佟连军. 环境污染与经济增长之间关联性的理论分析和计量检验［J］. 地理科学，2007，2（4）：156-162.

［44］杨国锐. 低碳城市发展路径与制度创新［J］. 城市问题，2010（7）：44-48.

［45］赵爱文，李东. 中国碳排放与经济增长的协整与因果关系分析［J］. 长江流域资源与环境，2011，20（11）：1297-1303.

［46］赵成柏，毛春梅. 碳排放约束下我国地区全要素生产率增长及影响因素分析［J］. 中国科技论坛，2011（11）：

68-74.

[47] 王莉雯，卫亚星. 沈阳市经济发展演变与碳排放效应研究 [J]. 自然资源学报，2014，29（1）：27-38.

[48] 王中英，王礼茂. 中国经济增长对碳排放的影响分析 [J]. 安全与环境学报，2006，6（5）.

[49] 胡初枝，黄贤金，钟太洋，等. 中国碳排放特征及其动态演进分析 [J]. 中国人口·资源与环境，2008，18（3）：38-42.

[50] 王伟林，黄贤金. 区域碳排放强度变化的因素分解模型及实证分析——以江苏省为例 [J]. 前沿论坛，2008（1）：32-35.

[51] 杨国锐. 低碳城市发展路径与制度创新 [J]. 城市问题，2010（7）：44-48.

[52] 虞义华，郑新业，张莉. 经济发展水平、产业结构与碳排放强度 [J]. 经济理论与经济管理，2011（3）：72-81.

[53] 张丽峰. 我国产业结构、能源结构和碳排放关系研究 [J]. 干旱区资源与环境，2011，5（5）.

[54] 李健，周惠. 中国碳排放强度与产业结构的关联分析 [J]. 中国人口·资源与环境，2012，22（1）：7-14.

[55] 李科. 中国产业结构与碳排放量关系的实证检验——基于动态面板平滑转换模型的分析 [J]. 数理统计与管理，2014，33（3）：381-392.

[56] 彭希哲，朱勤. 我国人口态势与消费模式对碳排放的影响分析 [J]. 人口研究，2010，34（1）：48-58.

[57] 李楠，邵凯，王前进. 中国人口结构对碳排放量影响研究 [J]. 中国人口·资源与环境，2011，21（6）：19-23.

[58] 王芳，周兴. 人口结构城镇化与碳排放基于跨国面板数据的实证研究 [J]. 中国人口科学，2012（2）：47-56.

[59] 朱勤, 魏涛远. 居民消费视角下人口城镇化对碳排放的影响 [J]. 中国人口·资源与环境, 2013, 23 (11): 21-29.

[60] 陈迅, 吴兵. 经济增长、城镇化与碳排放关系实证研究 [J]. 经济问题探索, 2014 (7): 112-117.

[61] 刘希雅, 王宇飞, 等, 城镇化过程中的碳排放来源 [J]. 中国人口·资源与环境, 2015, 25 (1): 61-66.

[62] 智静, 高吉喜. 中国城乡居民食品消费碳排放对比分析 [J]. 地理科学进展, 2009, 28 (3): 429-434.

[63] 张雷. 经济发展对碳排放的影响 [J]. 地理学报, 2003, 58 (4): 629-637.

[64] 徐国泉, 刘则渊, 姜照华. 中国碳排放的因素分解模型及实证分析: 1995—2004 [J]. 中国人口·资源与环境, 2006, 16 (6): 158-161.

[65] 刘红光, 刘卫东. 中国工业燃烧能源导致碳排放的因素分解 [J]. 地理科学进展, 2009 (2): 286-292.

[66] 王倩倩, 黄贤金, 陈志刚, 等. 我国一次能源消费的人均碳排放重心移动及原因分析 [J]. 自然资源学报, 2009, 24 (5): 833-841.

[67] 杨子晖. 经济增长、能源消费与二氧化碳排放的动态关系研究 [J]. 世界经济, 2011 (6): 100-125.

[68] 郑幕强. 东盟五国能源消费与碳排放因素分解分析 [J]. 经济问题探索, 2012 (2): 145-150

[69] 王群伟, 周鹏, 周德群. 我国二氧化碳排放绩效的动态变化、区域差异及影响因素 [J]. 中国工业经济, 2010, 1 (1): 45-54.

[70] 李凯杰. 技术进步对碳排放的影响——基于省际动态面板的经验研究 [J]. 北京师范大学学报: 社会科学版, 2012, 233 (5): 130-139.

[71] 刘建翠. 产业结构变动、技术进步与碳排放 [J]. 首都经贸大学学报, 2013 (5): 15-20

[72] 张兵兵, 等. 技术进步对二氧化碳排放强度的影响研究 [J]. 资源科学, 2014, 36 (3): 567-576

[73] 武文风. 马克思技术进步理论研究 [D]. 天津: 南开大学, 2013.

[74] 郭庆旺, 贾俊雪. 中国潜在产出与产出缺口的估算 [J]. 经济研究, 2004 (5): 31-39.

[75] 曾贤刚. 我国各省区 CO_2 排放状况、趋势及其减排对策 [J]. 中国软科学, 2009 (S1): 53-62.

[76] 邹秀萍, 陈劲锋, 宁淼, 等. 中国省级区域碳排放影响因素的实证分析 [J]. 生态经济, 2009 (3): 31-25.

[77] 宋帮英, 苏方林. 我国省域碳排放量与经济发展的 GWR 实证研究 [J]. 财经科学, 2010 (4): 41-48.

[78] 李国志, 李宗植. 中国二氧化碳排放的区域差异和影响因素研究 [J]. 中国人口·资源与环境, 2010, 20 (5): 22-27.

[79] 韩亚芬, 孙根年, 李琦, 等. 基于环境学习曲线的中国省际碳排放及减排潜力分析 [J]. 河北北方学院学报, 2011, 3 (6): 37-49.

[80] 仲云云, 仲伟周. 我国碳排放的区域差异及驱动因素分解——基于脱钩和三层完全分解模型的实证研究 [J]. 经济研究, 2012, 2 (2): 123-133.

[81] 宋德勇, 徐安. 中国城镇碳排放的区域差异和影响因素 [J]. 中国人口·资源与环境, 2011, 21 (11): 8-14.

[82] 王佳, 杨俊. 中国地区碳排放强度差异成因研究——基于 Shapley 值分解方法 [J]. 资源学, 2014, 36 (3): 557-566.

［83］邓吉祥，刘晓，王铮. 中国碳排放的区域差异及演变特征分析与因素分解［J］. 自然资源学报，2014，29（2）：189-199.

［84］张晓平. 中国对外贸易产生的 CO_2 排放区位转移分析［J］. 地理学报，2009（2）：234-242.

［85］余慧超，王礼茂. 中美商品贸易的碳排放转移研究［J］. 自然资源学报，2009，24（10）：1837-1846.

［86］王文举，向其凤. 国际贸易中的隐含碳排放核算及责任分配［J］. 中国工业经济，2011（10）：56-64.

［87］王媛，王文琴，方修琦，等. 基于国际分工角度的中国贸易碳转移估算［J］. 资源科学，2011（7）：1331-1337.

［88］张为付，杜运苏. 中国对外贸易中隐含碳排放失衡度研究［J］. 中国工业经济，2011（4）：138-147.

［89］王媛，魏本勇，方修琦，等. 基于 LMDI 方法的中国国际贸易隐含碳分解［J］. 中国人口·资源与环境，2011（2）：141-146.

［90］李珊珊，罗良文. FDI 行业结构对中国对外贸易隐含碳排放的影响——基于指数因素分解的实证分析［J］. 中国人口·资源与环境，2012（5）：855-863.

［91］姚亮，刘晶茹. 中国八大区域高碳排放转移研究［J］. 中国人口·资源与环境，2010（12）：16-19.

［92］石敏俊，王妍，张卓颖，等. 中国各省区碳足迹与碳排放空间转移［J］. 地理学报，2012（10）：1327-1338.

［93］潘元鸽，潘文卿，吴添. 中国地区间贸易隐含 CO_2 ［J］. 统计研究，2013（9）：21-28.

英文文献

［1］Reunders A H M E, Vringer K, Blok K. The direct and indirect energy requirement of households in the European Union ［J］.

Energy Policy, 2003, 31 (2): 139-153.

[2] Park H C, Heo E. The direct and indirect household energy requirements in the Republic of Korea from 1980 - 2000, An input-output analysis [J]. *Energy Policy*, 2007, 35 (5): 2839-2851.

[3] Brent Kin and Roni Neff. Measurenment and communication of greenhouse gas emissions from U. S. food consumption via carbon calculators [J]. *Ecological Economics*, 2009 (69) : 186-196.

[4] Pathak H, Jain N, Bhatia A, Patel J, Aggarwal P K. Carbon footprints of Indian food items [J]. *Agriculture, Ecosystems and Environment*, 2010, 139 (2): 66-73.

[5] Manfred Lenzen. Primary energy and greenhouse gases embodied in Australian final consumption: an Input output analysis [J]. *Energy Policy*, 1998, 26 (6): 495-506.

[6] Giovani Machado, Roberto Schaeffer, Ernst Worrell. Energy and carbon embodied in the international trade of Brazil: an input-output approach [J]. *Ecological Economics*, 2001, 39 (3): 409-424.

[7] Manfred Lenzen, Lise L Pade, Jesper Munksgaard. CO_2 multipliers in multi-region input-output models [J]. *Economic Systems Research*, 2004, 16 (4): 391-412.

[8] Nadim Ahmad, Andrew W Wyckoff. Carbon dioxide emissions embodied in international trade of goods [EB/OL]. http: // www. oecd. org/sti/working-papers, 2009-04-15.

[9] Glen P Peters, Edgar G Hertwich. Pollution embodied in trade: the Norwegian case [J]. *Global Environmental Change*, 2006, 16 (4): 379-387.

[10] Grossman G M, Krueger A B. Environmental impacts of a North Ameriican Free Trade A greement [C] //National Bureau of Economic Research Working Paper 3914, NBER. Cambridge MA. 1991.

[11] Bin Shuia, Robert C. Harriss. The role of CO_2 embodiment in US-China trade [J]. Energy Policy, 2006 (34): 4063-4068.

[12] Christopher L Weber, Glen P Peters, Dabo Guan, Klaus Hubacek. The contribution of Chinese exports to climate change [J]. *Energy Policy*, 2008 (36): 3572-3577.

[13] Yan Yunfeng, Yang Laike. China's foreign trade and climate change: A case study of CO_2 emissions [J]. *Energy Policy*, 2010 (38): 350-356.

[14] Auffhammer M, Carson R T. Forecasting the path of China's CO_2 emissions using province-level information [J]. *Journal ofEnvironmental Economics and Management*, 2008, 55 (3): 229-247.

[15] Bressers H Th A, Huitema D. Economic instruments for environmental protection: can we trust the magic carpet? [J]. *International Political Science Review*, 1999, 20 (2): 175-196.

[16] Burtaraw D, et al. Improving efficiency in bilateral emission trading [J]. *Environmental and Resource Economics*, 1998, 11 (1): 19-33.

[17] Cramton P, Kerr S. Tradable carbon permit auctions-how and why to auction not grandfather [J]. *Energy Policy*, 2002, 30 (4): 333-345.

[18] Chen G Q, Zhang Bo. Greenhouse gas emissions in China 2007: Inventory and input-output analysis [J]. *Energy Policy*, 2014 (30): 886-902.

[19] Dhakal S. Urban energy use and carbon emissions from cities in China and policy implications [J]. *Energy Policy*, 2009,

37 (11): 4208-4219.

[20] Gao Y. Demyanov difference of two sets and optimality conditions of Lagrange multipliers type for constrained quasidifferentiable optimization [J]. *Journal of Optimization Theory and Applications*, 2000, 104 (2): 377-394.

[21] Gao Y. Representation of the Clarke generalized Jacobian via the quasidifferential [J]. *Journal of Optimization Theory and Applications*, 2004, 123 (3): 519-532.

[22] Khrushch, M. Carbon Emissions Embodied in Manufacturing Trade andInternational Freight of the Eleven OECD Countries [D]. Berkeley: University of California at Berkeley (MSc.' s Thesis), 1996.

[23] George Daskalakis, Gbenga Ibikunle, Ivan Diaz-Rainey. The CO_2 Trading Market in Europe: A Financial Perspective [J]. *Financial Aspects in Energy*, 2011 (11): 51-67.

[24] W. David Montgomery. Markets in licenses and efficient pollution control programs [J]. *Journal of Economic Theory*, 1972, 5 (3): 395-418.

[25] Misiolek W S, Elder H W. Exclusionary manipulation of markets for pollution rights [J]. *Journal of Environmental Economics and Management*, 1989, 16 (2): 156-166.

[26] Malueg D A. Welfare consequences of emission credit trading programs [J]. *Journal of Environmental Economics and Management*, 1990, 18 (1): 66-77.

[27] Malik A S. Further results on permit markets with market power and cheating [J]. *Journal of Environmental Economics and Management*, 2002, 44 (3): 371-371.

[28] Robert W. Hahn. Market power and transferable property

rights [J]. *Quarterly Journal of Economics*, 1984, 99 (4): 753-753.

[29] Liang Qiaomei, Fan Ying, Wei Yiming. Multi-regional input-output model for regional energy requirements and CO2emissions in China [J]. *Energy Policy*, 2007 (35): 1685-1700.

[30] Akira Maeda. The emergence of market power in emission rights markets: The role of initial permit distribution [J]. *Journal of regulatory Economics*, 2003, 24 (3): 293-314.

[31] Petit J R、Jouzel J、Raynaud D. Climate and Atmospheric History of the Past 420000 Years from the Vostok Ice Core, Antarctical [J]. *Nature*, 1999 (399): 429-436.

[32] IPCC. Climate Change 2007: Contribution of Working Groups I, II and III to the Fourth Assessment Report of the Intergovernmental Panel on Climate Change [R]. Geneva: Switzerland, 2007: 100-104.

[33] Siddiqi T A. The Asia Financial Crisis-Is It Good for the Global Environment? [J]. *Global Environmental Change*, 2000 (10): 127-131.

[34] Elizabeth Brooks, Simin Davoudi. Climate justice and retrofitting for energy efficiency: Examples from the UK and China [J]. *disP - The Planning Review*, 2014, 50 (3): 101-110.

[35] Rose A, Stevens B. The efficiency and equity of marketable permits for CO$_2$ emission [J]. *Resource and Energy Economics*, 1993, 15 (1): 117-146.

[36] Eftichios Sophocles Sartzetakis. On the efficiency of competitive markets for emission permit [J]. *Environmental and Resource Economics*, 2004, 27 (1): 1-19.

[37] Santore R, Robison H and Klein Y. Strategic state-level environmental policy with asymmetric pollution spillovers [J]. *Jour-

nal of Public Economics, 2001, 80 (2): 199-224.

[38] Van Egteron H, Weber M. Marketable permits, market power, and cheating [J]. *Journal of Environmental Economics and Management*, 1996, 30 (2): 161-173.

[39] Woerdman E. Implementing the Kyoto Protocol: Why JI and CDM show more promise than international emissions trading [J]. *Energy Policy*, 2000, 28 (1): 326.

[40] L X Zhanga, C B Wanga, A S Bahajb. Carbon emissions by rural energy in China [J]. *Renewable Energy: An International Journal*, 2014 (66): 641-649.

[41] Zhao W H, Gao Y. Second-order optimality conditions for a constrained optimization [J]. *International Journal of Pure and Applied Mathematics*, 2005, 20 (1): 69-80.

[42] Heil M T and Wodon Q T. Inequality in CO_2 Emissions between Poor and Rich Countries [J]. *The Journal of Environmental and Development*, 1997 (6): 426-452.

[43] Liang Qiaomei, Fan Ying, Wei Yiming. Multi-regional input-output model for regional energy requirements and CO_2 emissions in China [J]. *Energy Policy*, 2007, 35 (3): 1685-1700.

[44] Clarke-Sather A, et al. Carbon Inequality at the Sub-national Scale: A Case Study of Provincial-level Inequality in CO_2 Emissions in China 1997—2007 [J]. *Energy Policy*, 2011 (39): 5420-5428.

[45] Acemoglu D, Aghion P, Bursztyn L, et al. The Environment and Directed Technical Change [D]. Cambridge: Harvard University, 2009.

[46] Satterthwaite D. The Implications of Population Growth and Urbanization for Climate Change [J]. *Environment and Urbaniza-*

tion, 2009, 21 (2): 545-567.

[47] Sathaye J, Meyers S. Energy Use in Cities of the Developing Countries [J]. *Annual Review Energy*, 1985, (10): 109-133.

[48] Zhang Xingping, Cheng Xiaomei. Energy consumption, carbon emissions, and economic growth in China [J]. *Ecological Economics*, 2009, 68 (10): 2706-2712.

[49] Blundell R and Bond S R. Initial Conditions and Moment Restrictions in Dynamic Panel Data Models [J]. *Journal of Econometrics*, 1998, 87: 115-143.

[50] Wen G, Cao Z. An empirical study on the relationship between China's economic development and environmental quality – Testing China's environmental Kuznets curve [J]. *Joural of Sustainable Development*, 2009 (2): 65-72.

[51] Duro, J. A., and Padilla, E.. International Inequalities in Per Capita CO_2 Emissions: A Decomposition Methodology by Kaya Factors [J]. *Energy Economics*, 2006 (28): 170-187.

[52] Pachauri S, Jiang L. The Household Energy Transition in India and China [J]. *Energy Policy*, 2008, 36 (11): 4022-4035.

[53] Berry B JL. City Classification Handbook: Methods and Applications [M]. New York: John Wiley&Sons, 1970.

[54] Brajer V, Mead R W, Xiao F. Health benefits of tunneling through the Chinese environmental Kuznets curve (EKC) [J]. *Ecological Economics*, 2008, 66 (4): 674-686.

[55] Houghton J T, et al. Climate Change 1995: The Science of Climate Change [M]. Cambridge: Cambridge University Press, 1996.

[56] De Freitas L C, Kaneko S. Decomposing the decoupling of CO_2 emissions and economic growth in Brazil [J]. *Ecological Eco-*

nomics, 2011, 70 (8): 1459-1469.

[57] Poumanyvong P, Kaneko S. Does Urbanization Lead to Less Energy Use and Lower CO2 Emissions? A Cross-country Analysis [J]. *Ecological Economics*, 2010, 70: 434-444.

[58] Ang B W. The LMDI approach to decomposition analysis: A pratical guide [J]. *Energy Policy*, 2005, 33 (7): 867-871.

[59] Kaya Y. Impact of Carbon Dioxide Emission on GNP Growth: Interpretation of Proposed Scenarios [R]. Presentation to the Energy and Industry Subgroup, Response Strategies Working Group, IPCC, Paris, 1989.

[60] International Energy Agency. World Energy Outlook 1996 [M]. Paris: Organization for economic Cooperation and Development, 1996.

[61] David F G, Jason Z Y. Urbanization and Energy in China: Issues an Implications [J]. *Urbanization and Social Welfare in China*, 2004.

[62] Cantore N, Padialla E. Equality and CO_2 Emissions Distribution in Climate Change Integrated Assessment Modeling [J]. *Energy*, 2009 (35): 298-313.

[63] Manne A, Richels R. The impact of learning by doing on the timing and costs of CO_2 abatement [J]. *Energy Economics*, 2004, 26 (4): 603-619.

[64] Joseph E. Aldy. Divergence in State-level Per Capita Carbon Dioxide Emissions [J]. *Land Economics*, 2007, 83 (3): 535-369.

[65] Grubb M, Muller B, Butler L. The relationship between carbon dioxide emissions and economic growth [R]. Oxbridge study on CO_2-GDP relationships. University of Cambridge, 2004.

[66] Ma C, Stem D I. Biomass and China's Carbon Emission: A Missing Piece of Carbon Decomposition [J]. *Energy Policy*, 2008, 36 (7): 2517-2526.

[67] Jaffe A B, Newell R G, Stavins R N. Environmental policy and Technological Change [J]. *Environmental and Resource Economics*, 2002, 22 (1-2): 41-70.

[68] Northam R M. Urban Geography [M]. New York: John Wiley&Sons, 1975.

[69] Imai H. The Effect of Urbanization on Energy Consumption [J]. *Journal of Population Problem*, 1997, 53: 43-49.

[70] Ang B W, Zhang F Q. A Survey of Index Decomposition Analysis in Energy and Environmental Studies [J]. *Energy Policy*, 2000, 25: 1149-1176.